이토록 기묘하고 알수록 경이로운

뇌의 흑역사

지은이 **마크 딩먼**Marc Dingman

펜실베이니아주립대학교에서 2013년에 신경과학 박사 학위를 취득했다. 이후 같은 대학의 생물행동건강과(Biobehavioral Health Department) 교수로 재직하며 신경과학 및 건강과학을 가르치고 있다. 사람들이 좀 더 쉽고 친근한 방식으로 인간의 뇌에 접근할 수 있도록 자신의 웹사이트(www.neurochallenged.com)와 유튜브 〈2분 만에 이해하는 신경과학(2 Minute Neuroscience)〉 시리즈를 통해 흥미로운 신경과학 지식을 제공한다.

《뇌의 흑역사》는 뇌가 오작동했을 때 벌어지는 실제 사례들을 흡인력 있는 스토리텔링으로 우리 눈앞에 생생히 보여 준다. 이토록 기묘하고 알수록 경이로운 기관인 뇌의 메커니즘에 빠져들 수밖에 없게 만드는 책이다.

BIZARRE
: The Most Peculiar Cases of Human Behavior and What They Tell Us about How the Brain Works

First published in 2023 by Nicholas Brealey Publishing
An imprint of John Murray Press
An Hachette UK Company

이토록 기묘하고 알수록 경이로운

뇌의 흑역사

마크 딩먼 지음
이은정 옮김

BIZARRE

부·키

옮긴이 이은정

번역하는 사람. 바른번역 소속 번역가로 활동하고 있으며 경희대학교에서 영어통번역학을 전공했다. 옮긴 책으로는《게으른 완벽주의자를 위한 심리학》《게으른 완벽주의자를 위한 시작의 습관》《거인의 통찰》등이 있다.

뇌의 흑역사

초판 1쇄 발행 2024년 3월 27일

지은이 마크 딩먼
옮긴이 이은정
발행인 박윤우
편집 김송은, 김유진, 성한경, 장미숙
마케팅 박서연, 이건희, 이영섭, 정미진
디자인 서혜진, 이세연
저작권 백은영, 유은지
경영지원 이지영, 주진호
발행처 부키(주)
출판신고 2012년 9월 27일
주소 서울시 마포구 양화로 125 경남관광빌딩 7층
전화 02-325-0846 팩스 02-325-0841
이메일 webmaster@bookie.co.kr
ISBN 979-11-93528-06-8 03400

만든 사람들
편집 김송은 | 표지 디자인 서혜진 | 본문 디자인 이세연

미셸에게

당신의 사랑과 지지가 없었다면
지금의 내가 어땠을지 정말 모르겠어

차례

들어가며

1966년, 구름 한 점 없는 무더운 8월의 어느 날이었다. 스물다섯 살의 찰스 휘트먼은 오전 11시 40분, 오스틴에 있는 텍사스대학교 본부 건물의 꼭대기 층으로 올라가는 엘리베이터를 탔다. 당시 학생과 지역 주민들에게 '시계탑 전망대'로 알려져 있던 이 건물은 캠퍼스 중앙에서 텍사스 하늘로 93미터가량 우뚝 솟아 있는, 오스틴에서 두 번째로 높은 건물이었다.

휘트먼은 이글 스카우트(미국 보이 스카우트에서 선정하는 최고의 대원—옮긴이)이자 전직 해병대원이었으며 텍사스대학교 학생이었다. 180센티미터가 넘는 키에 근육질 몸매를 지닌 이 금발의 청년을 누구나 좋아했다. 학생증을 내밀고 경비원을 지나친 휘트먼은 군대에서 쓸 법한 트렁크를 손수레에 실은 채 시계탑 진입에 성공했다. 경비원은 몰랐지만, 트렁크 안은 무기로 가득 차 있었다.

27층에 도착한 휘트먼은 시계탑의 28층을 휘감고 있는 경사진 반 층짜리 계단을 세 번 더 올라 전망대로 향했다. 안내데스크에 도착하자 쉰한 살의 에드나 타운슬리가 그에게 인사했다. 휘트먼은 곧바로 총의 개머리판으로 타운슬리의 후두부를 내리쳐 치명상을 입혔다. 몇 분 후, 한 방문객 무리가 전망대에 도착했다. 시계탑에서 보이는 경치를 구경하러 온 이들을 향해 휘트먼은 총을 겨눴다. 총열을 잘라 낸 산탄총에 맞은 2명이 사망하고 2명은 중상을 입었다.

전망대로 나간 휘트먼은 트렁크를 열어 가져온 무기들을 바닥에 쭉 깔았다. 여러 권총과 소총, 탄약도 700발쯤 있었다. 그는 정밀한 장거리 조준에 맞는 소총을 하나 집어 들었다. 오전 11시 48분, 휘트먼은 수십 미터 아래에서 캠퍼스를 거니는 사람들을 쏘기 시작했다.

첫발은 임신 중이던 클레어 윌슨의 복부를 관통했다. 아직 세상에 나오지 못한 그녀의 아들까지 두 명이 목숨을 잃었다. 클레어가 쓰러지자 깜짝 놀라 그녀에게 달려간 남자친구도 등에 총을 맞고 그 자리에서 사망했다. 뒤이어 물리학과 교수부터 평화봉사단 수습 단원, 대학생까지 3명이 더 휘트먼에게 희생됐다.

여기까지가 그의 무자비한 공격이 시작된 지 10분 만에 벌어진 일이다. 시계탑을 기습한 경찰에게 사살되기 전까지 휘트먼은 한 시간 반이 넘는 시간 동안 시계탑 아래를 오가는 사람들을 무차별적으로 공격했다. 클레어 윌슨의 복중 태아를 비롯해 총 14명이 죽었고 30명 이상이 다쳤다. 총격 때문에 신장에 치명상을 입은 한 학생은 결국 2001년 사망했고 그의 죽음은 타살로 판결 내려졌다.

이 비극적인 사건이 발생한 뒤 모두의 머리에 가장 먼저 떠오른 질문은 이것이었다. '도대체 왜? 모두가 '좋은 녀석'이라고 생각했던

평범한 건축공학과 학생이 이런 극악무도한 범죄를 저지른 이유가 대체 뭘까?'

경찰의 수사가 시작되자 더 끔찍한 사실이 밝혀졌다. 총격이 벌어진 그날 이른 새벽, 휘트먼은 커다란 사냥용 칼로 이미 자신의 어머니와 아내를 살해했던 것이다.

휘트먼의 집을 수색하던 중 경찰은 그가 사건 전날 밤 타자기로 작성한 메모를 발견했다. 살인 충동의 원인을 찾으려 애쓴 듯한 흔적이 남아 있었다.

> 요즘 내가 왜 이러는지 모르겠다. 나는 원래 이성적이고 지적인 평범한 사람인데. 언제부터였는지 모르겠지만, 요즘의 나는 어딘가 이상하다. 비정상적인 생각에 시달리고 있다. 머리를 떠나지 않는 이 상념들 때문에 나에게 유용하고 또 꾸준히 해야 하는 일에 집중하려면 어마어마한 정신적 에너지가 필요하다……. 내가 죽으면, 혹시 내가 모르는 어떤 신체적 장애가 있는 건 아닌지 부검을 해 주면 좋겠다. 그동안 나는 끔찍한 두통에 시달렸고 지난 석 달 동안 편두통 진통제 엑세드린Excedrin을 대용량으로 두 통이나 비웠다.[1]

그의 바람은 그가 사망한 바로 다음 날 이루어졌다. 휘트먼의 사례는 이미 사회학자와 범죄학자 들의 흥미를 끌고 있었다. 부검 결과가 나온 뒤 뇌와 행동에 관한 논의의 장에서도 주요 화제가 되었다. 그의 뇌를 검시한 의사들은 '편도체'라 불리는 영역에 영향을 미칠 정도의 커다란 종양을 발견했다. 편도체는 정서 조절에 중요한 역할을 한다. (뒷부분에서 편도체에 관해 더 자세히 다루겠다.)

종양이 발견되자 일각에서는 휘트먼의 살인 행위를 뇌종양 탓으로 돌렸다. 실제로 그의 머리에 있던 종양이 편도체에 영향을 끼쳐 예상치 못한 성격 변화를 일으켰으며 그 결과 그가 저지른 용납할 수 없는 행위로 이어졌다는 설명도 가능해 보인다.⌘

그러나 나머지 사람들은 단지 종양 때문에 그가 범죄를 저질렀다고 생각하지 않았다. 호감형이라는 평도 있기는 했지만, 휘트먼의 불같은 성격 탓에 아내가 질겁할 때도 있었고 그가 아내를 폭행했다고 시인한 적도 두 번 있었다. 총기 사건이 발생한 당시에도 휘트먼은 위험할 정도로 암페타민amphetamine(각성제의 일종—옮긴이)을 남용한 상태였다. 암페타민을 과다복용한 뒤 며칠이고 깨어 있는 일이 잦았고 그 과정에서 폭력적인 감정을 분출하기도 했다. 약물로 인해 현실감을 잃었을 가능성도 있었다.

어쨌든 휘트먼은 신경과학적 관점에서도 관심을 끄는 사례다. 그의 연쇄 살인극에 뇌종양의 영향을 배제할 수 없다는 것을 알기 때문이다. 실제로 역사를 살펴보면 뇌의 종양이나 뇌졸중, 뇌 손상, 그 외 유사한 상태로 인해 주변 사람이 거의 알아볼 수 없을 정도로 누군

⌘ 모든 총기 난사 사건의 원인이 신경학적 문제나 정신 장애로부터 기인하는 것이 아니라는 점에 유의하자. 사실 대량 학살은 범인마다 서로 다른 복잡한 요인을 지닌 행위이기 때문에 그 원인을 명확히 이해하기는 어렵다. 뇌 기능 장애가 총기 난사 사건의 원인으로 자주 지목되고는 있지만, 주장을 뒷받침할 증거는 대개 부족하다.

가의 성격이 바뀌어 버린 사례는 아주 많다.

대표적으로 철도 공사 현장 감독이었던 피니어스 게이지의 사례를 들 수 있다. 1848년, 그가 실수로 일으킨 작은 폭발 사고로 인해 무게 약 5.9킬로그램에 길이 110센티미터인 쇠막대기가 그의 머리로 날아왔다. 한쪽 끝이 뾰족한 막대기가 엄청난 힘으로 그의 왼쪽 광대뼈 아래를 관통했다. 두개골을 뚫고 뇌에 구멍을 낸 뒤 정수리로 빠져나온 막대기는 약 23미터를 더 날아간 후에야 땅에 떨어졌다. 하지만 놀랍게도 게이지는 살아남았다. 몇 주간은 예후가 좋지 않아 보였지만, 왼쪽 눈이 안 보이게 된 것을 제외하면 신체 능력 대부분은 회복됐다.

게이지가 회복한 이후의 삶에 관한 자세한 내용은 확인된 바가 거의 없어 의견이 분분하다. 입에서 입으로 전해지는 이야기가 대부분이기 때문이다. 전해지는 바로는, 가족과 친지들은 사고 후 그들이 알던 게이지가 영영 사라졌다고 주장했다. 기록에 따르면, 책임감 있고 양심적이던 그는 사고를 겪은 뒤 충동적이고 비양심적이며 불경한 짓을 일삼고 다니는 사람이 되었다. 성격이 변한 탓에 철도 회사로 복직하지도 못했고, 이후 12년 동안은 괴상한 일을 벌이며 살았다. 뉴욕에 있는 바넘 미국 박물관P.T. Barnum's American Museum에서 자기 머리를 관통한 쇠막대기와 함께 스스로를 전시한 적도 있다. 1860년, 게이지는 결국 사고 때 입은 뇌 외상이 원인인 것으로 보이는 발작 때문에 사망했다.

피니어스 게이지의 성격 변화에 관한 이야기는 세월이 흐르면서 화자의 입맛에 맞게 살이 붙었다. 신경과학계에 전해져 내려오는 일종의 신화 같은 그의 사례는 온전한 뇌가 가장 기본적인 수준에서 자기 자신을 어떻게 정의하는지, 뇌 기능 장애는 어떻게 성격을 뿌리부터 극적으로 바꿔 놓는지를 이야기할 때 종종 제시되곤 한다.

게이지와 휘트먼의 사례는 흥미로운 한편 논란에 휩싸여 있는 것도 사실이다. 두 사례에서 그들의 행동과 뇌의 연관성에 관한 많은 세부 사항이 불분명하기 때문이다. 이 책에서 우리는 뇌에 손상을 입고 세상을 경험하는 방식이 완전히 뒤집힌 사람들의 이야기를 알아볼 것이다. 이 사례들은 잘 알려져 있지는 않아도 문서 기록이 남아 있는 덕분에, 앞선 두 사례보다는 더 정확한 내용을 알 수 있다. 성격이 변한 사례는 물론, 뇌 기능 이상으로 '이상함'을 넘어 '기이함'을 보인 사례들을 탐구할 것이다. 자신의 신체가 다른 생물체로 변했다고 느끼거나, 자신이 더 이상 살아 있지 않다고 믿거나, 제아무리 강력한 환각제도 명함을 내밀지 못할 정도로 선명한 환각을 보는 등 정신에 나타난 불청객을 견뎌야 하는 환자들의 이야기를 다룰 것이다. 평생 알던 사람들의 얼굴을 알아보는 능력, 거울과 실제 세계를 구별하거나 머릿속에 어떤 이미지를 떠올리는 능력 등 필수적인 기능을 잃은 환자들도 만나 볼 것이다.

앞으로 살필 이례적인 현상 대부분은 외상, 종양, 감염, 뇌졸중, 정신 이상 등 뇌에 발생한 장애에 의한 것이나, 일부는 멀쩡한 상태의 뇌를 가지고도 이상 행동을 보이는 사례들도 있다. 이는 심지어 우리 모두에게서 찾을 수 있는 흔한 행동으로, 우리는 그런 행동을 한다는 사실조차 깨닫지 못하거나 적어도 그런 행동을 하는 이유를 잘 모른다. 자신이 인지하지 못하는, 허락한 적 없는 이상한 짓들을 우리 뇌가 매일같이 한다는 사실을 알고 나면 아마 꽤 놀랄 것이다.

이 모든 행동 사례는 대단히 괴상하고 뇌에 그 책임이 있다는 공통점이 있다. 내가 생각하기에 이 행동들은 뇌에서 벌어질 수 있는 가장 이상하고 신기한 현상들이다. 인간의 뇌란 엄청난 영향력이 있으면서도 아주 특이한 기관임을 뒷받침하는 증거가 될 수도 있다. 지금은 갸우뚱할지 모르지만, 이 책을 덮을 때쯤이면 고개를 끄덕이게 될 것이다.

각 장에서는 하나의 공통점으로 묶을 수 있는 뇌와 관련된 보기 드문 현상들을 실존 인물들의 사례를 통해 소개한다. 모두가 그런 건 아니나 대개는 특정 질환을 겪는 환자들이다. 쉬운 논의를 위해 익명의 환자들에게 가명을 붙이는 등 허구적 요소를 더한 경우도 간혹 있다. 이 경우, 환자가 속한 문화를 고려해 해당 사례가 기록된 지역에서 쓸 법한 이름을 붙였다. 일부 사례에서는 사소한 세부 사항이나 짧은 대화를 추가해 환자의 경험을 더 현실감 있게 그리려 했다. 하지만 실제 묘사된 바를 왜곡하는 방식으로 내용을 과장하지는 않았다. 즉, 정말 말도 안 되는 이야기처럼 들릴지 몰라도 모두 실존 인물이 보인 실제 행동이라는 말이다.

'실존 인물'이라는 것을 한 번 더 강조해야겠다. 내가 이 책을 쓰려고 마음먹은 이유는 앞으로 다룰 내용들이 신경과학적 측면에서나, 적어도 인간적인 측면에서 굉장히 흥미롭기 때문이다. 하지만, 사례들이 워낙 독특하다 보니 환자들이 실제 심각한 고통을 겪었다는 사실을 잊기 쉬울 수도 있다. 여러분이 책에 빠져들 수 있게 지나치게 무거운 태도로 이야기를 다루지는 않았지만, 혹여나 이 점이 환자(혹은 병증으로 인해 발생한 사건의 피해자)의 고통을 대상화하거나 흥밋거리로 소비되는 방향으로 흘러가진 않을지 우려스럽다. 다시 한번 말하지만, 이들이 겪은 고통은 정말 심각했다. 그리고 대다수의 환자는 놀라운 회복 탄력성을 보여 주었다. 병증을 겪은 사람들과 그들의 삶을 존중한다는 점만은 분명히 말해 두고 싶다.

각 행동 사례를 소개하며 그 원인으로 추정되는 뇌의 작용도 함께 설명할 것이다. 그러나 이 현상들은 아주 드물게 발생하거나 제대로 된 이해가 부족하거나 혹은 둘 다 해당하는 경우가 대부분이다. 그러므로 설명 과정에서 내가 제시하는 가설 역시 '가설'일 뿐이지만, 이는 나의 개인적 견해가 아니라 저명한 연구자들의 연구를 바탕으로 했음을 밝혀 둔다. 우리가 탐구할 상식 밖의 행동을 일으키는 뇌 활동을 자신 있게 설명하려면 우리는 아직 더 많이 배워야 한다.

이 책을 다 읽고 여러분이 뇌에 관한 흥미로운 배경지식을 얻어 자신의 뇌를 더 잘 알 수 있게 된다면 좋겠다. 내가 신경과학 분야에 몸담게 된 계기도 이 분야의 아주 특이한 사례들에 매료되었기 때문이니 말이다. 우리 머릿속에 들어 있는 이 수수께끼 같은 기관에서 어떻게 그런 기이한 현상이 발생하는지 알고 싶은 끝없는 욕망이 내 안에 일었던 것이다. 책을 덮은 뒤 여러분이 신경과학에 조금이라도 더 흥미를 느낀다면 나의 바람은 성공적으로 이루어진 셈이다. 이와 더

불어 우리 뇌가 어떤 방식으로 작동하는지 더 잘 이해하게 될 수도, 지금 우리가 경험하는 안정적인 현실에 더 큰 감사를 느끼게 될 수도 있다.

책에 등장하는 사례들은 우리가 당연히 여기는 현실이 얼마나 깨지기 쉬운지 보여 준다. 우리는 예기치 못한 하나의 사건이 나의 정체성, 그리고 세상을 경험하는 방식을 완전히 뒤집어 놓을 수도 있다는 사실을 모르는 채 삶을 살아간다. 앞으로 소개할 환자들 역시 그런 신경학적 변화가 자신에게 발생하리라고는 그 누구도 예상하지 못했다. 그러나 이는 사람들에게 실제로 일어나고 있는 일들이다. 이들과 마찬가지로 여러분의 정신적 삶도 순식간에 극단으로 치달을 수 있다. 그렇게 된다면, 당연했던 일상이 결코 이전과는 같지 않을 것이다.

1장

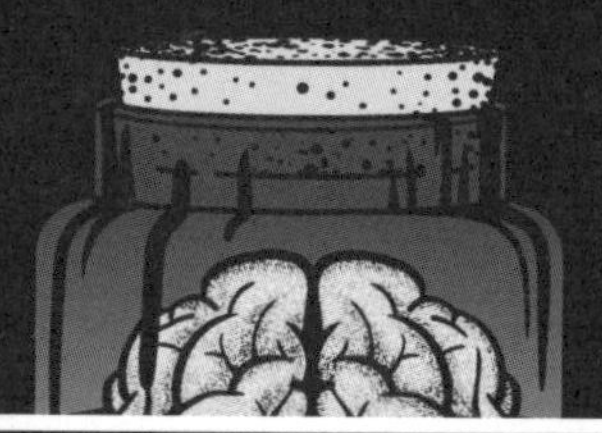

나는 이미 죽었다니까요

인지

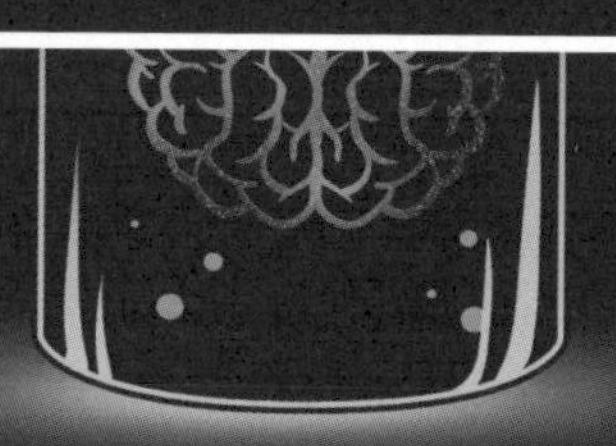

BIZARRE

18세기 말의 어느 날, 덴마크에 사는 70세 여성 힐데는 주방에서 식사 준비를 하고 있었다. 그때 갑자기 그녀의 뇌에 혈액이 제대로 공급되지 않기 시작했다. 힐데에게는 안타까운 일이지만, 인간의 뇌세포는 이런 상황에서 오래 버텨 주지 않는다. 혈액이 제대로 공급되지 않으면 뇌를 구성하는 주요 세포인 뉴런에는 산소와 포도당 등의 필수 물질이 부족해지고, 몇 분 지나지 않아 세포는 죽는다. 결핍이 계속되면 뉴런은 1분에 약 200만 개라는 무서운 속도로 사멸하기 시작한다. 그 사이 약 12킬로미터에 달하는 신경 섬유(뉴런에서 뻗어 나온 긴 섬유로, 세포 사이에서 신호를 전달한다)도 파괴된다.[1] 간단히 말해, 혈액 부족은 뇌에 치명적이다. 이러한 섬뜩한 상태를 뇌졸중이라 부른다. 힐데는 혼수상태에 빠졌다.

힐데의 병증과 관련한 세부적인 내용은 1788년 출판된 과학 논문에서 찾을 수 있다. 나흘 후 힐데가 의식을 회복했을 때 그녀의 가족이 보인 반응까지는 논문에 실려 있지 않지만, 다들 가슴을 쓸어내렸을 게 분명하다. 힐데가 "나는 이미 죽은 몸"이라 말하기 전까지는 말이다. 확실히 해 두자면, 힐데의 주장은 자신이 터널과 그 너머의 빛을 보았으며 그쪽으로 건너가려는 순간, 어떤 힘에 의해 산자의 세계로 다시 끌려왔다는 식의 임사 체험이 아니었다. 가족에게 자기 상태를 설명하는 그 순간에도 그녀는 자신이 이미 죽었다고 했다.

힐데의 사례는 18세기 스위스 과학자 샤를 보네Charles Bonnet의 기록을 통해 알려졌다.[2] 보네의 직업은 변호사였지만, 당대의 지식인들이 그러했던 것처럼 보네 역시 여러 다른 영역에 발을 담그고 마치 오늘날 우리가 텔레비전 드라마 여러 개를 돌려 보듯 가볍게 새로운 과학 분야들을 탐구했다. 놀랍게도 이런 방식으로 보네는 상당한 업적을 남겼다.

일례로, 보네는 정원사들을 성가시게 만드는 악명 높은 (그리고 대개는 미움도 받는) 진딧물이 무성 생식을 한다는 사실을 문서로 남기며 짝짓기가 생식의 필수 조건이 아님을 증명한 최초의 인물이다. 다른 여러 곤충학적 연구를 통해서는 곤충의 호흡법을 이해하는 데 혁혁한 공을 세우기도 했다. 이후 식물학으로 눈을 돌린 보네는 식물이 이산화탄소를 흡수하고 산소를 내보내는 창구가 잎이라는 사실을 이해하는 데 도움이 될 연구 결과도 내놓았다. 정식으로 과학 교육을 받지 않고 취미 삼아 연구했던 사람치고는 꽤 괜찮은 성과 아닌가. 보네는 힐데처럼 특이한 '인간' 사례에도 관심을 보였다. 우리에게는 참 다행인 일이다.

뇌졸중으로 쓰러지기 전까지 힐데에게는 심각한 정신적 문제가 전혀 없었다. 그래서 그녀의 이상한 행동이 더 당혹스러웠다. 가족들은 그녀가 죽지 않았다는 사실을 이해시키려 부단히 애썼고 덕분에 힐데는 몸을 일으키고 말도 하게 되었다. 회복한 것이다. 이때 보통은 돌려받은 삶에 감사해하는 게 정상이지만, 힐데에게는 전혀 그런 기색이 없었다. 그녀는 혼란스러워하며 자신을 위해 제대로 된 장례식조차 치러 주지 않는 가족에게 불같이 화를 냈다. 얼른 수의를 입히고 관에 뉘인 뒤 자신의 평판에 걸맞는 장례식을 치르라고 다그쳤다.

시간이 지나며 망상이 사라지기를 다들 바랐지만, 힐데의 망상은 점점 더 심해졌고 급기야 가족들을 위협하기에 이르렀다. 바람을 들어주는 것만이 그녀를 진정시킬 유일한 방법인 듯 보였다. 가족들은 어쩔 수 없이 요구를 따랐다. 힐데를 수의로 감싸고 곧 땅에 묻을 것처럼 행동했다. 힐데는 시간을 들여 꼼꼼히 수의를 확인했고, 좀 누런 게 아니냐며 불평하더니 평화롭게 누워 잠이 들었다.

다시 수의를 벗기고 힐데를 침대에 눕히며 가족들은 그녀의 이상 증세가 사라졌기를 바랐다. 하지만 눈을 뜬 힐데는 그대로였고 일어나자마자 자신을 묻으라며 고집을 부렸다. 그녀를 땅에 묻을 생각(달래기 위해 가짜로 묻으려는 생각조차도)까지는 없던 가족은 그저 이 망상이 사라지기만을 바랄 수밖에 없겠다며 체념했다.

시간이 지나면서 증상은 호전되었지만, 완전히 회복된 건 아니었다. 힐데는 몇 달에 한 번씩 자신이 죽었다고 확신하며 대체 왜 아무도 자신의 죽음을 깨닫지 못하는지 어리둥절해했다.

워킹 데드, 살아있지만 죽은 사람들

보네의 연구 보고서 이전에는 이와 같은 사례가 과학 문헌에 남겨진 적이 없으나, 그의 글을 기점으로 유사한 사례가 다수 기록되었다. 힐데의 증상은 유례를 찾기 힘든 신경학적 이상 증상이 아니다. 물론 특이하지만 어느 정도는 예측 가능한 증상을 지닌 신경학적 장애라고 확신할 만큼 비슷한 사례는 충분히 있다. 이 병증은 발병 빈도가 얼마나 되는지 신뢰할 만한 추정치를 내기는 어렵지만,[3] 병명을 불일 정도는 된다. 바로 **코타르증후군**Cotard's syndrome이다.

코타르증후군이라는 명칭은 19세기 후반에 활동한 프랑스 신경학자 쥘스 코타르Jules Cotard의 이름에서 유래했다. 1874년, 파리 교외의 한 마을에서 일하고 있던 코타르는 자기 몸에 뇌도, 신경도, 장기도 없다고 주장하는 한 환자를 만났다. 환자는 살기 위해 먹을 필요도 없으며 고통을 느끼지도 않는다고 말했다. 고통에 관해서는 어느 정도 맞아 보였다. 코타르가 남긴 기록에 따르면, 피부에 "핀을 깊숙이 꽂아 넣었음"에도 환자가 아무런 반응을 보이지 않았기 때문이다.[4]

코타르가 '마담 X'라고 부른 이 환자는 힐데처럼 자기가 죽었다고는 생각하지 않았다. 하지만 죽은 것도, 그렇다고 산 것도 아닌 어떤 중간 상태에 있다고 믿었다. 환자는 존재하지 않는 어정쩡한 상태에 영영 갇힐까 봐 두려워했고 차라리 제대로 죽기를 간절히 바랐다. 설득력 있는 근거는 전혀 없으나 산 채로 불타는 것만이 목표를 달성하는 유일한 방법이라 생각한 그녀는 실제 행동에 옮겨 증명해 보이려 했지만, 다행히도 성공하지는 못했다.

마담 X의 사례에서 흥미를 느낀 코타르는 유사 사례와 같은 과거 기록이 있는지 살펴봤다. 놀랍게도 자기 몸이 썩고 있다거나, 피 혹은 신체가 없다거나, 영원히 망각된 상태에서 살아야 하는 저주를 받았다거나, 이와 비슷하게 실존성의 붕괴를 경험한 환자들을 기록한 보고서를 여러 건 찾아냈다. 코타르는 이들이 모두 유사한 병을 앓는다고 결론 내렸고 이를 '델리흐 데 네갸시옹délire des negations', 즉 부정망상delusions of negations이라 불렀다. '망상'이란 누가 봐도 말이 안 되지만 환자에게는 의심의 여지 없이 사실처럼 느껴지는 믿음을 뜻한다. 코타르가 '부정'이라는 단어를 택한 건 환자들에게서 가장 눈에 띄는 증상을 표현하기 위해서였다. 생명에 꼭 필요하다고 여겨지는 것이 존재함을 부정하는 증상이었다.

코타르가 세상을 떠나고 몇 년 뒤, 한 연구자가 부정망상과 관련한 기록에서 이 상태를 코타르증후군이라 칭하면서 그때부터 이 병증은 코타르증후군으로 불려 왔다. 이 외에도 코타르망상증Cotard's delusion, 심지어 걷는시체증후군walking corpse syndrome이라고도 한다. 과학자들은 '걷는시체증후군'이라는 명칭은 피하려 했는데, 비과학적인 과장법이 과학자들을 민망하게 만들기도 하거니와, 환자가 스스로 '시체'라고 주장하는 것은 코타르증후군에서 나타나는 여러 증상 중 하나일 뿐이기 때문이다. 사실 몸이 썩는다거나 피가 없다는 등 생존과 연관된 특성 일부가 손상되었다는 주장이 더 흔하다. 이 밖에도 무감각이나 감각의 민감화 혹은 둔화, 배고픔 혹은 갈증의 상실(이에 따른 절식 혹은 탈수), 환각, 불안, 중증 우울증, 자해, 자살 생각 등 여러 다른 증상도 있지만, 안타깝게도 이는 짧게 요약한 목록에 불과하다. 그러나 무엇보다, 코타르증후군 환자의 이야기를 우리가 쉬이 믿지 못하게 만드는 요소는 그들이 주장하는 '살아 있음의 부정'이다.

텅 빈 껍데기가 된 몸

28세 증권 중개인 윌은 1989년 10월, 심각한 오토바이 사고를 당했다. 뇌에 외상을 입은 윌은 혼수상태에 빠졌고, 며칠 후 의식은 되찾았지만 뇌 손상으로 인한 여러 감염증과 싸우느라 수개월을 병원에서 보내야 했다.

1월이 되자 윌은 놀랄 정도로 회복했고 퇴원할 준비도 마쳤다. 그러나 오른쪽 다리가 불편했고 부분적으로 눈이 보이지 않는 등 아직 신체적으로 회복해야 할 것들이 남아 있었다. 가장 걱정되는 증상은 바로 그가 자신이 죽었다고 확신하는 것이었다.

윌의 회복을 도우려는 절박한 노력의 일환으로 그의 어머니는 아들을 데리고 남아프리카 공화국으로 휴가를 떠났다. 그런데 그곳의 열기 때문에 윌은 말 그대로 자신이 죽어서 지옥에 왔다고 더 확신했다. 어머니가 믿을 수 없어 하며 대체 그러면 사인이 무엇이냐고 묻자, 윌은 몇 가지 가설을 내놓았다. 회복 초기에 그를 위험에 빠뜨렸던 패혈증도 가능성이 있어 보였고, 황열 때문에 맞은 백신에 의한 합병증도 그럴싸해 보였다. 이뿐만 아니라 윌은 자기가 후천성면역결핍증AIDS(에이즈) 때문에 죽었을지도 모른다고 생각했다. 그가 사람 면역결핍바이러스HIV를 보균하거나 에이즈에 걸렸다는 징후는 전혀 없었는데 말이다.

떨칠 수 없는 어떤 느낌이 윌을 감쌌다. 주변의 모든 것이 (굳이 표현하자면) 실제가 아닌 것 같았다. 사고 전까지만 해도 익숙했던 사람과 장소를 알아보지 못했고 이상하고 낯선 세계에 사는 느낌이었다. 심지어 어머니조차도 진짜가 아닌 듯했다. 사실 윌은 남아프리카를 여행하는 동안 어머니가 진짜 어머니가 아니라는 결론을 내렸다. 진짜 어머니는 지금 집에서 자는 중이며 그녀의 영혼이 자신을 데리고 저승을 구경시켜 주고 있다고 믿은 것이다.[5]

심한 양극성 장애 환자인 46세 여성 줄리아는 병원을 찾을 때 몸 안의 뇌와 장기가 사라졌다고 믿는 상태였다. 자신은 더 이상 존재하지 않으며 지금 남은 부분들은 안이 텅 빈 껍데기에 불과하다고 느꼈다. '자아'가 사라졌기 때문에 모든 면을 고려할 때 자신은 죽은 게 맞았다. 줄리아는 텅 빈 몸이 물에 휩쓸려 떠내려갈까 봐 두려운 나머지 목욕이나 샤워도 하지 못했다.[6]

케빈은 35세 남성으로, 몇 개월간 우울증이 점점 더 심해지다가 망상이 시작된 사례다. 우선 그는 가족이 자신을 대상으로 어떤 음모를 꾸미고 있다고 의심했다. 또한, 자신은 이미 죽어서 지옥에 갔고 이곳에는 육체만 남아 있으며 이 몸뚱이는 피도 없는 텅 빈 껍데기라고 확신했다. 이를 증명하고자 케빈은 주방에서 칼을 집어 들고 자기 팔을 몇 번이고 찌르기 시작했다. 그의 가족은 현명하게도 구급차를

불러 그를 입원시켰다.[7]

고장 난 뇌 시나리오

코타르증후군 환자의 뇌에 문제가 있는 건 분명하다. 뇌졸중, 종양, 뇌 외상 등 심각한 신경학적 사건이나 우울증, 양극성 장애, 조현병 등 정신 장애가 먼저 나타나는 경우도 있다. 그렇다고 해서 이런 문제들이 반드시 코타르증후군으로 이어지는 건 아니며 신경과학자들 역시 코타르증후군 환자의 뇌가 보통 뇌와 정확히 어떻게 다른지 명확하게 설명하지 못한다. 이 병증을 겪는 환자마다 서로 다른 양상을 보인다는 점도 문제를 더 복잡하게 만드는 요인이다. 그렇지만 몇 안 되는 공통 증상들을 살피다 보면 코타르증후군을 이해하는 데 도움이 되는 단서가 나올 수도 있다.

코타르증후군 환자들은 주변 세계가 이상하게도 이질적인 것 같다고 자주 호소한다. 전에 알던 사람과 장소를 접해도 '아, 맞다. 그거!'라는 느낌을 받지 못한다. 가령 어머니의 얼굴을 알아보기는 하지만 어딘가 이질적이라고 느낀다. 정확히 설명할 수는 없지만 가장 중요한 특질이 사라진 듯한 느낌을 받는다. 자기 인생에서 중요한 누군가를 바라볼 때 발현되는 감정적 반응이 나오지 않는 것이다.

또한, 자신이 세계의 참여자가 아니라 방관자가 된 듯한 단절감을 느낀다. 전문 용어로 이인증depersonalization이라고 한다. 모든 것이 비현실적으로 느껴져 실제와 동일한 꿈속에 살고 있다고 믿기도 하는데, 이를 비현실감derealization이라 한다. 코타르증후군 환자가 경험하는 낯섦, 이인증, 비현실감은 이들의 현실을 크게 바꿔 버린다. 쉽게 상상할 수 있듯이, 이는 뇌가 처리하기에 과중한 부담이다.

부조화 증상을 겪으면 우리 뇌는 빠르게 상황을 파악하려고 노력한다. 뇌에 사건의 합리적인 해석은 굉장히 중요하다. 그렇지 않으면 세상은 예측할 수도 이해할 수도 없는, 견딜 수 없는 곳이 된다. 그래서 뇌는 절박함에 가까운 집념으로 우리가 경험한 것에 대한 확실한 설명을 찾는다. 만약 타당한 해석을 찾지 못한다면 뇌는 두 번째 특기를 발휘한다. 이야기를 지어내는 것이다.

이런 뇌의 날조에 면역이 있는 사람은 없다. 우리는 자각하지 못하지만 뇌는 늘 이야기를 만들어 내고 있다. 연구에 따르면, 우리는 매일 언제 간식을 먹을지, 누구와 만날지 등 거의 모든 부분에서 무수한 결정을 아무 생각 없이 내린다. 마치 인생의 상당 부분을 자동차의 자율 주행 시스템에 맡기고 사는 것처럼 말이다. 일단 결정을 내린 뒤 그 이유를 물으면 뇌는 선택을 정당화하기 위해 그럴듯한 설명을 제시한다. 가끔 어떤 것들은 터무니없을 정도다.

한 연구에서 남녀 지원자에게 두 여성의 사진을 보여 준 뒤 더 매력적인 쪽을 선택해 달라고 요청했다. 참가자들이 결정을 내리자마자 연구자들은 그들이 택한 사진을 보여 주며 선택의 이유를 물었다. 그런데 사실 연구자들은 참가자들 몰래 두 사진을 서로 바꿔 놓은 상태였고 참가자들은 그들이 고르지 않은 사진의 선택 이유를 대야 했다.

대부분은 속임수를 눈치채지 못했다. 의문을 제기하는 대신 참가자들은 "이 여성이 섹시해 보여서요" "이 여성이 개성 있어 보여서요" 등 자신이 내린 선택을 설명하는 즉흥적인 대답을 내놓았다. (참고로 두 사진 속 인물은 꽤 다르게 생겨서 참가자들이 단순히 얼굴을 착각했다고 할 수는 없다.[8])

이와 같은 무의식적 날조를 '작화作話'라 부르며 뇌는 우리가 바라는 것보다 더 자주 작화를 한다. 그 이유는 각기 다르겠으나, 명쾌히 설명할 수 없는 사건을 이해하기 위한 전략으로 보인다. 신경과학자들은 비슷한 현상이 코타르증후군 환자의 뇌에서도 벌어진다고 생각한다.

이 관점에 따르면, 코타르증후군은 외상, 종양 등 뇌 기능 장애와 함께 시작된다. 이 기능 장애는 비현실감, 이인증 등의 증상을 유발하며 환자는 주변의 모든 것이 낯설고 마땅히 느껴져야 할 '실제성'이라는 특질이 없다고 느낀다. 그래서 뇌는 이 경험을 이해하기 위해 납득할 수 있는 설명을 찾고자 미친 듯이 애를 쓴다.

이유는 알 수 없으나, 코타르증후군 환자들은 자기 자신에게 주목한다. 세상에 관한 경험에 문제가 있어도 그 원인은 자신에게 있을 것이라 생각한다. 더 알 수 없는 이유로, 이들의 뇌는 이윽고 스스로가 죽었거나, 부패하고 있거나, 귀신에 씌었거나, 어쨌든 실존성에 관한 이해할 수 없는 설명에 안착한다.

가설뿐인 앞선 사례들이 허무맹랑한 이야기처럼 들릴 수도 있지만, 비현실감 같은 증상은 생각보다 드물지 않다. 일부 추정치에 따르면, 인구의 최대 75퍼센트[9]에 달하는 많은 사람이 어느 시점엔가 짧게나마 비현실감과 유사한 증상을 경험한다. 그러나 아무리 그렇다고 해도 자기가 죽었다고 생각하는 사람은 거의 없다. 코타르증후군 환자의 뇌에는 그 밖의 영향 요인이 있는 게 분명하다. 신경과학자들은 '타당성 검증 기제' 문제에 주목한다.

망상이 믿음이 될 때

물론 인생에서 벌어지는 여러 가지 일에 관해 뇌가 가끔 틀린 설명을 내놓기도 하지만, 합리성을 거스르는 뇌의 설명을 곧이곧대로 받아들이는 사람은 거의 없다. 뇌에는 타당성 검증을 통과하는지 확인하는 논리 평가 기제가 있는 것으로 보인다.

비현실감이나 이인증을 경험하는 사람들 대부분은 보통 이 타당성 검증 기제 덕분에 '내가 죽었다'는 생각을 바로 무시할 수 있다. 단절감의 원인이 자신의 죽음 때문이라는 것은 터무니없는 추측이며 재고할 필요도 없다고 여길 것이다. 그러나 코타르증후군 환자의 경우에는 타당성 검증 기제가 제대로 작동하지 않는 듯 보인다. 이들의 뇌가 자신이 사망했기 때문에 단절감을 느낀다고 결론 내리면서, 어째서인지 이 추측은 신뢰를 얻고 타당한 것으로 굳어진다. 일반 사람들이 '망상'이라고 판단하는 그 믿음을 이 환자들은 확고히 믿는 것이다.

코타르증후군을 포함하여 기이한 망상증을 보이는 여러 환자의 뇌에서 손상 지점을 추적하는 의사들은 주로 우뇌에서 문제를 발견한다. 이 때문에 신경과학자들은 타당성 검증 기제의 주관 영역이 우뇌에 있다는 가설을 세웠다.

우리 뇌는 두 개의 '대뇌 반구'로 나뉘어 있다. 뇌를 이등분으로 가르다시피 하는 기다란 틈이 있는 덕분에 꽤 직관적으로 구분할 수 있다. 뇌의 양 반구는 얼핏 똑같아 보인다. 그러나 숙련된 신경 해부학자는 맨눈으로도 비대칭인 부분을 찾아낸다. 현미경으로 관찰하면 차이가 더 많이 보인다. 그러니 두 반구 사이에 기능적 차이가 있다 해도 그리 놀랄만한 일이 아니다.

우반구와 좌반구 사이에 기능적 차이가 있다는 점을 근거로 오랜 기간 많은 사람이 양 반구의 차이를 부정확하게 일반화하고 과장하여 인식해 온 경향이 있다. 일례로 우뇌를 더 많이 쓰는 사람, 즉 '우뇌형 인간'은 창의적 사고를 많이 하는 반면, '좌뇌형 인간'은 논리적 사고를 더 많이 한다는 주장을 들 수 있다. 흔히 들려오는 이런 믿음을 신경과학자들은 미신으로 여긴다. 인간의 뇌 기능은 전반적으로 한쪽 반구에 치우쳐 있지 않으며 양 반구는 거의 동등하게 사용된다.

물론 특정한 언어적 영역과 같이 한쪽 반구에 더 의존하는 기능도 일부 있으므로 코타르증후군이 우뇌 손상과 관련 있다는 가설이 아주 불가능한 이야기는 아니다. 신경과학자들이 심도 있게 연구한 수많은 코타르증후군 사례가 이 가설을 뒷받침하기는 한다. 하지만 코타르증후군, 그리고 뇌의 타당성 검증 기제와 우뇌 사이의 관계는 여전히 가설일 뿐이다.

검증을 좌뇌가 하든 우뇌가 하든, 코타르증후군 환자에게 발생하는 현상을 설명할 때 타당성 검증 기제 가설은 중요한 역할을 한다. 뇌 기능 일부에 장애가 생기면 비현실감과 이인증 같은 단절성 증상으로 이어지는데, 이때 뇌는 늘 그렇듯 현재 상황을 이해하고 합당한 설명을 찾으려 애쓴다. 그러나 이성적 사고에 부합하지 않는 설명을 배제하는 능력이 손상됐기 때문에 '이 신체는 죽었다' '귀신에 씌었다' '몸이 부패하고 있다' 등의 괴이한 해석을 지어내고 이를 거부하지 못한다.

어떤 이들은 이렇듯 망상으로 발전하는 여러 과정이 다른 특정 망상성 장애의 기저에도 있을 수 있다고 생각한다. 이를 확인하기 위해서는 코타르증후군에 필적할 만한 이상 증상을 보이는 질환들을 모아야 할 것이다.

가짜로 가득한 세계

44세의 남성 알렉스의 삶이 불행에 휩쓸리기 시작한 건 1974년 초였다. 한동안 그는 실직한 상태였고 경제적으로도 어려웠다. 모든 게 무너지기 시작한 건 그가 재취업에 성공한 다음부터였다. 경제적 어려움은 정신에 상흔을 남겼고 그는 계속해서 돈에 집착했다. 새 일자리도 곧 잃을 것만 같은 두려움에 시달렸고 이런 상념들에 사로잡힌 나머지 2시간 넘게 자는 날이 없었다.

알렉스에게 정신적인 문제가 있긴 했으나, 그게 불행의 끝은 아니었다. 심리적 고통에 시달리던 중 그는 교통사고를 당했고 머리에 심각한 손상을 입었다. 출혈을 멈추기 위해 수술에 들어간 의사들은 알렉스의 뇌에 영구적 손상이 남으리라고 예상했다. 우측 전두엽에 고여 있던 피가 예민한 뇌 조직을 점점 압박하는 과정에서 뇌세포가 죽고 만 것이다.

알렉스는 사고 후 10개월간 입원했다. 시간이 지나 꽤 많이 회복한 그에게 의사는 주말에 가족을 보러 집에 다녀와도 좋다고 허락했다. 집으로 향하는 길, 알렉스는 이상 행동을 보이기 시작했다.

사고 후 처음으로 가족이 있는 집에 다녀온 알렉스는 병원에 오자마자 의사에게 자신의 집이 전에 살던 집이 아니라고 주장했다. 물론 그리 걱정할 만한 발언은 아니다. 알렉스의 가족이 이사하지 않았다는 사실만 제외하면 말이다. 주말에 알렉스가 다녀온 집은 병원 신세를 지기 전에도 살던 곳이었다. 그러면 새집은 어떤 모습이냐는 질문에 그는 이전 집과 흡사하다고 답했다. 구체적인 차이는 설명하지 못했지만 두 집이 다른 집이라고 확신했다.

만약 이 비정상적인 논리를 집에만 적용했다면 의사도 애를 덜 먹었을지 모른다. 그러나 알렉스의 주장은 다른 가족이 자신의 새집을 차지하고 있다는 데까지 뻗어 나갔다. 그에 따르면, 새 가족 역시 원래 가족과 구별하기 어려울 정도로 비슷했다. 두 아내의 이름도, 고향도, 외모도 같고 비슷한 버릇을 지녔다. 새 가정에는 자녀가 다섯 명 있었는데, 역시나 몸에 있던 점까지 이전 자녀들과 똑같았다. 그럼에도 알렉스는 두 가족을 구별할 수 있다고 주장했다. 구체적인 방법은 설명하지 못했지만.

놀랍게도 알렉스는 이런 상황에서도 혼란스러워하지 않았다. 어떤 의구심 없이 기꺼이 새 가족을 받아들였다. 첫 번째 아내가 왜 떠났는지는 알 수 없었지만, 그 자리를 채워 줄 사람을 찾아 놓은 것에 감사해했다. 그는 자신의 주장이 믿기 어려운 이야기라는 사실도 알고 있었다. 다음은 알렉스가 의사와 실제로 나눈 대화다.

의사 가정이 둘 있다는 게 드물지 않나요?

알렉스 믿기 힘든 일이죠!

의사 어쩌다 그렇게 되었다고 생각해요?

알렉스 저도 모르겠어요. 이해해 보려고 노력은 하는데 어렵네요.

의사 제가 믿지 않는다고 하면요?

알렉스 그럴 만하죠. 저 역시 말을 하면서도 제가 이야기를 지어내고 있는 듯한 느낌이 들어요……. 옳지 않다는, 어딘가 잘못되었다는 느낌이요.

의사 다른 사람이 같은 이야기를 당신에게 들려준다면 어떤 생각이 들 것 같아요?

알렉스 못 믿겠죠…….[10]

알렉스는 못 믿겠다고 말하면서도 자신의 믿음을 고수했다. 몇 달 후, 의사들과 다시 면담을 가진 알렉스는 여전히 원래 가족을 못 본 지 오래되었다고 철석같이 믿고 있었다. 그리고 두 번째 가족이 자기 인생에서 중요한 존재가 되었다고 말했다.

알렉스가 겪은 건 **카그라스증후군**Capgras Syndrome으로, 1923년에 이 병증을 처음 기록한 프랑스의 정신과 의사 조셉 카그라스Joseph Capgrass의 이름을 따 명명한 이상증이다. 환자는 배우자, 자녀, 부모, 형제 등 가까운 사람들이 저도 모르는 새 똑같이 생긴 사기꾼으로 바꿔치기 되었다고 믿는 독특한 일탈 행동을 보인다. 환자는 대개 외관이나 행동의 사소한 차이점, 혹은 환자 자신도 잘 설명하지 못하는 특정할 수 없는 특징을 들어 사기꾼과 '진짜' 사이의 차이를 설명할 수 있다고 주장한다.

시간이 지나면서 이들은 자기 삶에 들어온 사기꾼의 수가 점점 늘기 시작한다는 걸 깨닫는다. 일부 환자는 온 세계가 사기꾼으로 뒤덮였다고 생각한다. 조셉 카그라스가 '마담 M'이라고 칭한 최초로 기록된 카그라스증후군 환자는 자신의 진짜 딸은 납치되었고 사기꾼이 그 자리를 차지했다고 믿었다. 이어 이 사기꾼은 다른 사기꾼으로 바뀌었고 다시 또 다른 사기꾼으로 바뀌길 반복했으며 그녀는 4년 동안 2000명 이상의 사기꾼을 만났다고 주장했다. 한발 더 나아가, 자신의 남편이 살해당했으며 사기꾼이 그 자리를 꿰차고 있다고 믿었다. 남편의 죽음을 수사하고 싶었지만 그 마저도 좌절할 수밖에 없었던 이유는 경찰도 사기꾼으로 바뀌었기 때문이었다.[11] 망상의 범위는 반려동물까지 확대된다. 어떤 환자는 자신이 키우던 푸들이 가짜로 바뀌었다고 믿기도 했다.[12]

이런 점을 제외하면 카그라스증후군을 겪는 사람들의 정신적 능력은 꽤 정상적으로 기능하는 편이다. 기억도 대개 온전하고 생각도 명료하며 가끔은 자신의 망상이 어처구니없게 들린다는 점을 인정하기도 한다(그렇다고 해서 망상을 믿지 않게끔 설득할 수는 없다). 그러나 카그라스증후군이 영향을 미치는 몇몇 심리적 특성들이 있다.

환자들은 간혹 타인과 정서적 연결을 느낄 수 없다고 호소한다. 아는 사람을 볼 때 느껴지는 일반적인 감정 반응이 나타나지 않는 것이다. 여러 연구를 통해 이러한 감정적 마비가 실재한다는 것이 확인되었다.[13]

쉽게 말하면 이런 것이다. 어머니의 사진을 볼 때 우리 뇌에서는 불꽃이 튀며 애정이나 안정감과 같은 감정 반응이 촉발된다. 반면 카그라스증후군 환자들은 익숙한 얼굴을 봐도 감정 반응을 거의 혹은 아예 경험하지 않는다.

여기에서도 지각하는 바와 예측하는 바 사이에 간극이 생긴다. 뇌는 익숙한 얼굴이라는 것을 인지하면서도 이때 마땅히 떠올라야 하는 감정 반응이 없다는 사실도 깨닫는다. 그리고 이 예상치 못한 감정의 부재를 급히 설명하려다 섣부른 결론에 도달하고 만다. '그 사람에게서 정서적 연결이 느껴지지 않는다면 내가 생각하는 그 사람이 아닌 거야.'

이런 설명에는 응당 합리적인 분석이 필요하겠지만, 코타르증후군과 마찬가지로 카그라스증후군의 경우에도 뇌의 타당성 검증 기제가 제대로 작동하지 않는 것으로 보인다. 그리고 지금 당신이 하는 그 생각이 맞는다. 카그라스증후군 역시 많은 경우에 우반구 손상과 연관이 있다.[14]

눈앞의 세상이 '진짜' 현실일까?

과학 연구자들은 카그라스증후군을 망상적오인증후군delusional misidentification syndrome이라 부른다. 환자가 망상을 믿고, 가족처럼 가장 가까운 사람들을 비롯해 타인을 알아보는 능력이 손상되었기 때문이다. 코타르증후군 역시 사망이나 부패 등 가장 극적인 형태의 오인, 즉 자기self 오인과 관련이 있어 망상적오인증후군으로 분류되는 경우도 있다.

이 밖에도 망상적 오인 장애는 더 있다. 프레골리증후군Fregoli delusion 환자는 낯선 이가 실은 변장한 지인이라고 믿는다. 66세 C 부인은 조카와 친구가 인근으로 이사와 자기를 스토킹한다고 주장했다. 그녀는 스토커들이 가발과 가짜 수염, 선글라스 등 도구를 사용해 변장한 채로 몰래 자신을 따라다닌다고 했다. 스토커들을 따돌리겠다며 이리저리 길을 바꾸느라 진료 시간에 늦는 경우도 잦았다.[15]

자기복제증후군syndrome of subjective doubles 환자는 영화 〈외계의 침입자〉에 나오는 복제인간처럼 자기와 똑같이 생겼으나 다른 삶을 사는 사람이 존재한다고 믿는다. 한 입원 환자는 자신과 똑같은 사람이 둘이나 더 있다고 했다. 그중 한 명은 미국 대통령이 될 준비를 하고 있으며 다른 한 명은 자신의 평판을 깎아내리기 위해 같은 병원의 다른 병동에서 가학성 성행위에 가담하고 있다고 주장했다.[16]

거울에 비친 자기 모습을 두고 가짜라고 비난하는 사람도 있다. 거울망상증mirrored-self misidentification 환자는 거울에 비친 자신의 모습을 타인이라고 믿는다. 거울 속에 있는 사람에게 감시당한다고 의심하며 본인의 거울상을 상대로 피해망상이나 공포를 느끼는 경우도 있다. 거울 속 상이 자기 옷가지와 보석을 훔친다고 불평한 환자도 있었고[17] 죽은 장인어른이 거울에 들어가 자신을 비롯해 가족을 해치려 한다고 믿는 환자도 있었다. 거울을 보며 싸워대던 이 환자는 딸이 거울이란 거울은 모조리 천으로 덮어 버린 뒤에야 싸움을 멈췄다.[18]

이러한 망상적 오인의 대상에 꼭 사람만 포함되는 건 아니다. 망상적의인화증후군delusional companion syndrome 환자는 무생물도 감각을 느끼고 함께 대화하거나 때로는 친밀한 관계를 맺을 수 있다고 여긴다. 그 대상은 주로 동물 모양의 봉제 장난감이나 인형인 경우가 많다. 한 81세 여성은 17년 전 은퇴 선물로 받은 곰 인형을 마치 살아 있는 양 대했는데, 의사에게 곰 인형을 "주변 상황에 큰 관심을 보이는 아주 놀라운 친구"라고 소개했다. 의사와 면담에 들어가기 전에 "사생활 보호를 위해" 인형을 상담실 밖으로 내보낸 적도 있었다. 거듭된 실패에도 포기하지 않고 곰 인형에게 무언가를 먹이려 한 이 환자는 결국 "어떤 액체를 흡수시키는" 데 성공했다.[19]

이렇듯 다양한 신경학적 장애에서 공통적으로 발견되는 특징 한 가지는 환자의 우반구가 손상되었다는 점이다. 모든 오인 증후군의 바탕에는 타당성 검증 기제의 장애가 있을지도 모른다고 주장하는 신경과학자도 있다. 충분히 고려할 가치가 있는 가설이긴 하지만, 아직 우리는 모르는 것이 많다.

가령 우반구의 정확히 어떤 부분들이 타당성 인지와 관련이 있는지, 어떻게 이렇듯 복잡한 작용을 함께 이뤄내는지도 우리는 알지 못한다. 비현실감이나 감정적 단절과 같은 증상도 마찬가지다. 뇌가 이해할 수 없는 상황에 대한 답을 일부러 찾게끔 만드는 이러한 증상들의 신경학적 근거 역시 명확히 밝혀지지 않았다.

⁕ ✦ ⁕

코타르증후군과 기타 망상적오인증후군은 어쨌든 그 기이함만 두고 보면 무척 흥미롭다. 이 병증들은 우리가 아는 현실이 생각보다 더 깨지기 쉽다는 사실을 잘 보여 준다. 앞으로 알아볼 다른 여러 장애도 마찬가지다.

우리는 세상을 바라보는 나의 시선이 논리적이고 합리적이며 또 일관적일 것이라고 당연하게 생각한다. 그러나 신경 구조가 제대로 기능해야 인간은 비로소 이해 가능한 세계관을 만들어 낼 수 있다. 그리고 모든 기계 부품과 마찬가지로, 이 신경 구성요소도 고장 날 수 있다. 단 한 번의 사건, 즉 두부 외상이나 뇌졸중, 종양이 발생하는 것만으로도 이번 장에서 본 환자들처럼 될 수 있다. 더욱이, 의식적 인식 능력이 손상되면 단지 나의 가족이나 친구를 알아보는 인지적 기능만 망가지는 게 아니다. 다음 장에서는 인간의 정신이 어떻게 자기 신체의 형태와 구조, 그리고 그 신체의 주인이 속한 인간이라는 종에 관한 지각을 왜곡하는지 알아볼 것이다.

2장

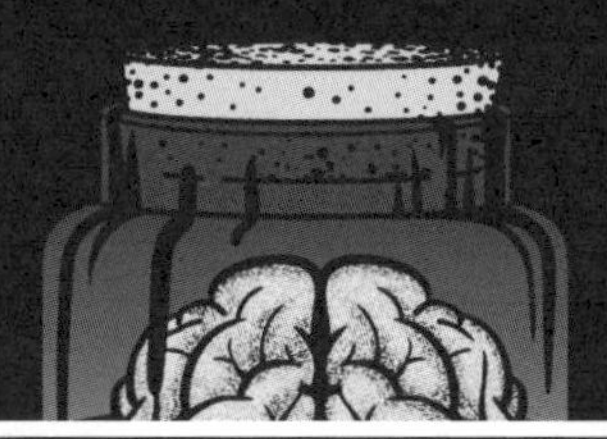

지하철에 두고 내린 손

신체

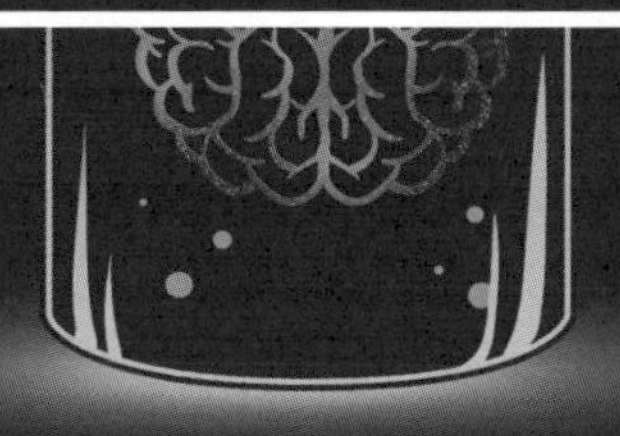

BIZARRE

보스턴 외곽에 자리한 대형 정신 요양 시설인 매클레인 병원에 입원할 당시, 24세 청년 데이비드는 자기가 고양이라고 확신하고 있었다. 그 이유는 그가 키우던 고양이 롤라가 그렇다고 말해 주었기 때문이었다. 롤라가 그에게 '고양이 언어'를 가르쳐 준 덕분에 고양이 친구들과도 대화할 수 있었었다.

데이비드는 고양이로서 굉장히 충실했다. 거의 뭐, 늘 고양이처럼 행동했다. 진짜 고양이처럼 말이다. 고양이들과 생활하며 놀고 유감스럽게도 성 활동까지 했다. 심지어 고양이에게 연애 감정도 느꼈다. 지역 동물원에 있는 암컷 호랑이에게 반한 것이다. 애석하게도 그의 사랑은 보답받지 못했지만, 데이비드는 언젠가 그 암컷 호랑이를 우리에서 구해 주고 환심을 살 수 있기를 바랐다.

이 믿음은 그저 스쳐 가는 봄바람 같은 것이 아니었다. 1980년대 매클레인 병원에 입원하기 전까지 데이비드는 13년 동안 자신이 고양이라고 믿으며 살았다. 의사들은 집중 치료와 다양한 약물 치료를 통해 이 잘못된 믿음을 고치려 노력했지만, 6년간 이어진 치료에도 불구하고 데이비드의 확신은 바위처럼 굳건했다.[1]

데이비드가 겪은 것은 **임상적라이칸스로피**clinical lycanthropy라는 병증이다. 자신이 동물로 변했다는 혹은 변할 수 있다는 망상을 보이는 장애다. 원래 '라이칸스로피'는 늑대로 변신할 수 있는 능력을 일컫는 말로, 먼 옛날부터 이 변신 능력을 보유한 전설이나 신화 속 인물을 '라이칸스로프lycanthrope'라고 불렀다. '늑대 인간'이라는 뜻이다. 오늘날에는 '웨어울프werewolves'라는 단어가 더 자주 쓰인다.

물론 임상적라이칸스로피는 (질문 대상에 따라 답은 다르겠으나, 우리 주변을 돌아다닐지도 아닐지도 모를[*] 늑대 인간이 아니라) 스스로 다른 동물로 변할 수 있다고 믿는 환자에게만 사용된다. 그러니까 라이칸스로피라는 단어의 본래 의미와 달리, 본인이 늑대를 비롯해 다른 동물로 변신할 수 있다고 믿는 환자에게 진단이 내려진다. 어떤 연구자들은 늑대 인간과 관련한 망상에만 이 진단을 적용해야 하며 그 외 환자는 조앤스로피zoanthropy(동물화 망상이라는 의미—옮긴이)라는 더 포괄적인 용어로 묶는 편을 선호한다.

임상적라이칸스로피와 조앤스로피 사례가 희귀한 것은 맞지만, 자신이 다른 동물로 변신하거나 그런 능력을 지녔다고 주장하는 환

---

[*] 웹사이트 설명에 따르면 "런던에 본사를 둔 연구 조사 및 분석 단체"인 유고브(YouGov)에서 2021년 미국인 1000명을 대상으로 인터넷 설문조사를 실시한 결과, 미국인의 9퍼센트는 늑대 인간이 존재한다고 믿는 것으로 나타났다(오차 범위 약 4퍼센트).

자는 19세기 중엽 이래 50건도 넘는 연구 보고서를 통해 기록되어 왔다. 환자들이 주장하는 동물 유형도 가지각색인데, 임상적라이칸스로피 사례를 기록한 의학 문헌을 살펴보면 고양이, 개, 늑대, 암소, 말, 개구리, 벌, 뱀, 야생 멧돼지, 거위, 새, 심지어 저빌(반려동물로 많이 키우는 사막 쥐—옮긴이)로 변할 수 있다고 믿는 사람들이 기록돼 있다.[2]

늑대 인간은 어디에나 있다

임상적라이칸스로피에는 긴 역사가 존재한다. 대개는 BCE** 642년부터 BCE 562년까지 살았던 성서 속 바빌론 왕, 네부카드네자르 2세를 최초의 사례로 본다. 성서에는 위대한 전사였던 왕이 오만해진 죄로 하느님이 벌을 내려 7년 동안 동물처럼 행동하며 소처럼 풀을 먹었다고 기록돼 있다. 이 외에도 고대와 중세 시대 기록을 보면 라이칸스로피 사례를 다수 찾을 수 있으나, 이를 곧이곧대로 받아들이기는 어렵다. 당대 사람들은 라이칸스로피를 정신 장애가 아니라 동물로 변신할 수 있는 실제 능력이라 여겼기 때문이다. 오래된 기록의 의학적 정확도에는 다소 아쉬운 점이 있는 것이 사실이다.

수천 년 동안 라이칸스로피는 주로 초자연적인 방식으로 설명되었으나, 19세기 들어서는 과학적 해석이 더 우세해지기 시작했다. 이

** BCE(Before the Common Era)는 '공통 시대 이전'을 의미한다. 기원 원년 이전(기원전) 시대를 칭하는 비종교적인 방식으로, BC(Before Christ)와 같은 의미다.

때쯤부터 과학자들은 라이칸스로피를 일종의 망상으로 보았고 해당 사례를 설화가 아닌 의학적 현상으로 기록하기 시작했다.

초기에 기록된 사례 중 하나는 자신이 늑대로 변신했다고 주장하다가 1850년대에 프랑스 소재의 요양 시설에 입원한 한 남성의 사례다. 남성은 송곳니가 자랐다며 입을 크게 벌리거나 늑대 털로 뒤덮인 몸을 보여 주면서 자신의 주장을 증명하려 했다. 의사들은 이 내용을 기록하긴 했지만 당연히 확인할 수는 없었다. 그들이 본 것이라고는 보통 사람보다 조금 더 털이 많은, 걱정될 정도로 정신이 나간 한 남성일 뿐이었다.

환자는 식사로 날고기만을 요구했으며 직원들이 마지못해 부탁을 들어주어도 고기에서 이상한 냄새가 난다며 먹지 않았다. 그는 심각한 영양 부족 상태에 빠졌고 자기를 숲으로 데려가 개에게 쏘듯이 총을 쏴 달라고 부탁했다. 의사들은 당연히 그 소원을 들어주지 않았다. 남성은 결국 영양실조로 병원에서 사망했다.[3]

앞선 데이비드의 사례에서 알 수 있듯 라이칸스로피는 먼 과거의 이야기만은 아니다. 오늘날에도 자신이 인간이 아니라는 아주 특이한 믿음을 지니는 사람들이 간혹 있다. 2010년, 가족들이 걱정스러운 모습으로 알레이나를 데리고 베이루트에 있는 병원에 온 건 그녀가 47세 때였다. 당뇨를 앓던 그녀의 아버지가 오른쪽 발가락 몇 개를 절단하고 얼마 안 되어 알레이나가 우울증을 겪으며 문제는 시작됐다. 그녀는 본인이 잘못한 일이 없었음에도 아버지의 잘린 발가락을 보고 심한 죄책감에 사로잡혔다. 구체적인 근거가 없는 과도한 죄책

감은 우울증의 흔한 증상인데, 알레이나의 극심한 자책은 우울감과 동시에 나타났다.

주치의가 항우울제를 처방했지만 약을 먹고 몇 주가 지나도 알레이나의 증상은 나아질 기미를 보이지 않았다. 나아지기는커녕 오히려 걱정스러울 만큼 이상한 습관이 새로 생겼다. 알레이나는 아무 이유 없이 혀를 내밀었다가 재빠르게 다시 집어넣곤 했다. 그리고 얼마 뒤, 그녀는 가족들에게 자신이 뱀이 되었다고 말했다. 조금 더 정확하게는, 가족들이 알던 알레이나는 죽었으며 악마가 그 자리에 뱀을 들여 앉혀 놓았다고 공표했다(1장의 내용이 기억난다면 알레이나가 임상적라이칸스로피와 더불어 코타르증후군 증상도 보인다는 점을 알 수 있다).

알레이나는 항우울제 복용을 거부했다. 그 약은 "알레이나가 먹던 약"이며, 거듭 말하지만 알레이나는 이미 죽었다는 이유에서였다. 가족들은 그들의 종교적 믿음에 따라 알레이나를 신부에게 데려갔고 신부는 악령이 빙의한 전형적인 사례라 판단해 구마 의식을 행했지만 실패했다. 마침내 가족들은 그녀를 데리고 병원으로 갔다.

입원하면서도 알레이나는 자기가 뱀이라고 계속해서 주장했으며 병원 직원들을 물고 싶다거나 죽이고 싶다고도 말했다. 실제로 입원 기간 몇몇 직원의 손을 물려고도 했다. 의사들은 그녀의 증상이 정신병적 특성을 동반한 우울증이라 진단했고 보통 조현병 환자에게 처방되는 약을 지급했다. 다행히 약은 효과를 보였다. 며칠 만에 회복한 알레이나는 퇴원했고 더는 동물화 망상을 겪지 않았다.[4]

또 다른 현대 사례로, 32세 아미르는 자신이 개라고 주장하며 병원을 찾았다. 의사와의 상담에서 그는 아내도 개로 변했다고 무덤덤하게 말했다. 또한, 신체적 변화와 더불어 개와 같은 예리한 후각도 발달한 덕분에 두 딸의 소변에서 양의 소변 같은 냄새가 난다는 걸 알아차렸다고 주장했다. (어떻게 양의 소변 냄새를 아는지, 또 왜 두 딸의 소변 냄새를 맡았는지는 알 수 없다.) 아미르는 두 딸이 양으로 변했다고 확신했다.

인간으로서의 신체는 죽었고 개의 몸으로 바뀌었다고 믿은 것으로 보아, 알레이나와 마찬가지로 아미르도 코타르증후군의 증상이 있었다. 의사들은 아미르의 증상을 조울증과 코타르증후군, 그리고 임상적라이칸스로피의 '희귀한 변종'이라고 진단했다. 그 이유는 일반적으로 임상적라이칸스로피 환자가 보이는 동물 변신 망상에는 타인의 변신이 포함되지 않기 때문이다. 아미르는 약 2주간 병원에서 치료받았고 증상은 사라지기 시작했다. 두 달 후 진행된 후속 상담에서는 완치된 모습을 보였다.[5]

내 몸이 내 것이 아닌 느낌

알레이나와 아미르는 임상적라이칸스로피와 함께 서로 다른 정신 장애를 진단받았는데, 이는 전혀 이상할 게 없다. 임상적라이칸스로피가 발달하기 전에 조현병이나 우울증, 양극성 장애 등의 질환이 발생하는 일은 흔하다. 앞서 코타르증후군의 주요 증상으로 다룬 바 있는 이인증(자신을 둘러싼 세계에서 단절된 방관자라는 느낌을 받는 증상)

도 임상적라이칸스로피에서 자주 발견되는 특징이다. 임상적 라이칸스로피를 극적인 형태의 이인증으로 보는 시각도 있다.[6] 물론 망상으로 보는 시각도 존재한다.

안타깝지만 신경과학적 측면에서는 어쩔 수 없이 대부분을 추측에 의존할 수밖에 없다. 임상적라이칸스로피 환자의 뇌 어느 부위에 기능 장애가 발생한 건지 구체적으로 들여다본 연구는 아직 없다. 망상적 특징을 고려하면 1장에서 다룬 타당성 검증 기제에 어떤 문제가 있는 것으로 추측할 수는 있다. 검증 기제가 정상적으로 작동한다면 자신이 늑대나 돼지, 뱀 같은 동물로 변했다는 비논리적인 생각을 믿지 않을 테니까.

한편 신경과학자들의 연구에 따르면, 타당성 검증 기제와는 다른 뇌 기제의 손상이 임상적라이칸스로피를 유발할 가능성도 있다. 신체의 심적 표상을 형성하는 것과 관련된 이 기제를 전문 용어로 '신체 도식body schema'이라 부른다. 우리 뇌는 신체에 대한 이 내적 지각을 활용해 특정 공간 속에 있는 내 몸의 위치를 파악하고 자세를 유지하는 등 다양한 활동을 한다. 이 처리 과정은 우리가 알지 못하는 새늘 이루어지고 있다.

무슨 말인지 더 정확히 알고 싶다면, 눈을 감고 팔 한쪽을 천천히 움직여 보자. 팔은 보이지 않지만 지금 어디에 있는지, 무엇을 하는지 느껴질 것이다. 심지어 팔이 움직이는 모습을 의외로 또렷이 머리에 떠올릴 수도 있을 것이다. 신체 도식이 제대로 기능하고 있다는 의미다. 신체 도식이 만드는 신체에 대한 지각은 우리 몸이 조직적으로 움직이고, 자세를 인지하고, 주변 환경과 상호 작용하기 쉽게 해 준다.

이러한 신체 도식의 중요한 특징 하나는 쉽게 바뀐다는 점이다. 어떻게 보면 당연한 일이다. 우리 신체가 나이, 활동, 부상 등 여러 영향에 의해 변하듯이 신체 도식도 마찬가지다. 예컨대 성장 등의 일반적인 경험은 물론 다리 절단과 같은 외상에 의해서도 평생 수시로 바뀐다.

연구자들은 신경학적 장애가 신체 도식에 지장을 줄 수 있고, 적어도 일부 임상적라이칸스로피 사례의 경우 정확한 신체 도식을 형성하는 뇌 기능에 문제가 발생했기 때문일 수도 있다고 믿는다. 실제로 몸이 변신하는 것을 '느낄' 수 있다고 주장하는 환자들이 있는데, 자신의 몸이 변하는 것을 지각할 수 있다는 점이 이들의 비정상적인 믿음을 뒷받침하는 일부 근거로 작용하는 경우가 있다.

한 21세 남성은 자신의 가슴이 부풀어 넓어졌으며 갈비뼈가 개처럼 변한 것이 느껴졌다면서 의사에게 의학적 도움을 구했다. 여기에는 행동 변화도 따랐는데, 이 남성은 상담할 때 의사를 향해 으르렁거렸고 주로 냄새를 맡으며 주변을 탐색했다.[7] 자신이 늑대 인간이라고 믿던 또 다른 환자는 보통 감정적으로 흥분할 때 일어난다는 변신 과정을 이렇게 설명했다. "몸 전체에서 털이 자라고 이빨이 길어지는 느낌이 들어요. (……) 살갗도 더 이상 제 것이 아닌 듯한 느낌입니다."[8] 신체 변화가 느껴진다는 두 환자의 주장은 동물화 망상을 촉발하는 감각의 바탕에 신체 도식을 방해하는 환각성 혼란이 있을 수도 있음을 시사한다.

존재하지 않지만 느껴진다면

임상적라이칸스로피가 신체 도식의 병리적 변화와 관련이 있을 수도 있지만, 신체와 신체 도식의 불일치가 발생하는 방향이 반대인 경우도 있다. 신체는 바뀌는 데 신체 도식이 변화를 제대로 따라가지 못하는 경우다. 42세 여성 주디는 심각한 교통사고를 당한 뒤 오른팔을 절단해야 했다. 절단 수술을 받은 며칠 뒤부터 그녀는 오른팔이 살짝 굽은 모양으로 여전히 어깨에 달려 있다는 느낌을 계속 받았다. 팔을 움직일 수는 없지만 느낄 수는 있었다. 수술로 오른팔을 잘라냈다는 사실을 알고 있음에도 말이다.

사실 주디가 보인 증상은 흔히 찾을 수 있다. 절단 수술을 받은 환자 대부분이 떨어져 나간 부위가 아직 그곳에 붙어 있는 듯한 감각을 지속적으로 느낀다.[9] 이를 환각지phantom limbs라 부르는데, 꼭 팔과 다리에만 국한되는 증상은 아니다. 손가락, 눈, 가슴, 생식기, 치아에 이르기까지 신체의 어떤 부위라도 잃고 난 뒤에 발생할 수 있는 현상이다.[10]

환각지는 일견 흥미롭고 신기해 보이나, 눈에 보이지 않는 신체 부위에서 오는 전격통(전기 충격을 받은 듯 갑작스럽게 찾아오는 신경성 통증—옮긴이)이나 작열통, 경련, 동통 등의 고통을 느끼는 환자들에게는 큰 괴로움이다. 이렇듯 자발적으로(외적인 요인 없이 자연스럽게 돌발적으로 발생함을 의미한다—옮긴이) 통증이 발생하는 경우가 있는 반면, 환각지가 불편한 자세로 굳어 (더 이상 존재하지 않으므로) 해당 부위를 편한 자세로 바꿀 수 없는 데서 오는 고통을 호소하는 환자들도 있다. 손에 든 수류탄이 터져 오른손을 잃은 한 군인은 주먹을 너무 꽉 쥐고 있는 가상의 손에서 오는 고통을 호소하기도 했다.[11]

나처럼 끊임없이 손가락을 꼼지락거려야 안정감을 느끼는 사람에게도 악몽같은 일이듯 환각지 환자는 두말할 필요도 없이 무척 괴로울 것이다. 이들은 보통 사람들보다 불안감을 더 많이 느끼며 삶의 질이 낮고 우울증에 빠질 확률이 높다.[12]

환각지가 발생하는 원리와 원인은 아직 완전히 밝혀지지 않았지만, 한 유명한 가설의 중심에 신체 도식이 있다. 이 가설에 따르면, 갑자기 팔을 잃는 경우에도 몸에 대한 심적 표상은 남는다. 즉, 팔이 사라졌다는 최신 정보가 신체 도식에 전달되지 않은 것이다. 그래서 팔이 여전히 그 자리에 그대로 있다는 예측, 내지는 뚜렷하게 느껴지는 감각이 생긴다.

환각지가 고통을 유발하는 이유에 관해서도 아직 명확히 합의된 가설은 없다. 앞서 설명했듯, 존재하지 않는 팔이 환자가 어찌할 수 없는 불편한 자세로 굳으면 고통이 생길 수 있다. 지금은 없어진 팔이나 다리에서 와야 할 감각 정보의 상실을 이해하려는 과정에서 뇌가 회로를 잘못 재배선rewiring했기 때문일 수도 있고, 절단된 부위의 손상된 신경세포에서 비정상적인 신호가 발생했기 때문일 수도 있으며 그 외 다양한 요인이 복합적으로 작용하여 증상을 유발할 수도 있다. 우리는 아직 모르는 것이 많다.

뇌 속의 몸

정말 신체에 관한 가상의 표상이 뇌에 있다면 궁금해질 수밖에 없다. 뇌의 어느 부위에 있다는 말인가? 신경과학 분야의 무수한 질문에 대한 답처럼 이 답 역시 '복잡하다'. 다른 여러 고도의 인지 기능과 마찬가지로, 신체 도식의 형성은 단순히 뇌의 한 영역이 작용한 것이 아니라 정교한 네트워크를 통해 여러 영역이 협업한 결과일 가능성이 높다.

이러한 '네트워크 소통 모델'은 현대 신경과학이 뇌의 작동 원리를 바라보는 전반적인 시각을 잘 보여 준다. 얼마 전까지만 해도 신경과학자들은 어떤 행동을 뇌 활동과 연결 지어 설명할 때 '그' 행동을 담당하는 뇌의 '특정' 영역을 찾으려 애썼다. 하지만 이제는 한정된 뇌 영역 하나에 의해서만 수행되는 복잡한 기능이 (있다고 해도) 그리 많지 않다는 것을 알기 때문에 뇌가 작동하는 어떤 한 원리를 설명할 때에도 해당 작용을 함께 일으킨 여러 영역을 찾는다.

물론 신경과학자들은 뇌가 여러 복잡한 네트워크를 활성화하여 활동한다는 사실을 받아들였다. 그리고 그 과정에서 뇌 기능이 아주 복잡하게 뒤얽혀 있다는 사실도 인정해야 했다. 신체 도식을 형성하는 네트워크 구조를 밝히는 과제도 지난 수십 년간 이들의 골머리를 썩였다.

그래도 진전은 있었다. 신체 도식을 형성하는 것으로 보이는 몇몇 영역을 발견한 것이다. 그중 가장 눈에 띄는 곳이 '두정피질'이라 불리는 넓은 구역이다. 라틴어로 껍질 혹은 껍데기를 뜻하는 '피질cortex'은 신체 기관의 겉층을 일컫는데, 여기에서는 특히 '대뇌피질', 즉 뇌의 겉층을 의미한다. 피질에서 가장 두꺼운 부분은 뇌 표면에서 안쪽으로 두께가 겨우 4.5밀리미터 정도에 불과하다. 그러나 대뇌피질은 이름처럼 단순히 겉껍질만을 의미하지 않는다. 대뇌피질에 있는 뉴런은 감각 지각부터 인간이 지닌 가장 복잡한 인지 능력에 이르기까지 다양한 기능을 책임진다. 뇌의 표면에 가득한 구불구불한 모양새의 고랑(움푹 들어간 부분 — 옮긴이)과 이랑(위쪽으로 융기한 부분 — 옮긴이)으로 이뤄진 피질의 주름은 뇌의 가장 대표적인 특징이다.

두정피질은 뇌의 중후반부에 있으며 '두정엽'이라고도 불린다. '엽lobe'은 전두엽, 두정엽, 후두엽, 측두엽*처럼 신경과학자들이 피질을 여러 구역으로 나눌 때 쓰는 용어다. 처음 구분하기 시작한 건 순전히 해부학적인 이유 때문이었지만, 거듭된 연구를 통해 각 구역에는 기능적인 차이도 있다는 사실을 발견했다(네 구역의 엽이 뇌 지분의 상당량을 차지한다는 점을 생각하면 그리 놀랄 일도 아니다). [65쪽 뇌 구조도 1 참고]

여러 측면을 고려할 때 신체 도식 형성에 기여하는 구역은 두정피질인 것으로 추측된다. 우선, 몸에서 오는 감각 정보를 분석하는 데

---

* 다섯 번째 '변연엽(limbic lobe)'과 여섯 번째 '뇌섬엽(insular lobe)'까지 구분 영역에 포함하는 경우도 있다. 그러나 위에서 설명한 네 영역만큼 자주 언급되지 않기도 하고, 이 책에서 다루는 소재를 이해하는 데 필요한 내용이 아니라서 여기에서는 소개하지 않았다. 따라서 피질을 네 영역으로만 나누는 더 일반적이고 단순한 접근법을 택했다.

핵심 역할을 하는 '일차 체감각 피질'이라는 영역이 두정피질에 있기 때문이다. 일차 체감각 피질은 접촉, 압력, 진동 등 피부에서 얻는 촉각과 관련한 감각 정보를 받아들인다. 예컨대 탁자를 만지면 촉각 정보는 먼저 일차 체감각 피질로 보내진다. 여기에서 '탁자의 질감은 어떤가?' '탁자는 얼마나 단단한가?'처럼 탁자를 만진 경험과 연관된 정보가 처리되어 뇌가 인식할 수 있는 정보가 된다. [65쪽 뇌 구조도 2 참고]

그러니 일차 체감각 피질은 우리가 바깥세상과 상호 작용하는 데 굉장히 중요한 역할을 한다. 이 영역은 우리에게 필수적이나 잘 알려져 있지는 않은 '고유 수용성 감각proprioception'과 관련한 정보도 수용한다. 고유 수용성 감각은 몸의 자세와 위치를 알려 주는 중요한 감각으로, 근육이 조직적으로 움직여 우리가 무사히 돌아다닐 수 있도록 해 준다. 또한 신체 도식을 유지하는 데에도 필요하다. 신체에 대한 심적 표상이 정확하려면 최신 자세 정보로 고유 수용성 감각을 계속 업데이트해 줘야 하기 때문이다.

더욱이, 촉각과 고유 수용성 감각을 받아들인 일차 체감각 피질은 청각, 시각 등 다른 감각 양식의 정보를 받는 뇌의 인근 영역과 소통한다. 우리 뇌는 이 모든 감각 정보를 통합해 몸에 관한, 몸이 하는 행동에 관한, 몸이 그 행동을 하고 있는 환경에 관한 하나의 구체적인 의식을 만들어 낸다.

절반만 존재하는 세상

두정피질이 손상되면 신체를 지각하는 방식에 혼란을 야기하는 이례적인 장애로 이어질 수 있다. 이 사실이 신체 도식 형성에 두정피질이 주요 역할을 한다는 가설을 뒷받침한다. 뇌졸중의 흔한 결과로 발생하여 두정엽에 영향을 미치는 **편측공간무시**hemispatial neglect라는 질환에서 그 예를 찾을 수 있다.

편측공간무시 환자는 전체 시야로 들어오는 정보는 모두 수용하지만, 한쪽 시야에 들어오는 존재를 인식하지 못하는 특이한 증상을 보인다. 마치 세상의 절반이 존재하지 않는 듯 행동한다. 이를테면 접시에 놓인 음식의 절반만 먹거나, 신발을 한쪽만 신거나, 면도나 화장을 얼굴의 반만 하는 것이다. 대부분은 무의식적으로 이런 행동을 하며 가끔 어떤 환자들은 자신의 행동에 잘못된 부분이 있다는 사실을 신기할 정도로 인지하지 못한다.

어떻게 이런 문제를 겪을 수 있는지 상상하기 어려울 수도 있다. 그러나 자기 건강 상태를 제대로 깨닫지 못하는 현상은 편측공간무시뿐만 아니라 다른 여러 장애에서도 흔히 나타난다. 질병실인증anosognosia이라는 용어까지 있을 정도다. 그리고 이 병증은 뇌가 나타내는 더 이상한 현상 중 하나다.

질병실인증은 '병에 대한 자각이 없다'는 의미다. 건강상의 문제를 겪고 있는 게 분명한 환자가 자기 상황을 자각하지 못하는 증상을 일컫는다. 이들은 대부분 자각하지 못하는 상태를 넘어 문제가 있다는 사실 자체를 완강히 부인한다. 그 과정에서 어떤 말도 안 되는 합리화가 필요하다 해도 말이다.

일부 편측공간무시 환자는 편마비불인증anosognosia for hemiplegia이라는 독특한 증상을 보인다. '편마비'는 신체의 절반이 마비되었음을 뜻한다. 환자는 반신이 마비되었으나 그러한 자신의 상태를 인지하지 못한다. 몸이 마비되었다는 명확한 증거가 있어도 이들은 신체가 완벽히 정상적으로 기능한다고 주장한다. 마비된 팔과 다리로 특정 행동을 취해 보라고 요청해도 아마 "지금은 너무 피곤해요"와 같은 핑계를 대거나, 동요하며 화제를 전환하려 할 것이다.

이와 달리, 한쪽 팔이 자기 몸의 일부가 아니라는 등 신체가 정상적으로 움직이지 않는 이유에 망상적 믿음을 덧입히는 환자들도 있다. 이를 **신체편집분열증**somatoparaphrenia이라 부른다. 좌측 편마비와 관련해 신체편집분열증을 앓는 환자와 의사가 실제 나눈 대화를 살펴보자.

의사 왼쪽 다리는 어때요?

환자 제 발이 아닌 발을 달고 산다는 건 처음부터 무척 힘들었어요.

의사 왜 본인의 발이 아니라고 생각하죠?

환자 이 발은 소의 발이에요. 소발을 제 다리에 꿰매 놓은 거예요. 그렇게 보이고 또 그렇게 느껴져요. 너무 무거워요. 하지만 이젠 적응했어요. '집에 데려가 줄게'라고 말해 줄 정도로요.[13]

신체편집분열증 환자를 기록한 문헌을 보면 마비된 팔다리에 황당한 설명을 갖다 붙인 사례가 많다. 한 환자는 한쪽 손이 실은 "시어머니의 손"이라고 말했으며, 다른 환자는 한쪽 손을 "지하철에 두고 내려서" 수술로 다시 붙여야 했다고 주장했다. 또 다른 환자는 폭력 조직이 자기 남동생의 팔을 잘라내 강에 던져 버렸는데, 바로 "그 팔이 자기 옆에 놓여 있는 걸 발견"했다고 주장하기도 했다(하지만 팔이 어떻게 강에서 빠져나와 그의 침대까지 왔는지는 설명하지 못했다).[14]

편마비불인증과 신체편집분열증은 두정피질과 이 구역이 핵심 교점 역할을 하는 네트워크의 손상 혹은 둘 중 하나의 손상과 관련 있다.[15][16] 물론 신체편집분열증 환자처럼 질병실인증에 망상이 더해진 환자의 경우, 단순히 병을 자각하지 못하는 것을 넘어 그 빈자리를 채우는 괴상한 설명을 믿게 만드는 다른 기제가 있는 것이 분명하다. 몇몇 연구자들은 이와 관련해 우리가 1장에서 본 타당성 검증 기제 일부에 결함이 있다고 주장한다. 이 결함은 뇌졸중 같은 병증에 의해 발생할 수 있다.[17]

신체 도식에 문제가 생길 때 발생하는 증상을 생각하면 이 기제는 건강한 뇌의 필수 요소인 듯하다. 하지만 앞서 보았듯 일부 사례에서 뇌가 생성하는 신체 도식은 실제 신체 상태와 일치하지 않는다. 환각지의 경우, 신체 일부를 잃었음에도 신체 도식은 완전한 상태다. 정반대를 경험하는 환자들도 있다. 몸은 온전하나 신체 도식이 사지를 인지하지 못하는 것이다. 이는 몸에 (달리 적당한 표현이 떠오르지 않는데) 수족이 더 붙어 있는 듯한 고통스러운 느낌, 때로는 감당하기 힘든 느낌을 유발한다. 그리고 지각한 것과 실제가 일치하지 않는 경우 신체 도식에 맞춰 몸을 바꾸려는 강박적인 욕망이 피어날 수 있다. 어떠한 대가를 치르더라도 말이다.

절단을 향한 간절한 염원

존스홉킨스대학교의 '정신 호르몬 연구실PRU'은 성 정체성과 성전환 수술 등 당시 민감하게 여겨지던 주제를 집중 연구하고자 20세기 중엽에 설립된 곳이다. 성 관련 문제를 겪는 환자를 다루는 몇 안 되는 의료 시설 중 하나였기에, 일반 병원에서 흔히 볼 수 없는 문제를 지닌 사람들이 많았다. 그곳에서 일하는 직원에게도 아이작의 전화는 다소 충격으로 다가왔다.

1970년대의 어느 날, 아이작은 연구실에 전화해 자신의 왼쪽 다리를 절단해 줄 외과의를 찾았다. 이후 그는 편지에서 이렇게 밝혔다. "13살부터 저는 왼쪽 무릎 위부터 다리를 잘라내고 싶었어요. 그때그때 강도는 달랐지만, 제 의식은 기이하고 또…… 집착에 가까운 절단 욕구에 완전히 빠져 있었어요."[18]

아이작은 성적인 이유 때문에 다리 절단에 관심이 생겼고 정신 호르몬 연구실에 연락한 것이었다. 그는 다리가 잘린 사람의 모습에서 성적인 흥분을 느꼈다. 목발을 짚고 걸어가는 환자를 보며 흥분했고 절단 환자와의 성적 만남을 원했으며 이들의 사진을 보며 자위행위를 했다.

아이작은 절단에 대한 환상을 품거나 실제로 다리가 절단된 사람과 성적인 관계를 맺는 데서 만족하지 않았다. 그 스스로 절단 환자가 되는 것에 지대한 관심을 보였다. 그래서 수술해 줄 외과의를 절실히 찾았지만, 정신 호르몬 연구실은 의사를 소개해 달라는 그의 요청을 거절했다. 기꺼이 수술해 줄 의사를 찾을 가망이 보이지 않자 아이작은 스스로 문제를 해결하기로 했다. 비위가 약한 사람에게는 이어지는 내용이 불편할 수 있으니, 힘들 것 같다면 다음 두 문단은 읽지 않고 넘어가도 좋다.

아이작은 날카롭게 벼린 스테인리스 쇳조각으로 다리를 찌른 뒤 망치로 내리쳐 정강이뼈에 쇳조각을 박아 넣었다. 조각을 빼내자 피부에서 뼈까지 이어지는 구멍이 생겼다. 여기까지도 만족스러웠지만 그에게는 아직 다음 과정이 남아 있었다.

얼굴 여드름에서 짜낸 고름과 콧물을 섞어 새로 만든 구멍 안에 넣었다. 그러고는 이것이 반드시 다리를 절단해야 할 정도의 심각한 감염으로 이어지기를 바라며 기다렸다. 기다리고 기다리던 끝에 드디어 감염증이 발생했고 다리 하나만 남길 바라는 염원을 품고서 지역 병원으로 향했다. 그러나 병원에서 감염된 부분을 완전히 치료해 주면서 희망은 실망으로 변했다. 아이작은 병원에 갈 때와 마찬가지로 두 발로 걸어서 집으로 돌아갔다.

1970년대 연구자들은 아이작의 병증을 표현하기 위해 아포템노필리아apotemnophilia라는 용어를 만들었다. 그리스어로 '절단을 향한 애착' 정도로 해석할 수 있다. 이후에는 **신체통합정체성장애**body integrity identity disorder, BIID라는 용어가 더 자주 사용되었다. 이 장애는 초기에 성적 페티시로 여겨졌다. 처음 서면으로 기록된 것도 절단에 대한 성적 집착을 지닌 독자가 1972년 《펜트하우스Penthouse》지에 보낸 편지에서였다. 하지만 이제 신경과학자들은 신체통합정체성장애가 신체 도식에 본인의 사지를 통합시키지 못해 팔이나 다리가 자기 몸의 일부가 아닌 듯한 강한 감각을 느끼는 사람들에게 발생하는 장애라고 생각한다. 흥미로운 점은, 연구에 따르면 신체통합정체성장애 환자가 느끼는 신체 도식의 불일치가 두정피질의 비정상적 활동과 유관할 가능성이 있다는 것이다.[19]

그렇기에 신체통합정체성장애는 성적 페티시라기보다는 신경학적 장애에 더 가까워 보인다. 어느 쪽이든 한 사람의 삶을 완전히 바꿔 놓을 만한 심각한 질환인 것은 매한가지다. 해당 환자 중에는 손발을 잃는 것에 그저 집착만 하는 사람도 있지만, 그 소망을 실현하는 사람도 있다. 1990년대 말 스코틀랜드의 한 외과의는 두 남성의 다리를 절단했는데, 그들이 다리를 절단해 줄 것을 간절히 요청했기 때문이었다. 의사가 보고한 바에 따르면, 수술 전까지만 해도 환자들은 극도로 괴로워했으나 다리를 절단한 뒤에는 자신들이 내린 결정에 무척 기뻐했으며 삶의 만족도도 더 높아졌다.[20]

그러나 신체통합정체성장애 환자의 욕망을 해소해 줄 의사는 거의 없다. 전문의의 도움을 구할 수 없으면 환자들은 각자 자기만의 방식으로 길을 찾는데, 간혹 그 결과는 처참하다.

영국에 거주하는 51세 공무원 칼은 이른 청소년기부터 다리를 절단하고 싶은 욕망에 끊임없이 사로잡혀 왔다. 칼의 사례는 내가 지금껏 학회지에서 본 것 중 가장 끔찍한 사진과 함께《수부외과학회지》에 소개되었다.[21] 칼은 40대 초반 하퇴부에 경미한 상처를 입었다. 이를 기회로 삼아 일부러 상처를 감염시켰고 결국 무릎 위부터 다리를 절단해야 했다. 하지만 그는 여기에 만족하지 않고 손도 절단하려 했다. 이 지점에서 다시 경고해야겠다. 잔인한 장면을 견디지 못한다면 다음 두 문단에 주의하길 바란다.

칼은 손을 잘라내기 위해 직접 손을 썼다. 그는 먼저 오른손 새끼손가락을 잘랐다. 이후 5년 동안은 아무 일도 벌이지 않은 걸로 보아 한동안은 그것만으로도 만족한 듯싶었다. 하지만 칼은 또다시 왼손 새끼손가락을 못 쓰게 만들었는데, 훼손 정도가 너무 심해 의사들은 어쩔 수 없이 그의 손가락을 절단해야 했다. 그로부터 2년 뒤 칼은 왼손 약지를 고의로 잘랐다. 이렇게 몇 번이고 손가락을 잘라낸 것만 해도 충분히 잔인하지만, 칼의 진정한 욕망은 아직 실현되지 못했다. 바로 손 전체를 잘라내는 것 말이다.

손가락을 야금야금 잘라내는 데 싫증이 난 칼은 결국 도끼를 집어 들고 왼손 전체를 잘라 냈다. 혹시라도 의사들이 잘린 손을 재접합할까 걱정되어 도끼로 왼손을 훼손하여 아예 회복 불가로 만들었다. 스타킹을 지혈대 삼아 팔을 감싼 뒤 병원으로 간 그는 절단면에 맞는 의수를 끼울 수 있도록 수술해 달라고 부탁했다. 의사들은 해 달라는 대로 해 주는 수밖에 없었다. 그 시점에는 이미 칼의 손을 살릴 가망이 없었기 때문이다. 칼은 수술 후 절단된 부위를 보고 만족했으며 새

의수를 맞출 생각에 즐거워했다.

일부 신체통합정체성장애 환자는 그토록 희망해 오던 절단이라는 결과를 얻은 후 만족해한다. 하지만 그 외 환자들은 칼이 다리를 절단한 뒤 그랬던 것처럼 잠시 만족해하다가 다시금 절단을 향한 욕망을 느낀다. 예를 하나 더 들자면, 한 환자는 드라이아이스에 두 다리를 7시간 동안 노출시켰고 심각한 동상에 걸렸다. 다리가 회복 불능 상태에 빠지면서 그는 바라던 대로 다리를 잘라낼 수 있었다. 역설적이지만 이후 이 환자는 태어나 처음으로 자신이 "완전한 사람"처럼 느껴진다고 말했다. 3년 후, 여전히 본인의 결정에 흡족해하던 그는 사지를 절단한 사람을 만났다. 둘이 점점 더 친해지면서 그는 왼팔을 절단하고 싶다는 새로운 욕망을 품게 됐다. 정신과 치료를 통해 새로 생긴 욕망은 다소 누그러졌지만, 완전히 사라지지는 않았다.[22]

⁎ ✦ ⁎

이 장에서 제시한 일부 장애는 꽤 이상하게 들릴 수도 있다. 그러나 신체 도식이라는 맥락에서 보면 이해가 가능하다. 뇌가 우리 주변 세상을 탐색하도록 돕는 기발한 기제임을 생각하면 신체에 대한 심적 표상이 존재하는 건 자연스럽고 또 유용해 보인다.

물론, 나도 신체 도식이라는 개념을 이해하는 것이 어렵다. 신체에 대한 지각과 실제 신체는 떼려야 뗄 수 없을 정도로 연결돼 있다고 느껴지기 때문이다. 이와 달리 연구 결과는 이것이 일반적인 오해이며 신체에 대한 신경생물학적 표상이 왜곡되면 몸에 대한 우리의 느낌도 왜곡될 수 있다는 점을 보여 준다. 신체의 표상에 관한 신경과학은 보이는 게 전부 진짜가 아닐 수도 있다는 것을 암시하는 또 다른 증거인지도 모른다.

뇌 구조도 1

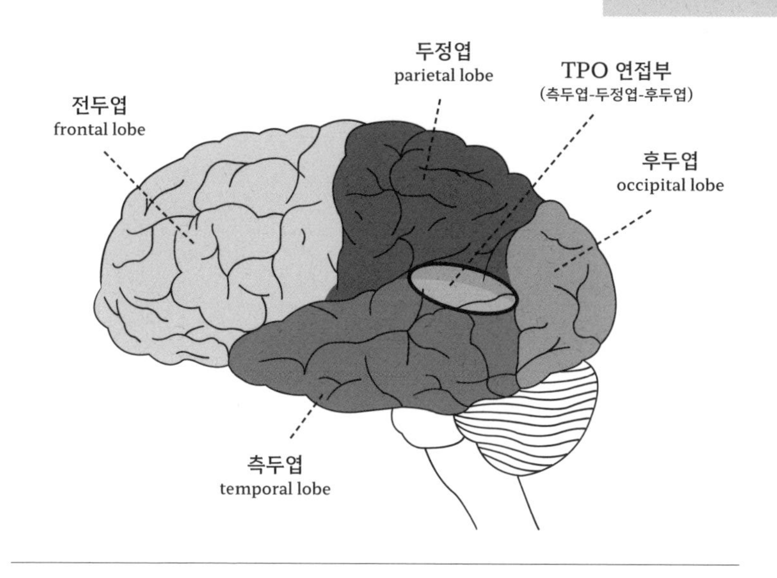

⌘ '엽'은 '피질'로 대신할 수 있다.

뇌 구조도 2

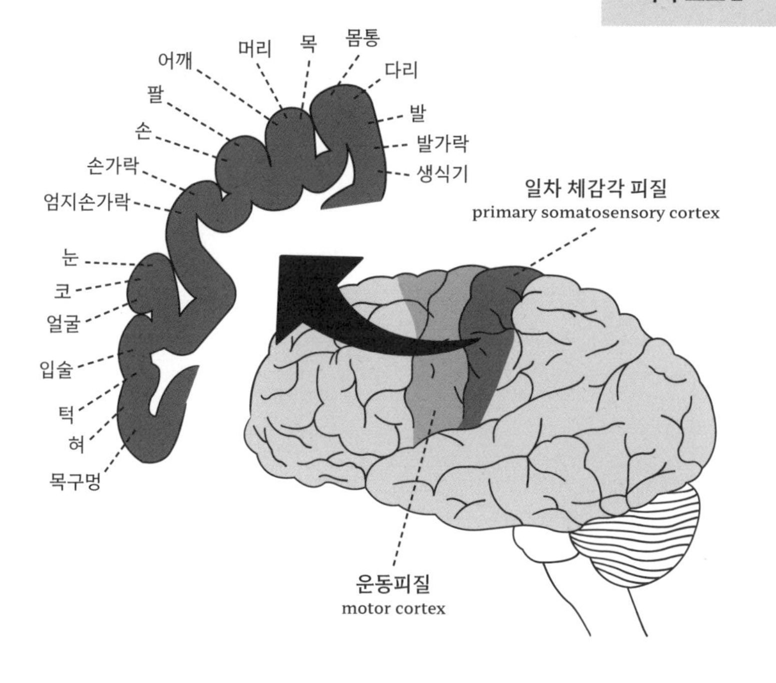

3장

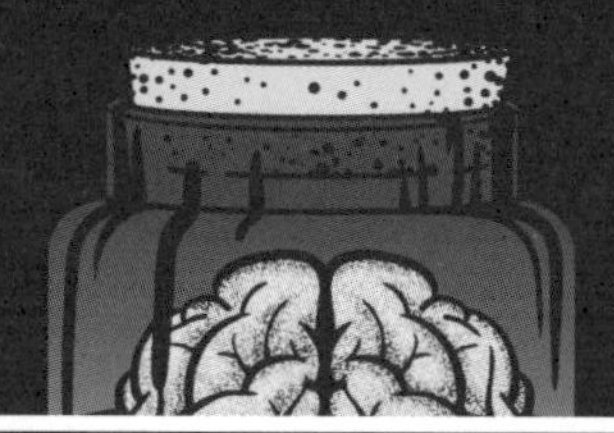

버리지 못하는 사람들

강박

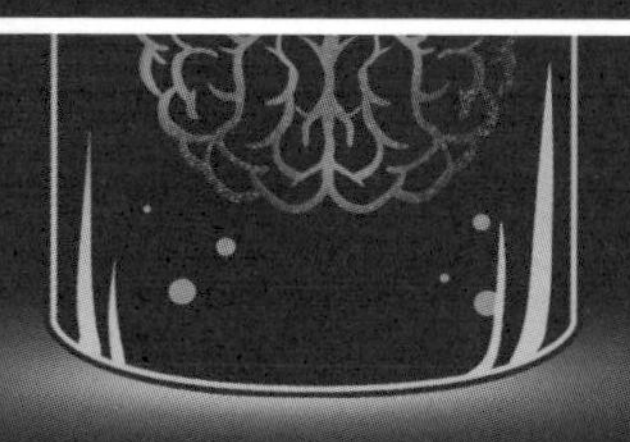

B I Z A R R E

엘리프는 차디찬 병원 검사실 타일 바닥에 무릎을 꿇고 철제 쓰레기통 위로 몸을 굽힌 채 토하고 있었다. 구역질 때문에 신체검사를 중단한 게 벌써 세 번째였다.

어수선한 차림새에 창백한 얼굴로 병원에 도착한 엘리프는 심한 복통을 호소하고 있었다. 의사가 검사실에 들어가자 그녀는 배를 움켜쥐고 태아처럼 웅크린 채 몸을 관통하는 이 구역질 발작이 사라지기만을 기도하고 있었다.

활력 징후(체온, 맥박, 호흡, 혈압 측정값으로, 생명 유지에 중요한 기본적인 건강 상태를 파악할 수 있는 지표—옮긴이)와 병원에 도착하자마자 한 검사 결과는 모두 정상으로 나왔지만, 고통은 점점 심해졌다. 상태는 심각해 보였다. 담당 의사는 그녀의 복부를 CT 스캔(엑스레이를 사용해 체내 이미지를 얻는 촬영 방식)으로 찍어 보자고 했다. 이때부터 엘리프의 사례는 의외의 방향으로 전개되기 시작했다.

의사는 그녀의 증상이 흔히 종양이나 장폐색, 심각한 감염증에 의한 것이라고 추측했지만, 검사 결과는 의사가 예상하던 그 어떤 답도 내주지 않았다. 그런 증상을 보이지 않는다고 해서 엘리프가 멀쩡한 건 아니었다. 스캔 이미지 상으로는 복부와 소장에 아주 이상한 검은 덩어리가 많았다. 마치 그녀가 먹은 것이 위와 장의 내벽에 박힌 듯 보였다. 일반적인 음식을 먹어서는 보기 어려운 모습이었다.

영문을 알 수 없던 의사는 엘리프에게 최근 식습관을 물었다. "지난 며칠 동안 특이한 음식을 먹은 적이 있나요?" "실수로 먹으면 안 되는 물건을 삼켰을 가능성이 있나요?" 질문이 이어졌지만 그녀는 우물쭈물하며 제대로 대답하지 못했다. 식습관에 관한 질문이 불편해 보이는 걸로 봐선 무언가 숨기고 있는 것 같았다.

점차 문제의 핵심으로 접근해 가는 듯 하자 의사는 엘리프를 압박하며 더 끈질기게 물었다. 결국 깜짝 놀랄 만한 사실이 드러났다. 그녀에게는 담뱃재를 먹는 습관이 있었던 것이다.

엘리프는 평소에 담배 두세 개비 정도에 해당하는 담뱃재를 먹는다고 고백했다. 그런데 병원에 오기 전날에는 특히 마음이 풀어져 열 개비 정도에 해당하는 양을 먹었다고 했다. 의사는 위장관에 보이는 어두운 부분들이 담뱃재가 쌓인 것이라 판단했다. 이것이 엘리프를 병원으로 오게 만든 원인이었다. 의사가 정신과 상담을 권했지만, 그녀는 조언을 뒤로 하고 병원을 떠났다. 이 위험한 습관을 그만둘 의향은 전혀 없어 보였다.[1]

매일 담뱃재를 먹는 여자

엘리프가 겪은 건 **이식증**pica이라는 병증으로, 보통 식용으로 여기지 않는 물질을 먹으려는 지속적인 욕구가 특징인 장애다. 이식증 환자가 식욕을 느끼는 대상은 얼음처럼 무해한 것부터 바늘처럼 굉장히 위험한 대상까지 사례별로 다양하다. 이러한 양극단을 제외해도 이식증 환자는 대부분 보통 사람들이 별맛이 없다고 느끼거나 관심이 생기지 않을 법한 수많은 물질을 먹는다. 엄청난 혐오감을 주는 것까지 포함해서 말이다.

무해한 쪽을 먼저 살펴보자. 돌연 생감자를 먹고 싶다는 강박적 욕구가 생긴 한 환자는 하루에 생감자를 세 개에서 다섯 개는 꼭 식사에 포함했다. 특히 찬 생감자를 좋아했는데(어쩔 수 없는 경우에는 상온의 감자도 먹었지만), 여행 갈 때는 보온병에 얼음물을 가득 채워 감자를 넣어 갈 정도였다.[2]

다들 이런 행동을 의아하다고 생각할 것이다. 직장 휴게실에 앉아 있는데 동료가 보온병에서 찬 생감자를 꺼내 먹는 모습을 보고 있다고 상상해 보라. 그래도 감자는 어차피 우리가 흔히 먹는 식재료이니 감자에 대한 집착은 그리 충격적이진 않을 것이다. 이번에는 29세 임신부 샬럿의 사례를 보자. (이식증은 다른 비교군 대비 임신부에게서 더 자주 발견된다. 이유는 곧 설명하겠다.) 샬럿은 임신 3개월 차부터 탄 성냥개비를 먹기 시작했다. 생감자와 달리 이 습관은 무해하지가 않다. 성냥에는 다량으로 섭취하면 사람에게 유독한 염소산칼륨과 같은 위

험한 물질이 들어 있다.⌘

의사들은 다 탄 성냥개비를 계속 먹으면 아이의 건강이 위험해진다고 말했지만, 샬럿은 스스로 멈추는 게 불가능했다. 성냥개비를 향한 갈망은 너무도 강력했고 아무리 노력해도 억제할 수가 없었다. 습관을 고치려는 노력이 계속 수포로 돌아가자 샬럿은 이 위험한 물질에 아기가 노출되는 기간을 최대한 줄이기 위해 일단 달이 다 차면 유도 분만을 하는 데 동의했다. 태어난 아기에게는 황달과 그 외 몇몇 작은 합병증이 있었지만, 다행히 치료를 받고 잘 회복했다.[3]

어떤 환자는 자신의 머리카락을 강박적으로 먹는다. 비교적 별것 아닌 듯 들릴 수도 있지만, 이 역시 과도해지면 심각한 문제를 낳는다. 머리카락은 케라틴이라는 질긴 단백질로 구성되어 위산에도 잘 녹지 않는다. 그래서 위 내벽에 켜켜이 쌓여 있는 위 조직인 위점막 주름에 끼인다. 그곳에서 머리카락은 점액, 음식과 섞여 역겨운 덩어리가 되고 머리카락을 계속 먹는다는 가정하에 시간이 지나면 머

⌘ 과거에 염소산칼륨을 섭취하여 사망한 사례도 있다. 1900년대 초반에 발생한 사례에서 남성은 빈속에 치약 한 통(당시 치약에는 보통 염소산칼륨이 함유돼 있었다)을 모조리 먹어 치웠는데, 염소산칼륨이 소화되면서 남성은 때 이른 죽음을 맞이하게 되었다. 그런 행동을 한 이유는 명확하지 않으나, 남성이 "정신 질환을 앓는 육군 장교"라고 묘사된 기록은 남아 있다. S.A. Ansbacher, "A Case of Poisoning by Potassium Chlorate", *Journal of the American Medical Association*, 96(20), 1931, 1681.
다행히도 이 남성의 중독 사건 이후 치약을 비롯한 대부분의 가정용품에 들어가던 염소산칼륨은 더 안전한 물질로 대체되었다.

리카락이 더 달라붙으며 덩어리가 커진다. 이렇게 만들어지는 덩어리를 의학계에서는 '위모구'라고 부르며 보통은 '모발위석'으로 알려져 있다. 상습적으로 머리카락을 먹는 환자들의 위에는 위장 기능을 방해할 정도로 커진 모발위석이 생긴다.

계속되는 복통과 배변 조절 장애로 병원을 찾은 7세 여아가 있었다. 자기공명영상MRI(CT 스캔과 마찬가지로 자세한 체내 혹은 뇌 이미지를 얻는 데 사용되는 방식이다) 촬영 결과 위 속에서 거대한 덩어리를 발견했는데, 의사들은 이것이 위 종양이라 추측했고 수술로 제거하는 수밖에 없겠다고 생각했다. 그러나 외과의가 아이의 배를 열었을 때 발견한 건 종양이 아니라 단단하게 뭉친 위모구였다. 머리카락으로 똘똘 뭉친 위석은 소녀의 위를 가득 채우고 있었고 그 끄트머리는 소장까지 내려가 있는 상태였다. 전체 길이는 82센티미터에 무게는 795그램이었다.[4]

감자나 탄 성냥, 머리카락은 이식증 환자가 먹는다고 알려진 여러 이상한 물질 중 일부에 불과하다. 그 외에도 솜뭉치, 흙, 풍선, 비누, 화장지, 나뭇가지, 찰흙, 자갈, 좀약, 유리, 배설물, 화장실용 탈취제도 있다.[5]

이 중 일부는 이식증 환자치고도 특이한 사례지만, 적어도 특정 집단에서 이식증은 그리 드문 병증이 아니다. 여러 연구에 따르면, 6세 미만 아동의 20~30퍼센트는 이식증을 경험한다.[6] 무엇이든 입에 집어넣는 유아기 때의 경향을 생각하면 놀랄만한 통계는 아니다. 이식증 발병률은 나이가 들면서 줄지만, 임신부와 지적 장애인 집단에서는 여전히 비교적 높은 수치를 보인다. 일부 추정치에 따르면, 이식증은 전체 임신부[7]와 성인 지적장애인[8]의 4분의 1 이상에서 발견된다.

거부할 수 없는 욕구

이식증을 연구하는 과학자들 앞에 놓인 커다란 질문은 바로 "왜?"다. 이들이 아침으로 베이컨과 달걀 대신 좀약에 사로잡히게 만드는 요인은 대체 무엇이란 말인가? 일부 연구자는 이식증 환자들이 영양 부족 상태를 완화하려는 본능적인, 그러나 그릇된 시도에서 이러한 비정상적 욕구를 갖게 되는 것으로 추정한다. 이식증은 철 결핍성 빈혈과 함께 더 자주 발생하므로 이와 같은 영양 결핍으로 인해 뇌가 영양소를 충족해 줄 것으로 추측하는 음식을 갈망하게 된다는 것이 하나의 가설이다. 영양 부족과 이식증 사이의 관계는 임신부의 높은 이식증 발병률을 설명하는 근거로 제시되어 오기도 했다. 임신부에게는 더 많은 영양분이 필요한데, 이들이 먹는 식단에 중요 영양소가 부족할 가능성도 높기 때문이다.

그러나 이것이 이식증과 영양 결핍 사이의 명확한 관계를 나타내지는 않는다. 적어도 모든 이식증 사례에 적용되는 것은 아니다.[9] 이식증은 사례마다 서로 다른, 때로는 여러 원인이 작용하는 것으로 보이며 일부 문화권의 경우 마치 전통처럼 전해져 내려와 습득된 행위로 보인다.

미국 남부의 일부 지역에서 찰흙을 먹는 건 꽤 잘 알려진 관습이다(입말로 '백토white dirt'라고 부르는 '고령토' 즉, 백악질 점토를 먹는다). 1970년대 말, 미시시피 카운티의 흑인 거주자를 대상으로 진행한 연구 결과(백토를 먹는 관습은 백인들에게서도 발견된다)에 따르면, 여성은 57퍼센트, 아동은 16퍼센트가 일평균 50그램 정도의 점토를 주기적으로 먹는다. 이는 일반 스니커즈 초코바 한 개에 해당하는 양이다. 엄마들은 아이들에게 조금씩 떼 먹을 점토 덩어리를 쥐어 주며 이 관습을 물려 주었다.[10] 해당 연구가 40년 전에 진행되었다고는 하나, 그보다 더 최근에 진행된 여러 연구도 미국 남부 시골 지역에서 이어져 내려오는 점토 먹는 관습에 주목해 왔다.[11] 2015년 공개된 〈백토를 먹는 사람들〉이라는 다큐멘터리는 이 주제를 다루며 백토를 먹는 것에 대한 애호를 공개적으로 이야기하는 남부 지역 사람들을 인터뷰했다. 한 인터뷰 대상자는 "저한테 잘 보낸 하루란 백토 한 봉지와 코카콜라를 의미해요…… 매일 먹죠"라고 말했다.[12]

하지만 일부 이식증 환자들의 경우 영양 부족이나 관습이 원인은 아닌 것으로 보인다. 이들은 이상한 물건을 먹으려는 욕구가 자발적으로 머릿속에서 일어나며 통제하기 어려운 집착으로 발전한다고 호소한다. 이 강박적 사고는 그 물건을 먹어야 한다는 억누를 수 없는 충동으로 이어진다. 그것이 자신에게 득이 되지 않는다는 사실을 안다 해도 말이다.

10세 소년 함자는 5년 동안 카펫 털을 먹다가 소아과 병원에 왔다. 흥미롭게도 초기 검사 결과, 함자에게도 철 결핍성 빈혈이 있었다. 그러나 철분 보충제를 처방해 철분 수치를 정상 범위로 돌려놓아도 이식증은 사라지지 않았다. 함자는 자신도 카펫의 털을 먹고 싶지 않지만, 그렇게 해야 한다는 거부할 수 없는 강렬한 욕구가 느껴진다고 했다. 그리고 욕구와 싸우려 할 때마다 견딜 수 없는 불안이 쌓였다. 결국 함자는 욕구에 무릎을 꿇었고 압박감을 가라앉히고자 카펫 털을 먹었다.

하지만, 먹고 나서도 함자의 내면에서 다시금 욕구가 들끓는 데는 오래 걸리지 않았다. 점점 커지는 욕구를 가라앉히기 위해서는 다시 카펫을 뜯어 먹어야만 했다.[13] 많은 정신과 의사에게 함자의 분투는 익숙하게 들릴 것이다. 흔히 진단하는 정신 장애와 증상이 유사하기 때문이다. 바로 **강박장애**obsessive-compulsive disorder, OCD다.

인구의 2~3퍼센트는 사는 동안 어느 시점에는 강박장애를 겪는다.[14] 강박장애를 지닌 사람들은 끊임없이 침습하는 생각들, 즉 '강박사고'에 시달리는데 이러한 집착은 대개 '강박 행동'으로 이어진다. 강박 행동이란 환자 대부분이 강박적 사고에서 오는 불안감과 불쾌감을 덜기 위해 해야 한다고 느끼는 행동을 말한다.

일부 강박 행동은 오염 물질에 노출될지도 모른다는 걱정을 누르기 위해 손을 씻는다거나 불이 날지도 모른다는 두려움에 몇 번씩 가스레인지를 확인하는 등 눈에 보이는 행동들이다. 그러나 그 외에 기도하기, 과거 사건 되새기기, 숫자 세기 등 정신적 행위도 있다. 많은 경우, 강박 행동은 현실과의 논리적 연관성이 없다. 가령 계속 전등을 켰다 끄는 강박 행동을 보이는 환자는 그 행위를 하지 않으면 가족에게 안 좋은 일이 생길지도 모른다고 생각하는데, 대부분의 환자는 이 사고방식이 얼마나 비합리적인지 이미 안다. 그러나 안다고 해서 그 행위를 해야 하는 압박감이 덜어지는 건 아니다.

강박장애라는 용어는 최근에 굉장히 꼼꼼한 사람을 묘사할 때 쓰이며 익숙해졌지만, 이 장애를 진단받은 사람들이 경험하는 증상은 단순히 책상 위 물건들을 특정 방식으로 정리하려는 성향 이상으로 고통스럽고 일상생활에도 지장을 준다.

에이미라는 이름의 14세 소녀는 감염에 대한 걱정에 집착하는 심각한 강박장애를 겪고 있었다. 감염은 많은 강박장애 환자가 극도로 집착하는 대상인데, 50퍼센트에 육박하는 환자가 오물, 세균, 독성 화학물질[15] 등에 노출되는 것을 심히 염려한다. 그러나 이들이 느끼는 불안은 대개 실제 위험보다 지나치게 큰 편이다. 에이미가 집착한 감염은 바로 요충 감염이었다.

요충이 무엇인지 아는 사람이라면 왜 에이미가 그것을 두고 특히 몸서리쳤는지 이해할 것이다. 요충은 1센티미터가량 되는 길이의 크기가 작은 희색 회충이다. 현미경으로나 보일 정도로 아주 작은 요충 알을 어쩌다 삼키거나 숨을 통해 들이마시면 알은 위장기관을 통과해 장으로 내려가 그곳에서 부화한다. 새로 태어난 요충은 몇 주간 자란 뒤 짝짓기를 시작한다.

여기서부터 아주 징그러워진다. 암컷 요충이 알을 배고 낳을 준비를 마치면 숙주가 잠들기를 인내심 있게 기다린다(숙주의 수면 여부를 요충이 어떻게 아는지는 여전히 밝혀지지 않았다. 이는 우리를 골치 아프게 만드는 요인 중 하나다). 숙주가 수면 상태에 접어들면 암컷 요충은 항문을 통해 밖으로 기어 나가고 그 주변에서 구물거리다가 항문 주위의 주름에 수천 개에 달하는, 평균적으로는 1만 개 이상의 알을 낳는다. 요충란은 끈적거리는 물질로 덮여 있으며 이 물질 덕분에 알은 피부에 잘 붙어 있을 수 있고 충분히 성숙한 뒤 떨어져 나가 또 다른 숙주를 감염시킨다. 끈적이는 물질은 항문 주위 피부를 자극하는 부작용을 일으킨다. 대개 극심한 항문 가려움은 요충의 가장 흔한 증상이다. 그 근처에 작은 벌레가 기어 다니는 느낌 정도로 표현할 수 있는 가려움이 아니다.

가려운 증상은 감염이 쉽게 확산되는 환경을 만든다. 사람들, 특히 아이들이 항문 주변을 긁으면 요충란이 손에 묻거나 손톱 밑에 묻는다. 그리고 저도 모르게 알을 가구나 화장실 세면대, 장난감 등에 묻힌다. 다른 사람이 이 중 하나를 만지면 그 사람 손에 요충란이 붙고 손을 입에 가져다 대면 뜻하지 않게 알을 먹을 수가 있다. 혹은 침대의 잠자리를 정리하는 과정 등을 통해 공기에 떠다니다가 저도 모르게 들이 마실 수도 있다. 그정도로 요충란은 아주 작고 가볍다. 물론 이미 감염된 사람이 다시 알을 삼키며 이 모든 과정을 처음부터 다시 겪을 수도 있다(그나마 다행인 점은, 요충 감염은 일반의약품으로도 치료할 수 있다).

무엇보다, 요충 감염은 그리 드문 사례가 아니다. 미국에서는 가장 흔한 회충 감염증으로, 미국 인구의 10퍼센트 이상이 감염된 것으로 추정한다.[16]

이렇듯 피부나 항문에 회충이 기어 다니는 일은 흔하다. 그러나 에이미는 이것을 너무 극단적으로 받아들였다. 요충 감염에 집착하고 늘 염려했다. 처음에는 감염되지 않으려고 종일 손을 씻는 통에 손이 마르고 갈라지다가 결국 통증을 느낄 지경에 이르렀다.

손 씻기는 시작에 불과했다. 입으로 감염될 것이 걱정된 에이미는 입을 여는 것도 두려워해 열 달 동안 아예 말을 하지 않았다. 밥을 먹으며 저도 모르게 요충란을 삼킬까 봐 4주 동안 먹는 것도 거부했고 결국 탈수 증상으로 입원했다. 다행히 병원에 있는 열흘 동안 약물과 심리 치료를 병행한 덕분에 에이미는 다시 말도 하고 식사도 하기 시작했다.[17] 그러나 강박장애는 만성 질환으로, 지속적으로 반복된다. 퇴원 후에도 에이미와 강박장애의 싸움은 오래도록 이어졌을 것이다.

끊임없이 반복되는 도돌이표

신경과학자들은 수십 년 동안 강박장애 환자들이 보이는 이상 행동의 원인을 이해하고자 연구해 왔다. 아직 강박장애를 유발하는 신경과학적 원리가 완전히 밝혀진 것은 아니나, 대부분의 연구자는 적어도 '전전두피질'과 '기저핵'이라는 구조들을 연결하는 뇌의 네트워크에 일부 책임이 있다고 믿는다. [109쪽 뇌 구조도 3 참고]

전전두피질은 뇌의 전면, 전두엽의 가장 앞부분에 있으며 뇌 전체 부피의 약 12.5퍼센트에 해당할 정도로 상당 부분을 차지한다.[18] 따라서 아주 다양한 기능에 관여하는데, 그중 가장 잘 알려진 것은 고

등 인지 능력이다. 복잡한 의사 결정이나 판단, 충동 억제, 합리적 사고 등이 여기에 해당한다.

전전두피질 회로는 강박장애 발현에서 여러 역할을 할 가능성이 높은데, 특히 눈구멍 바로 위에 있는 전전두피질의 한 영역, '안와전두피질'이 강박장애에 중요한 역할을 하는 것으로 추측된다. 안와전두피질은 우리가 위험하거나 위협적이라고 여기는 대상을 발견할 때 크게 활성화된다. 만약 감염을 두려워하는 강박장애 환자가 실수로 공공 화장실의 문손잡이를 만지면 안와전두피질에 있는 뉴런들이 미친 듯이 점화하기 시작할 것이다.

안와전두피질의 뉴런 일부는 해당 구역에서 벗어나 기저핵이라 불리는 구조로 뻗어 나간다. 기저핵basal ganglia은 뇌의 바닥 가까운 부분의 깊은 곳에 자리하고 있다. '기저basal'라는 이름이 붙은 이유다(ganglia는 뉴런 다발을 뜻하는 ganglion의 복수형이다⌘). 기저핵에는 뇌의 여러 구역이 포함되는데, 간단히 설명하기 위해 각 구역을 언급하는 대신 전체로서의 영역 자체에 집중하겠다. 기저핵의 각 요소에는 나름의 광범위한 역할들도 있지만, 운동과 인지, 감정 등의 기능에 필

⌘ 이 문맥에서 'ganglia(단어 자체만으로는 '신경절'이라는 뜻—옮긴이)'라는 단어가 다소 적절치 않은 명칭이라는 점은 짚고 넘어가야겠다. ganglia는 일반적으로 뇌와 척수 밖의 영역에 있는 뉴런을 일컫는 데 사용되기 때문이다. 기저핵을 이루는 ganglia는 뇌에 있기 때문에 엄밀히 따지면 ganglia가 아니다. 더 정확히는 'nuclei('핵'이라는 뜻—옮긴이)'가 맞다. 어찌 되었든, 통상 'basal ganglia'이 해당 구조를 지칭하는 데 사용되므로 여기서도 이 단어를 사용했다.

수적인 네트워크를 형성하기도 한다. 우리가 다루는 내용과 더 밀접한 연관이 있는 부분을 보자면, 기저핵은 목적 지향적인 행위의 추진, 습관 반응의 발달, 현재 행위가 눈앞의 목적을 달성할 수 없을 것으로 판단될 경우 행동을 전환하는 능력에 관여하는 것으로 여겨진다.

기저핵의 신경회로는 복잡하지만, 보통은 동작을 일으키는 '직접 경로'와 동작을 억제하는 '간접 경로'라는 반대의 두 경로로 구성되어 있다고 간단히 설명한다. 이 방식으로 기저핵 회로를 개념화하면 강박장애 환자의 뇌에서 벌어지는 현상의 메커니즘을 더 쉽게 떠올려 볼 수 있다.

실제든 상상이든, 위협을 느껴 안와전두피질의 뉴런이 활성화하면 기저핵의 직접 경로가 자극되고 위험 요소를 줄이기 위한 동작이 일어난다. 공공 화장실의 문손잡이를 만진 강박장애 환자가 손을 씻거나 소독제를 과도하게 사용하는 것을 예로 들 수 있다.

건강한 사람이라면 동작을 한 뒤 기저핵의 간접 경로가 힘을 발휘하며 추가적인 행동을 저지한다. 그러나 강박장애 환자의 경우 안와전두피질과 기저핵 사이 연결에 문제가 있을 수 있다. 우선, 안와전두피질과 기저핵을 잇는 경로가 쉽게 흥분하는 경향을 보인다. 이러한 과잉활동 경향은 환자가 위협으로 여기는 주변 대상을 과하게 경계하게끔 만든다. 가령 공공 화장실의 문손잡이를 만졌을 때는 물론, 최근 소독한 적 없는 어떤 물건의 표면을 손으로 스치기만 해도 활성화되는 것이다. 자기 집 주방의 조리대라고 해도 말이다.

극도의 경계는 기저핵의 직접 경로가 과잉 흥분하는 것과 연관이 있다. 물론 감염에 불안을 느끼고 기저핵의 직접 경로가 활성화되면 누구든 손을 씻을 수 있다. 그러나 강박장애가 있는 사람의 경우, 직접 경로의 활동성이 과도하게 높아지면서 상대적으로 간접 경로의 억제력이 힘을 발휘하지 못하게 되고 행동을 전환하는 데 어려움을 겪는다. 시디CD가 튀면서 같은 구간을 반복하듯 습관 행동이라는 도돌이표 안에 갇히는 것이다.

특정 행동을 하고 나면 위협감은 잠시 줄어들고 일시적으로 안도를 느낀다. 그러나 이 안도감이 문제를 악화한다. 뇌가 특정 행동과 긍정적인 결과를 연결하게 만들어 손 씻기와 같은 반응의 기반을 굳히기 때문이다. 따라서 뇌는 거의 중독에 가까운 수준으로 같은 반응을 하게 만들고, 또 하게 만들고, 또 하게 만드는 것이다.

이 강박장애 모델은 신경과학계에서는 이미 잘 알려져 있지만, 현대 연구자들은 이 모델이 지나치게 단순화되어 있다고 본다. 우선 안와전두피질이 단순한 하나의 영역이 아니라는 문제가 있다. 강박장애 환자의 경우에도 안와전두피질의 일부는 활동 과잉 상태지만 나머지 부분은 오히려 활동성이 낮다. 연구에 따르면, '편도체'와 같은 뇌의 다른 영역들도 강박장애 증상 발현에 중요한 역할을 한다. 앞서 설명한 강박장애 모델이 완전하지 않음을 시사하는 대목이다. 마지막으로 강박장애 환자의 뇌 활동은 일정 부분 환자 자신과 환자의 나이, 증상의 양상에 따라 달라지는 것으로 보인다. 그렇지만 여전히 많은 신경과학자는 안와전두피질과 기저핵 사이의 경로들이 강박장애의 일탈적 행동을 설명하는 데 중요한 역할을 한다고 믿는다.

강박 사고와 강박 행동은 강박장애에서만 발견되는 것은 아니며 여러 장애에서도 대표적인 특징으로 나타난다. 이에 일부 과학자는 강박장애와 다른 질환들을 포함하는 '강박 스펙트럼obsessive-compulsive spectrum'이 따로 있다고 주장한다. 가령 손톱 물어뜯기(의학용어로 교조벽onychophagia이라 한다)가 이 스펙트럼에 속하며 병적도벽(강박적인 절도 행위), 발모벽(강박적인 모발 뽑기), 강박성 성행동 등 다른 강박적 행위 역시 이 범주에 들어가야 한다는 주장도 있다. 강박장애 스펙트럼에 속하는 한 장애는 대중의 관심을 끌어 유명 텔레비전 프로그램으로 만들어지기도 했다.

쓰레기 더미에서 발견된 부부

2009년 〈호더스Hoarders〉라는 프로그램이 처음 방영되었을 때 '**저장강박증**hoarding disorder'은 이미 문헌을 통해 보고된 바 있는 현상이었다. 그러나 2013년까지는 강박장애의 증상으로만 여겨졌고 별도의 장애로 판단하지는 않았다. 하지만 미국 내 의학 및 정신건강 관련 전문가들이 일상적으로 보는 진단 안내서 《정신 장애 진단 및 통계 편람Diagnostic and Statistical Manual of Mental Disorders, DSM-V》의 제5판이 2013년 출간되면서, 저장강박증을 '강박 및 관련 장애Obsessive-Compulsive and Related Disorders' 범주에 속하는 별개의 질환으로 분류했다.

저장강박증 진단은 실질적 가치가 거의 없음에도 소유물을 버리는 데 극도의 어려움을 겪는 사람에게 내려진다. 또한, 대다수의 환자

(최대 95퍼센트)[19]가 강박적으로 물건을 모은다. 구매해서 모으는 경우도 있고 공짜 물건을 구해 오는 경우도 있다. 수집 대상은 망가진 가구부터 오래전 발행된 신문, 쓰레기, 반려동물에 이르기까지 무엇이든 될 수 있다. 물건이 끊임없이 쌓이다 보면 환자의 생활공간은 잡동사니로 가득 차고 때로는 비위생적이고 생활 자체가 어려운 환경이 되기도 한다. 〈호더스〉를 시청하고 나면 저장강박 사례는 극으로 치달을 수도, 심지어 생명을 앗아갈 지경에 이를 수도 있다는 걸 알게 된다.

제시와 셀마 개스톤은 결혼할 당시에는 저장강박증이 없었다. 적어도 주변 사람들이 보기에는 그랬다. 부부가 신혼일 때 집에 초대되었던 가족과 친구들이 과거를 돌이켜 봐도 이상했던 점은 전혀 없었다. 그런데 해가 가며 부부는 점차 집에 사람을 들이지 않게 되었다. 손님을 현관에서 만나다가 이윽고 마당에서만 만나기 시작했다. 이들이 손님을 들이려 하지 않는 것도 당연했다. 집 안의 모든 공간은 바닥부터 천장까지 오래된 우편물, 옷가지, 쓰레기 등 온갖 물건으로 가득했으니까.

마침내 쓰레기는 마당에도 쌓이기 시작했다. 처음에는 그 당시 70대였던 부부를 생각해 참아 주던 이웃들도 집 밖에 쓰레기가 쌓여 가는 걸 보고는 불평하기 시작했다. 그리고 부부는 사라졌다.

그 상태로 몇 주가 지났다. 새로운 우편물이 현관에, 주차 위반 딱지들이 제시의 차 위에 쌓였다. 어딘가 이상하다고 생각한 이웃들은 걱정되는 마음에 경찰을 불렀다.

부부의 집에 경찰관이 도착했지만 인기척이 없었다. 동시에 끔찍할 정도로 불쾌한 냄새가 집에서 새어 나오고 있었다. 당시엔 다들 부부가 집 안에서 사망해 부패한 시신에서 악취가 난다고 생각했다.

경찰이 강제로 문을 열고 들어가자 집 안은 높게 쌓인 쓰레기와 잡동사니로 가득했다. 쓰레기를 타고 올라가거나 어떻게든 헤치며 나아가야만 집 안을 돌아다닐 수 있을 정도였다. 부부의 시신을 찾으려면 이 쓰레기들을 파내야 했다. 그리고 드디어 경찰은 부부를 찾아냈다. 예상과 달리 그들은 아직 살아 있었다. 쓰레기에 파묻힌 채로 말이다. 머리 위로 쓰레기가 쏟아지며 셀마가 먼저 깔렸고 아내를 구하려던 제시 역시 그 과정에서 깔리고 말았던 것이다.

이들은 3주나 쓰레기에 파묻혀 있었다. 보아하니 집주인이 움직이지 못하는 때를 틈타 돌아다니던 쥐들이 부부를 먹을 것으로 여긴 듯했다. 두 사람의 몸은 여기저기 쥐가 문 자국으로 가득했다. 6주 뒤 제시는 암으로 사망했다. 이 비참한 사건이 아마 그의 죽음을 앞당겼을 것이다. 셀마는 너무도 쇠약해진 탓에 남편의 장례식에 참석하지 못했다.[20]

동물을 모으는 사람들

앞서 말했듯, 어떤 저장강박 환자들은 물건이 아닌 동물에 집착한다. 그리고 대개 상황은 끔찍한 악몽으로 변한다. 모든 동물을 돌볼 수 없게 되면서 동물들은 방치되고 영양 부족으로 병에 걸린다. 온 집안은 동물들의 대소변으로 오염되고 기관에서 사람이 나와 확인해 보면 집 안에 죽어서 썩고 있는 동물 사체들이 있다. 이 동물들은 많은 경우 고양이와 강아지 혹은 둘 중 하나로 흔히 키우는 반려동물들이다.

한 여성은 가로 2.3미터 세로 3.3미터 정도 크기의 트레일러에서 고양이 92마리를 키웠는데, 계산해 보면 한 마리당 겨우 약 0.09제곱미터로 0.3평에도 못 미치는 넓이의 공간에서 살아야 했던 셈이다. 동물관리국이 출동해 구조하고 보니 동물들 대부분 배설물로 뒤덮인 채 뼈만 앙상한 영양실조 상태였으며 몸에는 벼룩이 들끓었고 병들어 있었다. 어떤 고양이들은 다리가 없었고 또 어떤 고양이들은 눈이 없었다. 트레일러 주인은 아픈 고양이들이 안락사당하지 않게 자신이 구해 준 것이라 주장했다.[21]

알래스카 앵커리지에서도 유사한 사례가 있었다. 한 주택에 악취가 난다는 신고를 받고 동물관리국에서 출동했는데, 관리자는 그때 집 안으로 들어서며 맡았던 고양이 오줌 냄새를 "말 그대로 (내) 목구멍이 타는 느낌이었어요"라고 표현했다. 쓰레기와 배설물이 온 바닥을 뒤덮고 있었으며 집 안에는 180~200마리가량의 고양이가 있었다. 고양이는 어디에나, 심지어 천장에도 있었다.[22]

동물저장강박animal hoarding의 대상은 비단 고양이, 개에만 국한되는 것은 아니다. 글렌 브리트너는 아내가 죽고 난 뒤 반려동물로 쥐를 키우기 시작했다. 처음에는 세 마리였으나, 우리에서 빠져나온 쥐들이 글렌의 집 벽으로 들어가 자연스레 짝짓기를 하고 새끼를 낳아 그

수를 불리기 시작했다. 대부분의 집주인이라면 이 시점에서 해충 방역 업체를 부를 테지만, 글렌은 점점 불어나는 쥐 무리를 받아들였다. 규칙적으로 물과 먹이를 주었고 (바닥에 음식만 대충 던져 줘도 순식간에 떼로 몰려나왔다) 새끼를 낳고 집 전체로 퍼져 나가게 두었다.

결국 글렌의 집은 쥐가 득실거리는 곳이 되었다. 벽에도, 찬장에도, 매트리스에도 있었다. 쥐들은 무엇이든 닥치는 대로 씹어 먹었고 제 보금자리를 만들려고 자고 있는 글렌의 머리카락을 뽑았다. 심지어 수분 보충을 위해 자는 글렌의 눈이나 입술을 핥기까지 했다. 어쩔 수 없이 글렌은 집 밖에 있는 작은 창고에서 자야 했다. 휴메인 소사이어티Humane Society에서 나와 2000마리가 넘는 쥐를 퇴치했으나, 그 후에도 글렌의 집 벽에는 350마리가량의 쥐가 남아 있었다.[23]

악독한 선동가의 조종

저장강박 없이 강박장애만 겪는 사람의 뇌와 저장강박증 환자의 뇌 사이에 어떤 차이가 있는지 명확히 밝혀지진 않았지만, 저장강박 증상에 기여하는 특징 몇 가지는 알려져 있다. 저장강박증 환자는 대부분 심각하게 우유부단하여 다른 사람보다 물건 버리는 결정을 내리기 더 힘들어한다. 단순히 이러지도 저러지도 못하는 것을 넘어 이들이 겪는 의사결정의 어려움은 정상적인 정보 처리 과정에 문제가 있음을 보여 준다. 다시 말해, 효율적 의사 결정에 필요한 인지적 능력에 결핍이 있다는 말이다.

또한, 이들 중 일부는 계획이나 문제 해결에 어려움을 겪는 등 다른 인지적 문제도 보이며 환자의 최대 20퍼센트는 진단 가능할 정도의 주의력결핍과다행동장애attention deficit hyperactivity disorder, ADHD를 보인다.[24] 무엇보다 이들은 자신의 강박적 행동을 잘 인지하지 못한다. 저장강박이 없는 사람은 이해하기 어렵겠지만, 저장강박증 환자는 진심으로 본인의 행동에서 무엇이 문제인지 알아채지 못하는 경우가 많다. 한 연구에 따르면, 이들은 증상이 나타나고 10년 혹은 그 이상이 지나도록 자신의 강박 행동을 인지하지 못하는 것으로 나타났다.[25]

저장강박증 환자의 뇌를 살핀 여러 연구가 많은 뇌 영역에서 비정상적인 활동을 찾았는데, 다수가 앞서 본 강박장애 환자들과 마찬가지로 전전두피질에서 발견되었다. 연구자들은 대부분 의사 결정 혹은 충동 억제와 관련한 활동 중 발생하는 이 비정상적 활동이 저장강박 환자가 물건(혹은 동물)과 형성하는 비적응적 애착에 영향을 미칠지도 모른다는 설명을 제시한다.[26]

전전두피질에 손상을 입은 뒤 저장강박 행위를 보이는 환자들의 사례가 이들의 결론을 뒷받침한다. 일례로 40대 후반의 한 남성은 뇌종양 제거 수술을 받은 뒤부터 텔레비전, 진공청소기, 냉장고, 세탁기 등의 가전제품을 모으기 시작했다. 그가 거실에 모아 둔 텔레비전만 35대였는데, 공간이 모자라자 남성은 다른 방에 물건을 모으기 시작했다. 그곳에서도 공간이 부족해지자 텔레비전을 환기 덕트에 쑤셔 넣기에 이르렀다. 전에 없던 이상 행동의 원인을 찾으려고 아내는 남편을 달래 의사에게 데려갔고, 뇌 영상 촬영 결과, 종양과 수술의 영향에 의해 발생한 것으로 추정되는 전전두피질의 손상을 발견했다.[27]

저장강박 행동에 영향을 미치는 전전두피질의 역할을 뒷받침하는 증거는 있으나, 저장강박에 관한 신경생물학적 연구는 아직 초기 단계에 있다. 신경과학자들은 오는 수십 년 내로 일반 강박장애 환자의 뇌와 저장강박증 환자의 뇌 사이에 과연 어떤 차이가 있는지 알 수 있는 정보를 기대하고 있다. 일상을 정신 사납고, 더럽고, 그리고 어쩌면 위험하게도 만들 수 있는 해당 장애를 치료하는 데 도움이 될 귀중한 정보 말이다.

✦ ✦ ✦

강박 사고와 강박 행동은 인간이 얼마나 쉽게 뇌에 관한 통제력을 잃을 수 있는지 다시금 일깨워 준다. 환자들은 자신의 생각으로 인해 고통받고 있으며 짜증날 정도로 달갑지 않은 행동부터 트라우마가 될 정도로 고통스러운 행동까지 심각한 수준의 행동들을 해야 한다는 압박감에 시달린다고 호소한다. 이러한 생각과 행동은 환자 스스로 원하는 것이 아니지만 자발적으로 발생한다. 마치 악덕한 선동가가 뇌 안에 들어앉아 우리 행동을 조종하는 것과 비슷하다. 신경과학 연구가 강박장애에 관한 사실들을 밝혀내 환자들의 생각과 삶의 주도권을 되찾을 수 있게 도와줄 날이 빠른 시일 내에 왔으면 한다.

자, 이제 잠시 주의를 환기시켜 보자. 지금까지 우리는 주로 뇌에 발생한 문제가 일으키는 장애에 초점을 맞춰 왔다. 하지만 뇌의 능력을 더 강화하는 뇌의 '이상' 같은 건 없을까? 있을 리 없어 보인다. 발을 다쳤는데 더 빨리 달릴 수 있다는 말과 같으니 말이다. 그러나 특이한 뇌 발달, 심지어 뇌 손상이 숨겨져 있던 재능을 끌어올려 가장 특수한 훈련 프로그램으로도 달성하기 어려워 보이는 뇌의 고등 기능을 얻게 되는 사람들의 사례가 실제로 존재한다. 그리고 이 사례들은 인간 뇌의 진정한 잠재력에 관한 질문을 던진다.

4장

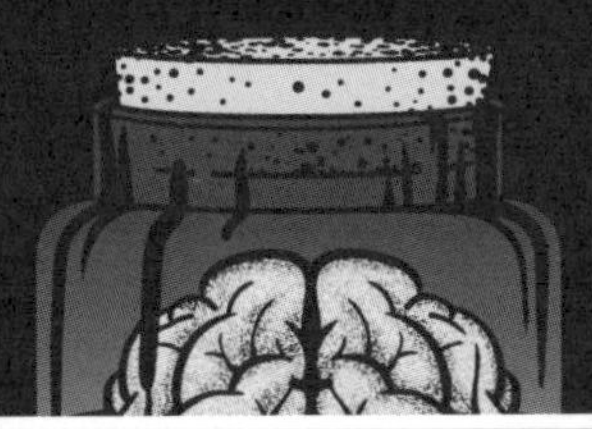

하루아침에 천재가 된 남자

이례적 비범성

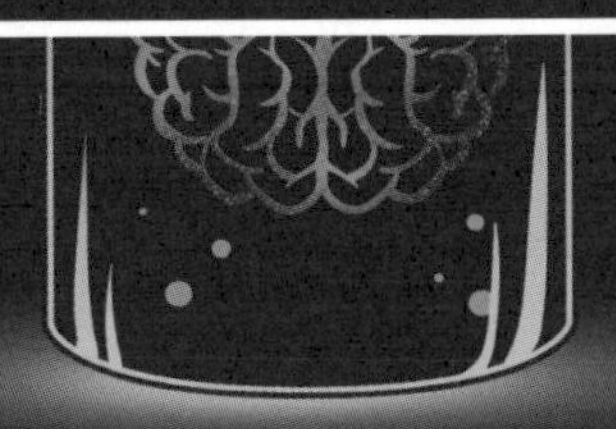

다들 어린 킴 픽에게는 가망이 거의 없다고 생각했다. 1951년에 태어난 그는 날 때부터 머리가 너무 커서 목이 머리를 지탱하지 못했다. 또한 킴에게는 뇌류encephalocele라는 질환이 있었는데, 이는 두개골이 완전히 자라지 않은 탓에 뇌 일부가 머리뼈 밖으로 탈출해 그 과정에서 뇌 조직이 꼬이거나 비틀리는 등 손상을 입는 병이다. 킴의 경우에는 야구공 크기만 한 돌출부가 머리 밖으로 튀어 나와 있었다. 목숨이 위태로운 상황이었고, 살아남는다 해도 지적 장애와 신체적 장애, 혹은 둘 중 하나가 영구적으로 남을 공산이 컸다.

생후 9개월, 킴의 생존 가능성은 커졌다. 그러나 영아기에 겪은 여러 합병증의 영향이 남을 것은 이미 확실했다. 유달리 냉정했던 한 의사는 킴의 부모에게 아이가 "정신 지체아"이며 보호 시설로 보내야 부모님이 "(자기) 인생을 제대로 살 수 있다"고 말했다.[1] 당시의 매정한 의료계 사람들이 보기에 킴은 가망이 없는 아이였다. 하지만 킴은 자라서 인류 역사상 가장 뛰어난 지적 능력을 지닌 사람 중 한 명이 되었다.

킴이 앓던 뇌류는 세 살 때쯤 자연스럽게 치유되었지만, 상당한 뇌 손상을 남겼다. 이 때문에 킴은 확연한 신체 발달 지연을 보였다. 어려서는 목이 받쳐 주지 못하는 큰 머리를 땅에 끌며 기어 다녔고 네 살이 지나서야 스스로 걷기 시작했다. 걷기 시작한 후에도 이상하고 불안한 방식으로 걸었고 열네 살까지 혼자 계단을 오르내리지 못했다. 사는 내내 미세 운동 능력에 문제가 있었으며 이를 닦고 셔츠의 단추를 잠그고 머리를 빗는 등의 일상적인 일을 하는 데 다른 사람의 도움이 필요했다.

킴의 지적·사회적 발달 수준도 정상 범위에는 들지 않았다. 성인이 된 그의 아이큐IQ는 87로 평균을 밑돌았으며 아이큐 하위 검사 결과 일부는 지적장애 범위에 속했다.[2] 성격도 무척 내성적이었는데, 성인이 될 때까지 사람의 눈을 똑바로 쳐다보지 못했다. 더욱이 킴은 과잉 행동을 보였고 사회적으로 부적절하게 여겨지는 행동을 잘 억제하지 못했다. 1학년 때는 특정 대상 없이 끊임없이 말을 해대는 통에 수업이 시작되고 10분도 지나지 않아 교실에서 쫓겨났다.

이러한 발달 이상에도 불구하고 부모님은 그가 어릴 때 보인 비범함을 일부 눈치챘다. 킴이 세 살 때 아버지 프랜에게 '기밀'이라는 단어가 무슨 뜻인지 물은 적이 있었다. 프랜은 직접 찾아보라고 장난삼아 대답했는데, 킴은 곧장 프랜의 책상으로 기어간 다음 몸을 일으켜 스스로 사전에서 단어의 정의를 찾아보았다.[3] 부모가 알파벳 읽는 법이나 이해하는 법을 가르친 적이 없었는데도 그는 사전을 찾아가며 알아냈다. 킴이 여섯 살이 됐을 무렵에는 비범한 암기 능력을 보였다. 읽은 책의 쪽 번호를 알려 주면 문단 전체를 암송했고 백과사전 전집의 색인을 전부 암기했다.

나이가 들며 킴은 전기부터 지도책까지 손에 잡히는 건 모두 읽었고 대부분의 내용을 외웠다. 숫자에도 집착했는데, 가끔은 전화번호부를 열심히 읽으며 페이지에 있는 모든 전화번호를 더해 하단에 적고는 했다. 신체적·인지적 능력에 있어서는 여전히 느렸지만, 독특한 기억 능력과 산수 능력은 점점 발전했다. 속독 능력도 놀라웠다. 나중에 가서는 8~10초 만에 책 한 쪽을 읽었는데, 내용까지 모두 외웠다. 심지어 양쪽 눈을 사용해 책의 왼쪽, 오른쪽 면을 동시에 읽으며 내용을 이해했다.

2009년 58세의 나이로 사망하기까지 킴은 12000권 이상의 책을 읽고 또 '외웠다'. 덕분에 그는 미국의 역사와 지리학, 문학, 클래식 음악, 스포츠, 영화 등 다양한 분야의 박식한 지식을 지닐 수 있었다. 뿐만 아니라, 미국 내 모든 지역 번호와 미국, 캐나다의 주요 지역 우편번호를 외웠다. 날짜를 계산하는 놀라운 재주도 있었는데, 무작위로 날짜를 하나 제시하면 킴은 1초도 걸리지 않아 그날이 공휴일인지와 같은 세부 사항과 함께 무슨 요일인지 대답했다.

그렇지만 여전히 킴의 뇌에는 신경학자들이 인지력 상승이 아닌 저하 요인으로 여길 몇몇 이상이 있었다. 이를테면, 뇌에서 가장 큰 신경 섬유 다발인 '뇌량'이라는 구조 자체가 그의 뇌에는 없었다. 뇌량은 두 반구 사이의 소통을 가능케 해 주는 필수 통로다. (이와 관련해서는 11장에서 뇌량에 손상을 입은 환자들의 사례를 통해 더 자세히 이야기하겠다.) [109쪽 뇌 구조도 4 참고]

드물지만, 가끔 뇌량 자체나 일부가 없는 채로 태어나는 아이들도 있는데, 뇌량무형성증agenesis of the corpus callosum이라는 병은 아주 다양한 증상을 낳는다. 일부의 경우, 발달지연과 발작, 지적 기능 결함, 시각 장애, 청각 장애, 혹은 이 중 하나의 증상을 겪는다. 그러나 눈에 띄는 문제가 전혀 없는 사람들도 있다. 이들에게서는 인간의 뇌에서 가장 커다란 신경 경로가 존재하지 않는다는 그 어떤 징후도 보이지 않을 수도 있다.

이 현상은 신경과학자들에게 난제를 안긴다. 똑같이 주요 뇌 구조가 손상되었음에도 어째서 어떤 이들은 심각한 문제가 생기는 반면 또 다른 이들은 그 구조가 없다는 사실을 알아채기조차 어려운지 설명하는 건 어려운 일이다. 게다가 킴 픽의 사례처럼 뇌량의 부재가 어떻게 특출난 능력으로 이어지는지 이해하기란 더 어려운 일이다.

일각에서는 킴의 뇌가 어쩔 수 없이 두 반구의 대체 소통 경로를 만들어 뇌량의 부재를 보충하려 했다는 의견을 제시했다. 그의 뇌가 뛰어난 방식으로 작동하게 된 데에는 이 대체 경로가 모종의 역할을 했을지도 모른다. 반대로 그의 뇌에 없는 뇌량은 인지 능력에서 거의 아무런 역할도 하지 않으며 킴처럼 놀라운 능력을 지닌 사람에게 이런 구조적 결함이 존재하는 건 그저 우연에 불과한 것일 수도 있다.

킴은 이례적인 사례였고 이제 그는 더 이상 이 세상에 없기 때문에 그의 능력에서 결론을 도출하는 데에는 한계가 있다. 일반적으로 신경과학자가 킴이 보인 것과 같은 특별한 능력을 연구하려 할 때는 비슷한 사람들을 모아 신경 촬영(살아 있는 사람의 뇌 구조와 기능, 혹은 둘 중 하나에 관한 세부 사항을 알 수 있는 접근법이다)을 진행하여 뇌를 조사한다. 그리고 그러한 재능이 없는 사람들의 뇌와 비교해 이들의 뇌에 공통분모가 있는지 찾는다. 가령 비범한 재능을 지닌 모든 사람에게 뇌량이 없다고 밝혀진다면 킴과 같은 독특한 능력이 발달하는 데에는 뇌량의 부재라는 예외성이 중요한 역할을 한다는 의미가 될 수도 있다.

그러나 킴 픽은 유일무이한 사례였다. 그 정도 수준의 능력을 보인 이는 아무도 없었다. 더욱이 뇌량이 없는 모두에게 그런 능력이 나타나지도 않았으므로 여기에는 다른 신경학적 특이성이 있는 게 분명했다. 킴에게는 여러 뇌 이상이 있었지만, 어떤 것도 그의 능력을 완벽히 설명해 주지는 못했다.

보고도 믿기지 않는 경이로운 능력

킴 픽은 서번트savant였다. 서번트는 프랑스어로 '박식한 자'를 뜻하며 의학적 맥락에서는 특정 영역에서 비상한 능력이나 특기를 보이지만, 그 외 영역에서는 대개 발달장애나 뇌 손상, 뇌 질환 등의 이유로 장애가 있는 사람을 일컫는다. 1800년대 말, 이 맥락에서 서번트라는 용어를 처음 사용한 이는 다운증후군을 처음 기술한 사람으로 잘 알려진 J. 랭던 다운John Langdon Down 박사였다.*

흥미롭게도 서번트가 보이는 특기에는 공통점이 있다. 보통 음악(절대 음감, 피아노 연주), 미술, 달력 계산, 수학(빠른 계산), 공학적 혹은 공간적 능력(놀라울 정도로 정확한 거리 추정, 직관적인 방향 감각) 등 여러 범주 중 한 가지에 특출나다. 그리고 특기가 무엇이든 이들은 대개 기억력도 뛰어나다.

서번트는 자신에게 있는 장애와 대조적으로 인상적인 여러 능력을 지닌다. '경이로운 천재prodigious savant'라 불리는 일부 서번트는 장애가 없는 사람과 비교해도 천재적인 수준의 재능을 보이기도 한다. 킴 픽도 경이로운 천재였다.

서번트가 겪는 질환을 **서번트증후군**savant syndrome이라 부르는데, 이 증후군은 인간 뇌에 관한 우리의 이해가 얼마나 부족한지 여실히 보여 주는 사례다. 신경과학 분야가 이렇게나 발전했음에도 우리는 킴이 보인 것과 같은 경이로운 능력이 어떻게 나타날 수 있는지, 심지어 상당한 수준의 발달 장애가 있는 사람에게서 어떻게 발현되는지 잘 알지 못한다.

물론 서번트증후군을 일으키는 원인에 대한 가설은 몇 가지 있다. 아직 기초 단계이긴 하나, 서번트증후군 환자의 뇌에 관한 연구는

---

* 다운 박사가 처음 만든 용어는 '이디엇 서번트(idiot savant)', 즉 백치 천재였다. 당시 '백치'라는 단어는 아이큐 25 이하인 사람을 지칭할 때 사용되곤 했으나, 다운 박사 이후 시대의 사람들은 서번트의 아이큐가 보통 40 이상이라는 점에 주목했다. 따라서 이디엇 서번트라는 용어는 정확하지 않으며, 당연히 '백치'라는 단어 역시 지금은 비하 표현으로 여겨져 '서번트'라는 용어를 주로 사용하게 되었다.

점점 확대되고 있다. 놀랍게도 가설 대부분은 서번트의 능력이 뇌 기능의 강화가 아니라 '억제' 때문에 발생한다고 가정한다.

이름표를 붙이지 않는 뇌

뇌는 들어오는 대량의 감각 정보를 효율적으로 관리하는 데 능숙하다. 중요하지 않다고 여기는 데이터는 중간에 여과되기 때문에 대부분 우리 의식에 닿지 않는다. 뇌는 모든 감각 자극을 새로운 것으로 여겨 전부 판독하는 대신 과거의 경험을 불러와 현재 지각하는 것을 추정한다. 예를 들어, 거리를 걷는 중에 저 멀리서 도로를 따라 이쪽으로 꽤 빠른 속도로 다가오는 직사각형의 물체를 발견했다고 하자. 우리 뇌는 자세한 정보를 파악할 수 있을 정도로 물체가 가까이 온 다음에야 해당 물체에 관한 개념적 지식을 꺼내 '저건 자동차겠구나'라는 결론을 도출하는 게 아니다. 뇌는 이 물체에 진작 이름표를 붙여 놓았다. 그리고 대체로 뇌의 추정은 정확하다.

뇌가 개념과 이름표를 활용해 세상을 이해하는 데에는 명확한 장점이 있다. 현재 내가 처한 환경에서 무슨 일이 벌어지고 있는지 판단하는 속도를 높여 줄 수 있으며 범주화 작업을 통해 학습 속도도 높여 준다. 그렇다고 과거에 형성한 개념을 사용하고 이것을 바탕으로 예측하는 메커니즘에 단점이 없는 건 아니다. 과거의 경험에 큰 영향을 받으므로 잘못 이해하거나 새로운 자극을 간과할 가능성도 높다.

만약 우리 뇌가 수신하는 모든 정보를 범주화하지 않고 이름표를 붙여 놓지도 않는다면 어떤 일이 벌어질까? 모든 미가공된 감각 데이터가 우리 뇌에 접근할 수 있다면? 가장 먼저, 마구잡이로 쏟아지는 감각 정보를 감당하지 못할 것이다. 새로운 정보에 굉장히 예민해지고 일상적인 인지 기능이 방해받을지도 모른다.

한편, 새로운 감각에 민감해져 세상의 더 많은 정보에 노출되면 다른 사람은 잘 얻지 못하는 시각을 갖게 될 수 있다. 높아진 정보 접근성은 가령 나중에 그림으로 다시 그릴 정도로 풍경을 자세히 인지하는 능력으로 이어질 수도 있다. 아니면 뇌에서 정보를 범주화하는 대신 개별적인 요소에 초점을 맞춰 사실을 기계적으로 암기하는 능력이 발달할 수도 있을 것이다. 그렇게 되면 아마도 미리 붙여 놓은 이름표를 가지고 세상을 바라보는 뇌의 성향으로 인해 제약받던 창의성이 자극받을 것이다.

이에 일부 연구자들은 서번트의 뇌가 수신하는 모든 정보를 범주화하고 이름표를 붙일 필요를 느끼지 못하는 뇌일 것이라 생각한다. 그렇다면 미가공 수신 데이터에 대한 접근성이 높아지고, 높아진 접근성에 따른 결실을 거둘 수 있게 되는 것이다. 이 관점에 따르면, 서번트의 뇌와 통상적인 뇌 사이의 핵심 차이는 개념과 범주 형성 및 적용에 관련된 뇌 영역의 활동 감소이다.

연구에 따르면, 범주화와 개념 형성에 주요 역할을 하는 뇌의 한 영역을 좌반구, 특히 전측두엽(이마 부분)에서 찾을 수 있다. 따라서 연구자들은 해당 영역의 활동이 억제되면 서번트증후군에서 발견되는 유형의 능력들로 이어진다는 가설을 세웠다. [109쪽 뇌 구조도 3 참고]

전측두엽과 서번트증후군 사이에 있을 수도 있는 연관성에 흥미를 느낀 연구자들은 경두개 자기자극법transcranial magnetic stimulation, TMS이라는 방법을 활용해 전측두엽의 활동을 인위적으로 억제하는 방식으로 사람들에게서 서번트와 유사한 능력을 유도하려 했다. TMS 장비는 두피를 뚫고 들어가 뇌에 일시적으로 전류를 생성하는 자기장을 만든다. 이 전류는 충격을 가하지는 않지만, 짧게나마 뉴런의 활동에 영향을 미쳐 뇌 기능을 바꿀 수 있다. TMS의 효과는 보통 곧 사라지나, 우울증이나 편두통, 강박장애 등을 치료하는 데 활용될 수 있는 가능성이 있다.

TMS는 연구에서 특정 뇌 영역의 활동을 일시적으로 방해하고자 할 때 자주 활용된다. 이를 통해 연구자는 TMS가 유도한 방해가 피험자의 경험과 행동, 혹은 둘 중 하나에 미치는 영향을 관찰할 수 있다. 만일 특정 부위의 기능에 변화를 준 후 피험자의 행동이 눈에 띄는 양상으로 바뀐다면 영향을 받은 뇌 영역이 관찰된 행동(혹은 행동의 부재)에 중요한 역할을 한다고 논리적으로 추측할 수 있다.

이에 서번트와 유사한 능력을 보인 적 없는 피험자의 좌측 전측두엽에 TMS를 적용했더니 흥미로운 결과가 나왔다. 일부 피험자의 그림 실력이 향상했으며[4] 글에서 사소한 오류를 잡아냈고,[5] 그림 속 물체의 개수를 빠른 속도로 추산했으며[6] 정확 기억accurate memory(과거의 사건을 되짚어 가며 기억을 재구성하는 것이 아니라 마치 사진을 찍듯이 그 순간 실제 발생한 일을 기억하는 것—옮긴이)을 형성했다.[7]

이 연구들은 놀랄 만한 결과를 내지는 못했다. 즉, 다수의 피험자가 앞서 설명한 능력 향상을 보이기는 했으나, 서번트와 같은 능력에는 도달하지 못했다. 하지만 우리 모두의 뇌에 이런 특출한 능력이 숨겨져 있으며 발현되기를 기다리고 있을 수 있다는 추측을 연구자들에게서 이끌어 낼 정도의 변화는 목격했다. 어쩌면 인간에게 서번트 능력이 잠재해 있다는 더 설득력 있는 증거가 존재할 수도 있다. 뇌 손상을 입은 뒤 갑자기 서번트증후군이 나타난 사례처럼 말이다.

어느 날 갑자기 나타난 재능

2006년, 40세를 앞둔 데릭 아마토는 아직 삶의 안정을 찾지 못한 상태였다. 20년 남짓한 세월 동안 그는 고압 세척 사업도 운영해 봤고 차를 팔거나 비영리 기관의 홍보팀에서도 일했다가 공수도도 가르쳤고 우편물 배달일 등 여러 직업을 거쳤다. 다시 직장을 그만둔 후, 길을 잃은 느낌이 들 때 우리 모두 으레 그러하듯 데릭은 고향에 다녀오기로 했다.

데릭은 어머니를 뵈러 사우스다코타주 수폴스에 갔다. 그곳에서 어릴 적 친구들과 만나 수영도 하고 바비큐 파티도 했다. 파티가 끝날 무렵이면 자신의 인생이 완전히 바뀌리라는 것을 꿈에도 모른 채.

다 함께 수영장 옆에서 축구공으로 캐치볼을 하고 있을 때였다. 데릭은 친구들에게 자기가 다이빙하는 쪽으로 공을 던져 주면 잡겠다고 했다.

공중에 떠 있는 그를 향해 친구가 공을 던졌고 데릭은 그 공을 잡았지만, 미처 수영장 끄트머리의 얕은 깊이까지는 계산하지 못했다. 물속으로 거꾸러진 그는 수영장 바닥에 머리를 부딪혔다. 겨우 수면 위로 올라왔으나 주변의 도움을 받고서야 수영장 밖으로 나올 수 있었다. 친구들이 뭐라고 하는 것 같았지만 아무것도 들리지 않았다. 데릭은 자신이 크게 다쳤음을 직감했다.

의사들은 그에게 심한 뇌진탕으로 인해 장기적인 청력 손실이 있을 수 있다고 말했다. 문제는 이뿐만이 아니었다. 데릭은 극심한 두통과 기억력 문제를 겪었으며 빛에 극도로 민감하게 반응했다. 그러나 동시에 아주 영민한 외과의도 뇌 외상의 결과로 발생하리라고는 전혀 예상하지 못할 새로운 재능도 생겼다.

사고 후 며칠이 지나 데릭은 콜로라도주에 있는 집으로 돌아가기 전에 친구 릭의 집에 들렀다. 릭과 대화하던 중, 데릭의 눈에 방 한편에 있는 작은 전자 피아노가 보였다. 설명할 수는 없지만, 그는 피아노에 마음이 끌렸다. 지금껏 피아노 학원에 다닌 적도, 딱히 피아노를 치는 데 관심이 있었던 적도 없지만, 피아노를 치고 싶다는 참을 수 없는 욕구가 피어올랐다.

데릭이 건반을 치기 시작하자 마법 같은 일이 일어났다. 마치 전문 피아니스트가 연주하는 것처럼 그의 손가락들이 건반 위를 춤추듯 움직였다. 데릭은 피아노를 치기 전까지만 해도 전혀 알지 못했던 음과 화음을 자연스럽게 쌓으며 그 자리에서 곡을 하나 만들어 냈다. 그러고도 그는 장장 여섯 시간을 연주에 몰두했다. 그 모습을 본 친구 릭은 어안이 벙벙했다. 후에 그는 이렇게 말했다. "대체 내가 지금 뭘

듣고 있는지 알 수가 없었어요. 까무러치게 놀랐죠."[8]

그날 데릭은 자신의 천직을 찾았다. 비록 큰 충격을 받은 뇌 손상 때문에 얼떨결에 찾아 온 것이었지만 말이다. 사고 이후 데릭은 피아니스트로서 독주 공연과 협연을 하며 전국을 순회했다. 앨범도 두 장이나 녹음했고 아침 뉴스쇼 〈투데이쇼The Today Show〉와 공영 라디오 방송 〈엔피알NPR〉 등 여러 미디어에 출연해 피아노를 연주했다. 새 재능을 통해 삶의 목적을 찾은 그는 신이 부여해 준 듯한 이 재능을 열정적으로 선보이는 음악가가 되었다. 그렇게 평생을 음악에 바쳤다.

어디까지 비범해질 수 있을까

데릭이 보인 건 **후천적서번트증후군**acquired savant syndrome으로, 통상 뇌 손상이나 질환을 겪은 뒤 갑작스레 뛰어난 능력이 발현된 경우다. 기록된 사례가 서른 건이 겨우 넘을 정도로 극히 드문 병증이지만 (기록되지 않은 사례가 얼마나 있을지는 알 수 없다)[9] 각 사례는 데릭만큼이나 놀라움을 안긴다.

제이슨 패짓은 이불, 가구 판매점에서 일하며 "여자애들 주변을 맴돌며 파티에 가고 숙취에 절은 채로 일어나 다시 여자애들 뒤꽁무니를 쫓아다니고 바에 가던"[10] 삶을 살고 있었다. 천재적인 능력을 기대할 만한 사람이 아니었다. 고등학교도 3학년을 두 해 보내고서야 졸업할 수 있었고 지역 전문대학에 진학은 했지만 중퇴했다.

2002년 9월, 제이슨은 노래방에서 나오는 길에 강도에게 공격당해 심각한 뇌진탕을 입었다. 이때 갑자기 그의 삶에서 우선순위와 관점이 바뀌었다. 지각의 변화와 함께 주변 세상이 픽셀화되어 보이기 시작한 것이다. 흐르는 물부터 햇빛에 이르는 모든 것이 선과 기하학적 모양으로 보였다. 그는 몇 시간이고 프랙털fractal(반복되는 패턴으로 구성된 복잡한 기하학적 모양)을 그리기 시작했다. 제이슨에게 이것은 그저 그림이 아니라, 수학과 물리학의 복잡한 관계를 시각화한 것이었다. 그리 오래 지나지 않아 제이슨은 1000장이 넘는 프랙털 그림과 기타 수학적 주제를 포함한 정교한 그림을 그렸다.

제이슨이 세상을 바라보는 방식이 구조적·기계론적으로 새롭게 바뀌었기 때문에 그는 집착에 가까울 만큼 수학과 물리학에 파고들었다. 이 학문들이 가르치는 이치가 그가 세상을 이해하는 새로운 방식에 가장 부합했다. 이내 제이슨은 시공간의 본질을 이해하는 방법과 같은 복잡한 질문에 몰두했고 자신에게 정교한 수학 원리를 이해할 수 있는 직관력이 있다는 사실을 깨달았다. 지금도 그는 일부 사람들에게 수학 천재로 여겨진다.

올랜도 세렐이 1979년 야구 경기 중 공에 머리를 맞았던 당시 그는 평범한 열 살 소년이었다. 공에 맞은 올랜도는 쓰러졌지만, 곧바로 일어나서 경기를 이어갔다. 계속되는 두통에 시달렸지만 치료는 받지 않았다. 그런데 사고가 있고 얼마 지나지 않아 올랜도는 어떤 날짜든 그날이 무슨 요일인지 바로 알 수 있다는 사실을 깨달았다. 예를 들어 “1985년 9월 25일”이라고 말하면 그는 즉시 “수요일”이라고 대답할 수 있었다.

올랜도는 달력을 계산해야겠다는 생각조차 할 필요가 없다고 주장했다. 저절로 머릿속에 떠오른다는 것이다. 또한, 사고 이후 자신의 삶에 벌어진 사건들을 정확히 기억하는 능력이 생겼다. 공에 머리를 맞은 다음 날부터 매일의 날씨가 어땠는지 떠올릴 수 있었고 며칠 동안 자신이 무엇을 했는지 정확히 기억했다. 그러니까 날짜만 주어지면 이런 세부 사항을 머리에서 구체화할 수 있었다.

이 외에도 후천적 서번트들은 뇌졸중, 치매, 뇌 수술, 기타 뇌 손상을 겪은 뒤 전에 없던 능력을 보이기 시작한다. 그런데 지난 10년 사이에 과학자들은 뇌에 해로운 영향이 가해져야만 이런 능력이 발달하는 게 아니라는 사실을 깨달았다. 상해나 손상을 겪은 적이 없음에도 후천적서번트증후군이 발현되었다고 기록된 사례는 12건도 넘게 있다.[11] 이 환자들에게는 영문 모를 서번트 능력이 생겼다. 그들 자신도 놀랐고 주변 사람들도 깜짝 놀랐다. 연구자들은 이들을 '돌연성 서번트sudden savants'라고 불렀다.

2016년 12월의 어느 날 밤, 미셸 펠란은 갑자기 그림을 그리고 싶은 억누를 수 없는 욕구를 느끼며 잠에서 깼다. 당시 43세였던 그녀는 이제껏 미술에는 관심도 없었고 관련 교육을 받은 적도 없었다. 하지만 미셸의 말에 따르면, 그녀는 "그려야 한다는 강박적 욕구"로 밤새 깨어 있었고 "그 욕구는 열기가 식지 않은 채로 사흘 내리 이어졌다."[12] 석 달 만에 미셸은 (적어도 아마추어인 내가 보기에는) 전문가가 그린 듯한 그림을 15점 완성했다. 현재 미셸은 하루에 8시간을 그림 작업에 쏟고 있으며 일각에서는 그녀의 작풍을 프리다 칼로와 파블로

피카소에 견주기도 했다.[13]

서번트증후군에는 어떤 확실한 규칙이 없는 듯 보이지만 그나마 있는 흔적을 살펴보면, 계기가 되는 사건이 없어도 누구에게나 언제든 발생할 가능성은 있다. 아마 가장 일관적으로 발견되는 기본적인 요소는 서번트 행동이 일종의 강박 형태로 나타나는 경향이 있다는 점이다. 서번트들은 거부할 수 없는 어떤 힘이 작용하여 대개 작품을 만들고, 계산을 하고, 사실들을 암기'해야만 한다'고 느낀다.

⌘ ✦ ⌘

서번트증후군은 워낙 희귀하기 때문에 신경과학적 원리를 연구하기가 까다롭다. 확실한 결론을 도출하려면 많은 서번트의 뇌를 조사해 공통점을 찾아야 하지만, 순전히 사례가 부족한 탓에 대부분의 연구는 서번트 한 명만을 대상으로 한다. 이 접근 방식으로도 많은 사실을 알 수 있겠지만, 서번트증후군의 전반적인 신경과학적 원리보다는 서번트 각각의 뇌에서 발견되는 비범함에 대한 사실들을 발견하게 될 가능성이 크다.

이렇듯 서번트증후군에서 도출할 수 있는 결론은 거의 없다시피 하다. 선천적인지, 사는 동안 후천적으로 얻게 되는지도 확신할 수 없다. 그러나 이 책에서 다루는 다른 여러 질환과 마찬가지로, 서번트증후군 역시 뇌와 인간 경험에 관한 근본적인 질문을 던진다. 만약 머리를 다쳐서 혹은 명확한 이유 없이 갑자기 서번트 능력이 나타날 수 있는 거라면, 이 능력들은 이미 우리 안에 잠재되어 있으며 발현될 계기만을 기다리고 있다는 말일까? 인간은 현재 우리가 꿈꾸는 목표 이상의 것을 이룰 수 있는 걸까?

이러한 질문들에 대한 답은 서번트에 관한 앞으로의 연구를 통해 얻을 수 있을 것이다. 아직 명확한 답이 없는 게 사실이다. 이것이 바로 우리가 인간 뇌의 작동 원리를 깊이 이해한다고 말하기 어려운 이유이기도 하다.

뇌 구조도 3

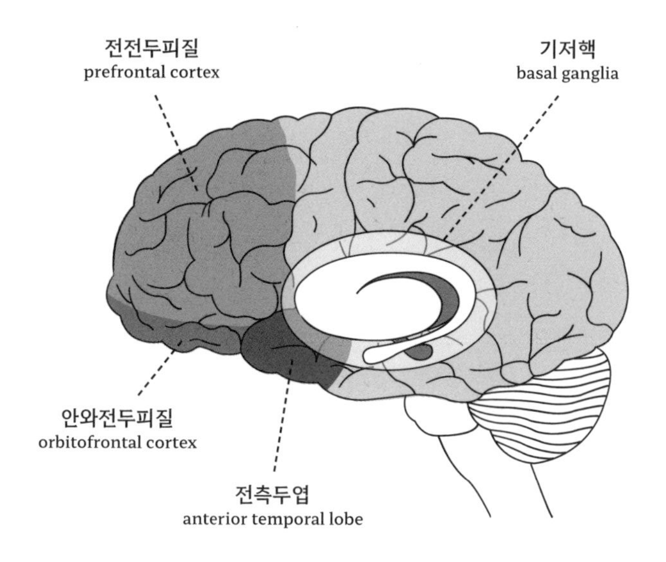

뇌 구조도 4(단면도)

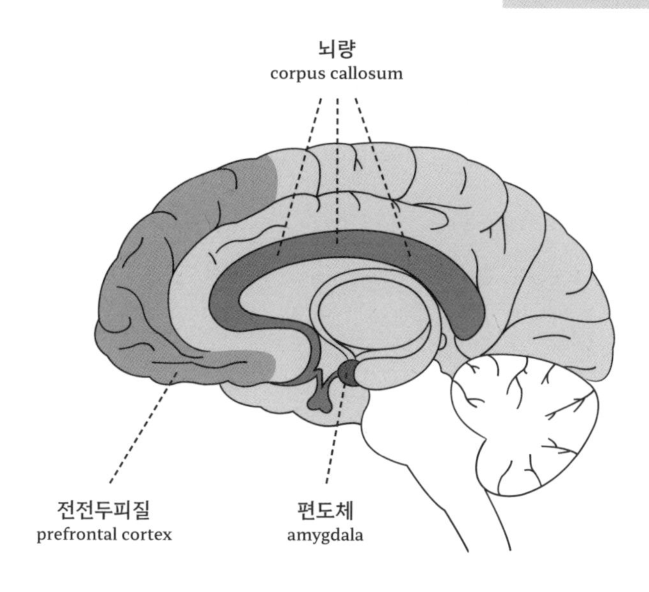

5장

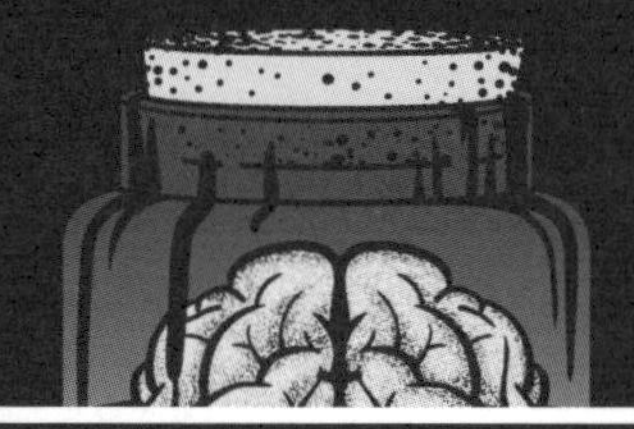

금기시된 욕망

성

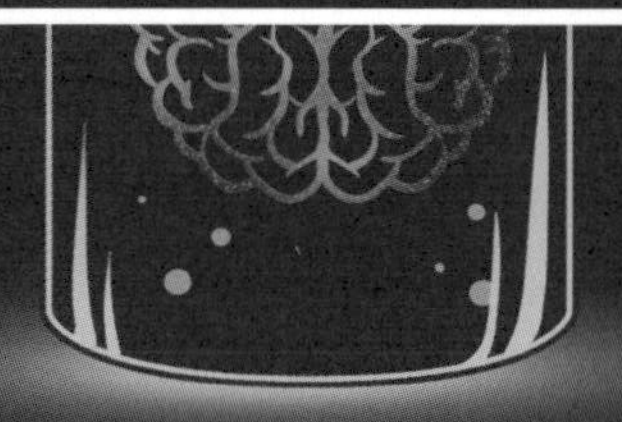

BIZARRE

에리카는 한때 양궁 세계 선수였다. 2000년대 초, 미국 양궁 국가대표팀 소속이었으며 컴파운드 보우compound bow(기계식 구조의 활로, 전통 활보다 위력이 세다—옮긴이) 선수로 세계 상위권에 랭킹된 적도 있었다. 그러나 그녀의 애정 전선이 궁수로서의 경력에 문제가 됐다.

에리카의 새 연애는 2004년부터 시작되었는데, 친구와 가족들은 그녀가 자신의 애정에 전혀 반응하지 않는 상대를 쫓느라 재능을 낭비하고 있다고 생각했다. 실제로 둘 사이가 굉장히 일방적이라는 지인들의 주장을 반박하기는 어려웠다. 에리카는 계속해서 새 연인의 주변을 얼쩡거렸지만, 상대가 그녀에게 감정을 표현하는 걸 본 이는 아무도 없었다.

그도 당연한 것이, 상대에게는 감정을 표현할 길이 전혀 없었다. 생명이 없는 하나의 구조물이었기 때문이다. 에리카가 사랑에 빠진 상대는 바로 에펠탑이었다.

제대로 읽은 게 맞다. 에리카는 프랑스 파리의 마르스 광장 위로

300미터 넘게 솟아 있는 그 유명한 랜드마크를 사랑했다. 그리고 이는 잠시 스쳐 지나가는 치기 어린 감정이 아니었다. 에리카 라브리Erika LaBrie는 2007년 에펠탑과의 결혼식에서 영원한 사랑을 맹세하며 에리카 에펠Erika Eiffel로 이름까지 바꿨다. 물론 그 어떤 법률이나 관습도 그녀의 결혼을 인정하지 않았지만, 그녀에게는 이 행위가 에펠탑을 향한 헌신을 기념하기 좋은 방법이었던 걸로 보인다.

에펠탑은 에리카가 사랑에 빠진 첫 무생물이 아니었다. 이전에는 그녀가 랜스Lance라 부르던 활과 오랜 기간 연애를 했다. 에리카는 랜스와 자신의 조합이 양궁에서 좋은 성적을 낼 수 있었던 원동력이었다고 주장했다. 그전에는 일본도를 향한 애착 때문에 미 공군 사관학교에서 퇴학당한 적도 있었다.

에펠탑과 에리카의 관계는 오래가지 못했다. 이들의 연애사는 2008년 〈에펠탑과 결혼했어요Married to the Eiffel Tower〉라는 영국 다큐멘터리가 공개된 후 대대적으로 알려졌다. 다큐멘터리 출연에 동의를 한 건 사실이지만, 에리카는 영상 최종본이 에펠탑과의 관계에서 성적인 측면을 과도하게 부각했다며 미디어와 여론의 인정머리 없는 행태를 비난했다. 다큐멘터리가 방영된 후 에리카는 사람들이 자신을 훑어보는 통에 에펠탑에 갈 수가 없다고 호소했다. 상심한 그녀는 관계를 정리하기로 결심하고 다시 과거의 연인에게서 위안을 찾았다. 20년이라는 애정의 역사를 지닌 (이때는 이미 대부분 파괴된) 베를린 장벽이었다.

욕망의 대상

에리카는 자기 정체성을 '사물성애자'로 규정했다. 무생물인 대상을 향해 애정과 감정적·성적 애호를 모두 보이거나 이 중 하나를 보이는 사람을 뜻한다. 오브젝토필리아objectophilia, 즉 **사물성애**는 희귀한 사례지만, 전 세계적으로 자신이 사물성애자라고 주장하는 이는 수십 명 넘게 있다. 이들의 애정이 향하는 대상은 다양하다. 에리카처럼 유명한 지형물과 사랑에 빠지는 사람이 있는 반면, 자동차, 놀이공원의 놀이기구, 비디오 게임에 나오는 캐릭터, 그리스 신 조각상, 만화 캐릭터가 그려져 있는 전신 베개, 울타리, 전자 음향기기, 섹스 인형 등과 관계를 형성하는 사례도 있다.

사물성애와 관련한 지식은 이해도가 낮다는 말로도 부족하다. 실제로 의학 문헌에서 거의 언급되지 않는 주제이며 아주 적은 수의 연구만이 이를 다룬다. 사물성애를 도착증으로 바라보는 일부 시각도 있으나, 사물성애자들은 사물성애가 이성애나 동성애처럼 성적 성향의 하나이며 통제하기 무척 어려운 것이라고 주장한다.

일부 전문가 역시 사물성애가 병증이라기보다는 드문 성적 성향이라는 데 동의하고 또 그렇게 분류한다.[1] 그렇게 치면, 다른 성적 성향을 장애로 보지 않듯 사물성애 역시 장애로 가정하고 이야기하는 건 적절치 않아 보인다. 그러나 사물성애자가 사랑과 매력을 느끼는 방식에는 어딘가 독특한 점이 있는 건 분명하다. 아직 과학자들은 이들의 뇌와 일반적인 뇌 사이에 어떤 차이가 있는지 알지 못하지만, 사물성애를 설명하는 데 도움이 될 수도 있는 단서는 몇 가지 발견했다.

그중 하나가 사물성애자가 다른 사람들에 비해 공감각synesthesia이라 알려진 현상을 보이는 비율이 높다는 것이다. 공감각은 의도치 않게 하나의 감각에 다른 감각이 동반되는 감각 경험으로, 대표적인 사례가 소리와 특정 색을 함께 인식하는 현상이다. 예컨대 공감각자에게는 트럼펫 소리가 빨간색으로, 감미로운 플루트 소리는 파란색으로 들린다. 일부 공감각자는 비슷한 소리만 들어도 이런 색들을 본다.

공감각에도 다양한 유형이 있다. 소리와 색을 함께 느끼는 공감각을 색환각chromesthesia이라 부르며 다른 흔한 공감각으로는 자소-색 공감각grapheme-color synesthesia이 있다. 자소-색 공감각자는 글자나 숫자, 단어를 볼 때 의도와 상관없이 특정 색을 함께 인식한다. 이를테면 그에게 'M'이라는 글자는 파란색으로, 'A'는 빨간색으로 나타나는 것이다. 자소-인격 공감각자grapheme-personification synesthetes들은 글자, 숫자, 단어에서 인식하는 색에 '인격'을 결부시킨다. 가령 A라는 글자는 쉽게 화를 내는 사람처럼 느껴져 빨간색과 연관 짓는다(비공감각자도 흔히 '화'와 연관 짓곤 하는 색이다).

공감각에는 이 외에도 여러 감각 양식이 있다. 어휘-미각 공감각lexical-gustatory synesthesia 유형 사람들은 어쩔 수 없이 특정 단어와 맛을 연결 지어 느낀다. 영국 남성 제임스 와너턴은 모든 대화에서 통제 불가능한 미각의 홍수를 경험한다. 그가 펍에서 일하던 당시 거스름돈을 자주 건네줘야 했는데, 이때 그는 강렬한 가공 치즈 맛을 느꼈다. 그의 주장에 따르면, 단골손님 데릭의 이름에서는 귀지의 맛이 났다.[2] 물론 어째서 귀지 맛을 알고 있냐는 질문이 떠오르긴 하지만 일단은 넘어가자(이 지점에서 나도 귀지 냄새를 맡은 적이 있다고 시인해야겠다. 하지만 먹어 본 적은 없다).

사물성애자를 대상으로 하는 한 연구는 이들이 일반 사람들보다 공감각을 더 많이 경험한다는 사실을 발견했다.[3] 앞서 언급한 여러 공감각 유형과 더불어 사물성애자가 자주 경험하는 공감각으로 사물-인격 공감각object-personification synesthesia이 있다. 뇌가 무의식적으로 무생물에 인격적 특성을 부여하는 것이다. 당연히 사물성애자의 뇌에 일어날 법한 일이다. 사물성애자는 평생 사물과 성격을 연관 지으며 자라 왔을지도 모른다. 그래서 사물과 사회적 상호 작용을 할 수 있다고 느끼는 것도 무리는 아니다.

물론 그렇다 해도 대부분의 사물-인격 공감각자는 사물에 애정을 느끼지 않는다. 사물성애자의 뇌가 사람이 아닌 물건에 애정을 갖게끔 하는 다른 요인이 있는 게 분명하다. 하지만 이 메커니즘은 아직 수수께끼로 남아 있다.

비밀스러운 취향

물론 일반적인 성적 관계에서 찾을 수 없는 대상에 성적 흥분을 느끼는 사례는 비교적 흔하다. 이러한 유형의 관심을 보통 '페티시'라 부른다.*

페티시가 얼마나 흔히 존재하는지는 구체적으로 알긴 어렵다.

사람들이 자신의 가장 비밀스러운 성적 습관에 관한 정보를 잘 공유하지 않기 때문이다. 이런 경향을 피하고자, 2007년 한 연구에서는 온라인 토론 모임(특히 '야후Yahoo! 그룹')에서 특정 페티시가 논제로 올라오는 빈도를 조사해 해당 페티시를 지닌 인구를 파악하려 했다.[4] 적지 않은 사람들이 수많은 특이한 페티시를 주제로 (보통 익명으로) 이야기하고 있었다. '야후 그룹'에서 모임명이나 설명란에 '페티시'라는 단어가 포함된 모임을 검색한 결과, 15만 명⁎⁎ 이상이 참여하는 2938개의 모임이 나왔다(참고로 '농구'로 검색한 결과 나온 모임은 3471개였다).

논제가 되는 여러 페티시 중에서도 가장 흔한 건 발 페티시podophilia였다. 그 외에는 입술, 다리, 엉덩이, 가슴, 성기 등 흔히 성적 관심의 대상이 되곤 하는 신체 부위에 관해 대화를 나누는 모임들, 상대적으로 인기는 적으나 손톱이나 코, 귀, 치아에 관해 이야기하는 모임도 있었다.

스타킹, 치마, 속옷처럼 성적인 연상을 일으키는 의류에 집중하는 모임, 손목시계, 재킷, 심지어 기저귀에 집중하는 모임도 있었다.

⁎ 의학 용어로서 '페티시'는 대개 해당 관심사가 개인에게 악영향이나 고통을 유발하는 경우에만 사용되나, 일상적으로는 흔치 않은 혹은 격렬한 감정을 보이는 성적 관심사를 칭할 때 사용된다.

⁎⁎ 두 개 이상의 페티시 모임에 가입한 사람들이 있을 수 있으므로 이 수치는 아마 실제 참여자 수보다 클 가능성이 있다. 그래도 연구자들은 실제 참여자 수가 적어도 '수천 명'은 될 것이라 추정한다.

놀랍게도, 933명이 참여하는 모임에서 다루는 주제는 청진기의 매력이었으며 보청기를 찬미하는 사람도 150명이나 되었다. 열정적으로 토론 모임에 참여할 정도로 카테터(수술이나 치료를 위해 신체에 삽입하는 관 — 옮긴이)에 성적 매력을 느끼는 사람도 28명 있었다.

그 외에도 어떤 사람들은 그리 유별나지는 않지만 적어도 성적인 면에서는 놀랄 만한 관심사에 꽂혀 있었다. 암내의 매력을 논하는 모임에 속한 82명처럼 말이다. 불쾌감 측면에서 가장 극단적인 사례로는(물론 평가는 취향에 따라 달라질 수 있겠지만) 소변과 혈액, 정액, 대변 등 체액과 배설물에서 느끼는 성적 관심을 찬양하던 8367명이 속한 모임을 들 수 있다.

옷핀과 사랑에 빠진 남자

페티시가 어떻게 생겨나는지 아는 사람은 아무도 없다. 오랜 시간 과학자들은 여러 가설을 내놓았는데, 말이 되는 것도 있고 억지스러운 것도 있었다. 1920년대, 지그문트 프로이트Sigmund Freud는 페티시즘에 관해 아마 가장 잘 알려진 (그리고 아마 가장 별난) 설명을 제시했다.[5] (페티시는 주로 남성에게 나타나는 성향이라고 여겼던) 프로이트는 남자아이가 자신의 어머니에게 음경이 없다는 사실에서 얻는 트라우마적 경험에 대응하려는 시도가 페티시라고 주장했다. 그에 따르면, 남자아이에게 이 부재의 발견은 굉장히 고통스러운 것이다. 어머니에게 성적 끌림을 느낀 데 대한 처벌로 아버지에 의해 자신의 음경도 제거될 위험이 있다는 두려움을 불러일으키기 때문이다.

프로이트는 트라우마에 대처하려는 아이가 어머니의 외음부에 가졌던 성적 관심을 대체물에 투영한다는 가설을 제시했다. 새 욕망의 대상은 어머니에게 음경이 없다는 사실을 깨닫기 전 마지막으로 인상 깊게 받아들인 대상 중 하나와 관련 있을 수 있다. 대개 (아이가 낮은 높이에서 어머니의 외음부를 봤다고 가정할 때) 발이나 다리, 속옷 등의 대상이 이에 속할 수 있다. 아이가 눈을 돌린 페티시즘의 대상은 어머니를 대상으로 했던 성적 관심을 건강한 방식으로 표출하고, 따라서 아버지에 의한 거세를 피하도록 돕는 역할을 할 수 있다.

프로이트가 인간의 정신 작동 원리를 이해하는 데 지대한 공헌을 한 것은 사실이나, 오늘날의 시각에서 보면 그의 주장 일부는 어설프다. 페티시즘에 관한 그의 견해에 동의하는 심리학자는 많지 않다. 그러나 여전히 어린 시절의 경험은 페티시의 출현을 설명하는 대중적인 방식이다.

기억 속 어린 시절의 성적 경험에서 어떤 사물이 특정한 역할을 했다면, 뇌는 그 사물과 성적 만족 사이에 영구적으로 남는 정신적 연결고리를 형성한다고 주장하는 관점도 있다. 지속되는 기억이 페티시를 일으키는 원인일 수도 있다.

연구자들은 여러 실험을 통해 이 과정을 재현하려 시도했고 일부는 성공했다. 일례로 1999년에 진행된 한 실험은 소규모 남성 집단을 모아 저금통penny jar 사진을 보고 성적 흥분을 느끼게끔 '학습'시킬 수 있는지를 연구했다.[6] 그렇다. 어느 누군가의 성적 판타지에서도 주인공 역할을 할 리 없는 바로 그 '저금통'말이다. 흥분도를 측정하기 위해 연구자들은 그들의 보고서에서 'A형 음경 측정기Type A penis gauge'라 부른 기기를 사용했다.

A형 음경 측정기와 같은 기구를 통상적으로는 체적 변동 기록기plethysmograph라고 부르며 보통 음경 주변을 두를 수 있는 유연한 여러 개의 금속 띠로 구성된다. 띠는 기록 장치와 연결되어 학술 용어로는 음경 팽창이라 부르는 음경 둘레의 변화, 혹은 음경으로 유입되는 혈류의 정도를 측정한다. 혈류는 발기를 일으키는 원인으로, 음경 팽창은 성적 흥분도를 파악할 수 있는 지표다. (언젠가를 대비해서 말해 두자면, A형 음경 측정기는 얼마나 성적으로 흥분해 있는지 파악하는 데 사용되는 기구다.)

실험에 참여한 아홉 명의 남성은 노스다코타대학교에 다니는 심리학과 학부생들이었다. 이들이 실험에 참여하고 받은 거라곤 추가 이수 학점과 20달러였는데, 저금통을 보고도 성적으로 흥분할 수 있다는 사실을 알게 된 데서 오는 곤혹스러움에 대한 보상으로는 부족하지 않나 싶다.

연구자들은 A형 음경 측정기를 연결한 다음, 피험자들에게 나체 여성의 사진을 제시하기 직전 혹은 직후에 저금통 사진을 보여 줬다. 성적으로 노골적인 사진과 저금통 사진을 함께 보여 준 실험을 몇 차례 진행하자, 나중엔 저금통 사진만으로도 음경 팽창과 성적 흥분도를 상당히 높일 수 있었다. 즉, 피험자들은 성적 흥분도를 높이는 사진 몇 장과 연계해 보여 준 성적인 요소가 없는 대상 사진을 보고도 흥분하는 법을 '학습'했다. 이 실험은 성과 관련한 인간의 뇌가 얼마나 원시적인지 말해 준다. 동시에 페티시도 비슷한 방식으로, 성적 경험과 연결된 신경 자극에 대한 강력한 기억을 통해 형성되었을 가능성이 있다는 점을 시사한다.

흥미로운 연구 결과이기는 하나, 여전히 답을 알 수 없는 수많은 질문이 남아 있다. 가령 이렇게 학습된 연결이 얼마나 오래 지속되는지 아직 알지 못한다. 페티시가 어린 시절 형성된 연결에서 유발된다고 할 때 이 질문은 특히 더 중요하다. 그러나 이를 충분히 탐구한 연구는 없다. 더군다나 자신의 페티시와 연결 지을 어린 시절의 경험을 명확히 떠올리지 못하는 경우도 많다. 분명 기억이 손상된 탓이겠지만, 페티시가 발달하는 과정에서 다른 요소가 개입됐을 가능성도 있다.

유명 신경과학자 V. S. 라마찬드란V.S. Ramachandran과 같은 일부 연구자는 이 '다른 요소'에 주목한다. 라마찬드란은 특히 페티시의 발생 뒤에 신경생물학적 메커니즘이 있을 것이라 상정한다. 예를 들어, 발 페티시는 2장에서 다룬 바 있는 일차 체감각 피질의 혼선에서 비롯된 것일 수도 있다고 주장한다.

라마찬드란의 가설은 일차 체감각 피질의 해부학적 특징에 근거를 둔다. 해당 피질의 여러 다른 영역은 신체 각 부위에서 오는 정보를 받아들인다. 실제로 구역들을 구분하여 지도로 구성할 수 있다. 가령 얼굴을 만질 때 활성화되는 영역과 다리를 만질 때 활성화되는 영역이 다른 식이다. [65쪽 뇌 구조도 2 참고]

라마찬드란은 발에서 오는 감각 정보를 수용하는 영역이 생식기에서 오는 정보를 수용하는 영역과 가깝다는 관찰 결과를 바탕으로 발 페티시에 관한 가설을 세웠다. 초기 신경 발달 과정에서 발생한 아주 사소한 배선 문제로 인해, 발에서 오는 감각이 생식기와 연결된 일차 체감각 피질의 영역을 자극해 성적 흥분으로 이어진다는 것이다. 이 사소한 이상 연결 때문에 뇌가 발에서 성적 연관성을 느끼게 될 수 있다고 라마찬드란은 주장한다.[7]

페티시의 신경생물학적 관점을 뒷받침하며 뇌의 변화에 따라 페티시적 행동이 나타나거나 사라지며 페티시의 신경학적 기원을 시사하는 사례도 많다. 38세 남성 헨리에게는 옷핀에 대한 이상한 페티시가 있었다. 옷핀을 바라보고 있으면 "성교 이상의" 쾌락이 느껴졌다.[8]

옷핀을 향한 성적인 끌림은 어릴 때 시작됐는데, 종종 욕실처럼 혼자 있을 수 있는 공간을 찾아서 거기에 숨어 옷핀을 지켜보았다(맞다, 그냥 지켜만 보았다). 헨리가 청년이 되자 옷핀을 바라볼 때 발작이 일어나기 시작했다.

흔히 우리가 머릿속에 그리는 발작하는 모습이 모든 발작의 양상과 같지 않다는 점을 유의해야 한다. 대부분의 사람은 발작이 일어나면 바닥에 쓰러지고 의식을 잃은 채 반복된 근육 수축으로 근심한 경련을 일으키는 모습을 떠올린다. 이 유형의 증상은 강직-간대 발작tonic-clonic seizure이라 불린다(과거에는 대발작grand mal이라 불렸다). 다른 유형의 발작으로는 여러 증상이 나타날 수 있지만 허공을 응시하거나, 신체의 한 부분에만 근육 수축이 발생하거나, 일반 착란 증세도 보일 수 있다.

헨리의 경우에는 옷핀을 볼 때 멍해지면서 발작이 시작되곤 했다. 무의식적으로 낮은 콧노래를 불렀고 뒤이어 입술로 무언가를 빨아들이는 듯한 동작을 취했다. 그리고 몇 분이 지나면 움직이지도 반응하지도 못했다. 발작은 시작될 때처럼 갑자기 멎었고 그러면 헨리는 한동안 혼란스러워했다. 어떤 때는 발작이 끝나고 보니 아내의 옷을 입고 있던 적도 있었는데, 헨리의 증례를 기록한 발표된 보고서에는 이 현상에 대한 추가적인 설명은 없었다.[9]

헨리의 발작은 옷핀에서 촉발된 강렬한 감정과 연관된 듯 보였다(옷핀을 바라보거나 그런 행동을 상상할 때마다 발작이 시작되었다). 매주 발작을 겪었지만, 그래도 그는 옷핀을 황홀하게 바라보는 행위를 그만두지 않았다.

발작을 조절할 방도가 달리 없자, 결국 의사들은 뇌 수술만이 헨리에게 주어진 유일한 선택지일 수도 있다는 데 입을 모았다. 의사들은 뇌의 전기 활동을 관찰하는 장치를 통해 헨리의 발작이 측두엽의 특정 구역에서 비롯된다는 사실을 파악했다. 그리고 발작이 멈추기를 바라며 수술로 이 구역을 절제했다. [65쪽 뇌 구조도 1 참고]

수술 후, 헨리의 발작은 사라졌다. 신기하게도 옷핀 페티시도 사라졌다. 수술하고 1년이 지난 뒤 후속 관찰을 위해 병원을 찾은 헨리는 의사에게 옷핀을 사랑스럽게 쳐다보고 싶은 욕구가 더 이상 일지 않는다고 말했다. 대신 헨리는 아내에게로 관심을 돌렸다.

헨리의 사례는 독특한 동시에 적어도 일부 페티시는 이례적인 뇌 활동에 기인할 수도 있다는 가능성을 시사한다. 뇌에 변화가 생기자 행동도 바뀌었다면, 그 행동은 애당초 뇌의 영향을 받았던 것일 테니 말이다. 페티시를 주제로 다루는 연구가 드물기는 하지만, 모든 유형의 특이한 성적 행위로 시야를 넓히면 행동의 기원을 찾아 신경 회로까지 거슬러 올라갈 수 있는 사례는 훨씬 더 많다.

이보다 기묘할 순 없다

페티시는 **성도착증**의 한 유형일 뿐이다. 성도착증은 모든 비정상적인 성적 관심을 지칭하는 용어다. 성도착증의 종류는 '많다'. 일부는 무해하며 심지어 꽤 흔히 받아들여지고 있는 경우도 있다. 여성의 가슴에 집착하는 가슴페티시mazophilia, 트랜스젠더 여성에게 끌리는 가이낸드로몰포필리아gynandromorphophilia를 예로 들 수 있다. 그 외에도 해는 끼치지 않으나 아주 이상한 성도착증도 있다. 수목도착증dendrophilia은 나무에 성적 흥분을 느끼는 성도착증이다. 포미코필리아formicophilia는 섹스 연구가 존 머니John Money와 래트닌 데와라자Ratnin Dewaraja의 묘사에 따르면, "몸 위, 특히 생식기나 항문 주변, 유두 근처에서 살금살금 움직이거나, 기어다니거나, 물어뜯는 달팽이와 개구리, 개미, 그 외 곤충 등의 작은 생물들을 보고 흥분하는" 성도착증이다.[10]

락토필리아lactophilia는 모유 수유에 끌림을 느끼고 플러쇼필리아plushophilia는 동물 모양의 봉제 인형에 집착하는 성애를 뜻한다. 뮤코파일mucophiles(이들이 겪는 성도착증을 뮤코필리아라고 한다—옮긴이)

은 점액에서 매력을 느끼는 사람들을 일컬으며 에프록토파일eproctophiles(병명은 에프록토필리아다 — 옮긴이)이 매혹되는 대상은, 돌려 말하지 않겠다. 방귀다. '뭐, 이정도 가지고'라는 생각이 드는가? 헤마티고라니아hematigolagnia는 생리혈이 묻은 생리대를 보며 흥분하는 것을 말한다.[11] 목록은 끝도 없다(진짜다). 그리고 이는 성적 욕망을 투영해선 안 되는 금기의 대상에 매력을 느끼지 못하는 사람들에게는 신기할 정도로 믿을 수 없는 일이다.

안타깝게도 성도착증 중에는 기이하면서도 유해하며 잠재적으로는 범죄로 발전할 수 있는 납득하기 어려운 것도 있다. 그중 하나가 소아성애pedophilia다. 성적 관심의 대상이 사춘기 이전의 어린아이들에게 향하는 엄연한 장애다. 도덕적 공분을 살 가능성이 가장 높은 성도착증일 것이다. 불법적이며 악랄한 행동으로 이어지는 성도착증은 이 외에도 많다. 동물성애zoophilia는 동물에 성적으로 집착한다. 간혹 수간, 인간과 비인간 동물 사이의 성행위라는 극단적인 상황으로 치닫는 경우도 있다(고양이와 성적 유희를 즐기던 2장의 데이비드를 떠올리면 된다). 시체에 성적으로 흥분하는 시체성애necrophilia의 경우, 사례는 드물지만 그저 도시 괴담이기만 한 건 아니다. 오늘날에도 시체성애자는 전 세계에 있다(정확한 수는 알 수 없다). 단순히 시체와의 성행위를 꿈꾸기만 하는 사람이 있는 반면, 어떤 이들은 이 판타지를 실행에 옮긴다. 널리 쓰이는 의료 데이터베이스에서 '시체성애'를 검색했더니, 20건이 넘는 보고서가 나왔다. 각 사례를 설명하는 건 스티븐 킹의 소설을 읽는 것보다 더 모골이 송연한 일일 테다. 자세한 내용은 너무 소름 끼치기 때문에 적지 않겠다. 그래도 읽겠다면, 장별 주석에서 이 문장 말미에 달린 번호를 찾아 해당 자료를 참고하면 된다.[12] [13]

정상과 비정상이라는 경계

의학계에서는 일반적이지 않은 성적 욕망을 지니는 '성도착적 관심paraphilic interests'과 성적 만족감을 얻기 위해 이 욕망을 행동으로 옮기는 '성도착증paraphilias'을 구분한다. 성도착이 당사자에게 상당한 괴로움을 유발하기 시작하거나 타인에게 해를 끼치면 '성도착 장애paraphilic disorder'로 구분한다.

성도착적 관심은 꽤 흔하다. 천 명 이상의 남성과 여성을 대상으로 진행한 조사 결과, 절반에 가까운(45.6퍼센트) 응답자가 관음증이나 페티시즘, 노출증 등의 성도착적 관심을 지닌다고 인정했다.[14] 그러나 실제 행동으로 옮기는가에 관한 질문으로 가면 긍정 반응은 확연히 떨어진다. 같은 조사에서 3분의 1에 해당하는 응답자만이 성도착적 행동을 한다고 답했다.

성도착적 관심을 지닌 인구에 관한 양질의 연구는 부족하다. 이유는 쉽게 짐작할 수 있듯이 많은 사람이 공개적으로 그리고 열정적으로 입에 올릴 만한 주제가 아니기 때문이다. 같은 이유로, 성도착 장애의 발병률을 파악할 수 있는 신뢰할 만한 근거는 훨씬 더 적다. 성도착적 관심보다 더 드물겠지만, 구체적인 숫자를 제시하기는 어렵다.

더욱이 성도착증의 바탕이 되는 신경생물학적 근거에 관해 이야기하는 것도 위험할 수 있다. 여러 이유로 비판받을 것이기 때문이다. 성도착증의 기저에 있는 비정상적인 뇌 활동을 규명하려는 시도가 정상적인 인간 성생활에 포함되는 일부 특이한 관심사까지 모두 병에 해당한다는 고정관념을 형성할 수 있다는 주장은 타당해 보인다. 이와 같은 관점이 나타나게 된 데에는 구시대적이고 청교도적인 가치로서 이성애자를 정의하고 '정상'이 아닌 모든 성적 행동을 비난하며 발전해 온 의료계의 기나긴 역사가 있다. 실제로 대다수의 정신의학 전문가가 1970년대까지 줄곧 동성애를 병으로 치부했으며 미국정신의학회America Psychiatric Association, APA는 1973년에 이르러서야 정신질환 목록에서 동성애를 제외했다.[15]

미국정신의학회 같은 여러 집단이 여전히 생식으로 이어지는 섹스만이 유일하게 건강한 섹스라고 집착하고 있다는 주장도 있다. 같은 맥락에서, 일부에서는 타인을 해하지 않는 성적 관심과 행위를 비정상으로 여겨서는 안 된다(그러나 유해하며 합의하지 않은 성적 행위는 계속해서 병으로 간주되어야 한다)고 주장하기도 한다. 이 관점에 따르자면, 무해한 성도착증을 질병과 결부시키는 논의는 잘못된 방향으로 가고 있는 것이다.

여기에 동의하지 않는 건 아니나, 일부 성도착적 관심은 꽤 드문 사례라는 것을 그냥 지나치기 어렵다. 이들의 뇌에 어떤 차이가 있는지 이해하는 것은 (적어도 나에게는) 어느 정도의 가치가 있다. 그러나 꼭 짚고 넘어가야 할 부분은, 뇌 기능의 차이가 병과 동의어가 아니라는 점이다. 특이한 성적 관심은 타인에게 무해하고 합의에 의한 것이기만 하다면 건강한 성생활의 표현이다.

성도착증의 신경과학적 논의도 쉽지 않다. 소아성애와 같은 문제 있는 성적 행동을 신경생물학적 이상의 탓으로 돌린다면 충동을 실행으로 옮긴 사람에게 범죄에 대한 면죄부를 줄 우려가 있기 때문이다. 만일 소아성애자가 자신의 행동을 뇌종양의 탓으로 돌릴 수 있다면, 이들은 행위의 책임에서 자유로울 수 있는 걸까? 이 질문에는 더 깊은 철학적 논의가 필요하지만, 소아성애자의 뇌가 소아성애적 행동을 일으킬 가능성을 높일 수 있음이 밝혀진다고 해서 범죄를 저지른 이에게 죄가 없는 건 아니라고 나는 생각한다. 비정상적 뇌 활동으로 인해 소아성애적 관심이 생긴다 하더라도, 그것을 실천으로 옮기기까지 무수한 결정을 내려야 하며 (오늘날 개인의 책임을 바라보는 우리의 시각을 바탕으로) 그 모든 결정에는 도덕적 책임이 뒤따른다.

어찌 되었든, 성도착증과 뇌 활동 사이에는 명확한 관련성이 있다. 다수의 사례가 있는 신경학적 장애 중 하나인 파킨슨병Parkinson을 한번 살펴보자. 파킨슨병은 신경퇴행neurodegeneration이라 불리는 뉴런의 퇴행과 사멸이 특징인 질병이다. 파킨슨병에서 발견되는 뉴런의 사멸은 주로 운동과 관련한 뇌의 영역에 영향을 끼쳐 떨림, 느린 움직임, 경직, 자세 이상 등의 특징적인 증상을 일으킨다.

파킨슨병의 신경 퇴행적 특성 때문에 신경전달물질(뉴런이 서로 소통하는 데 사용하는 화학물질)인 도파민을 생성하는 뇌의 여러 영역이 심하게 훼손되면 도파민이 대폭 줄어든다. 도파민 수준이 떨어짐에 따라 병의 증상들이 악화하는 걸로 봐서, 도파민 감소와 파킨슨병 환자들에게 나타나는 운동 능력 문제 사이에 깊은 연관성이 있다는 것을 알 수 있다. 그래서 의사들은 파킨슨병 환자들에게 도파민 수치를 높여 일시적으로 증상을 개선할 수 있는 약을 처방하곤 한다.*

그러나 도파민 수치를 높이는 약물은 때로 향상된 도파민 활동과 관련된 이상한 부작용을 낳는다. 문제의 원인은 도파민이 움직임, 쾌락 추구에서 중요한 역할을 하는 데 있다. 정확히 어떤 역할을 하는지는 아직 알지 못하나, 중요한 것은 도파민이 동기를 자극하고 우리 뇌가 즐겁다고 규정한 대상을 좇도록 만드는 데 깊이 관여한다는 점이다. 다시 말해, 도파민은 중독과 기타 충동 조절 장애에서 대단히 중요한 요소라는 의미다.

도파민 증가 약물 치료를 받는 파킨슨병 환자 중에는 특히 투여량을 늘린 다음 쾌감의 극치euphoric highs를 경험하기 시작하는 경우가 있다. 더불어, 병적인 수준으로 도박을 하거나, 폭식, 충동구매, 그리고 이 장의 주제와 가장 맞닿아 있는 성 활동에 대한 비정상적 집착 등 평소답지 않은 이상한 행동을 보이기도 한다. 바로 **도파민조절장애**

---

* '일시적으로'라고 굳이 언급한 이유는 이 치료 방식이 영구적인 해결책은 아니기 때문이다. 증상의 중증도는 (일부 경우 수년 동안) 낮출 수 있지만, 병이 진행됨에 따라 어느 순간이 되면 약의 효과는 떨어지기 시작한다. 효과가 떨어지면 대개 투여량을 늘리는데, 이는 여러 부작용을 낳는다. 환자의 삶에 지장을 준다는 면에서 결국 부작용이 병의 증상 자체와 견줄 정도로 발전하므로 치료를 위한 실용적인 선택지에서 약물은 제외된다.

증후군Dopamine Dysregulation Syndrome, DDS의 특징적인 부작용들이다.

짐이라는 74세 남성 환자는 20년 동안 파킨슨병과 싸우며 살아왔다. 그동안 짐은 증상을 조절하기 위해 도파민 증가 약물을 복용해왔으며 특이 행동을 보인 적은 없었다. 그런데 의사가 투여량을 상당량 늘린 뒤, 짐에게 충격적인 성적 성향이 생겼다.

짐은 섹스에 완전히 정신이 팔렸다. 상습적으로 발기했고 이를 친구와 가족에게 숨기지도 않았다. 아내와 하루에도 몇 번이나 관계 가지기를 원했고 아내가 거절하면 화를 냈다. 심지어 반려견과 성관계하려는 모습을 아내에게 들키기도 했다. 가족들은 이 모든 상황에 몸서리쳤다.[16]

도파민 증가 약물을 복용하는 환자라고 해서 모두 이런 증상을 겪는 건 아니다. 몇몇 환자들만이 투여량을 늘리거나 치료를 시작하면서 도파민조절장애증후군을 경험한다. 이들에게 발견되는 이상 성행동에는 여러 가지가 있지만, 대표적으로는 노출증, 가학피학증sado-masochism, 동물성애, 소아성애, 페티시즘 등이 있다.[17]

뇌의 화학구조나 기능에 문제가 생기고 성적 관심이 완전히 뒤바뀌는 경험을 하는 건 비단 파킨슨병 환자만은 아니다. 학교 선생님인 40세 제이컵의 사례를 보자. 안정적인 결혼 생활을 하던 그는 스스로 포르노에 관심이 있으며 그 외의 특이한 관심사는 없다고 주장했다(그를 아는 사람들도 동의하는 내용이었다).

하지만 결혼하고 2년이 지나자 제이컵은 섹스에 집착하기 시작했다. 난생처음 성매매도 했다. 포르노에 대한 관심이 집착으로 발전하면서 유감스럽게도 그의 포르노 취향은 아동으로 확대되기에 이르렀다.

제이컵은 아동 포르노를 수집했고 아직 사춘기가 되지 않은 의붓딸에게 성적으로 접근하며 그의 새로운 관심사를 행동으로 옮겼다. 의붓딸이 엄마에게 제이컵의 행동을 말하면서 그가 수집한 아동 포르노가 발견됐다. 그는 아동 포르노물 소지 및 성추행 혐의로 체포되었고 집에서 쫓겨났다.

실형 선고 전날, 제이컵은 두통을 호소했고 정도가 심한 나머지 병원으로 이송되었다. 그는 균형을 잡기 어려워해서 신경 검사를 받았는데, 검사를 실시하는 동안에도 여성 직원에게 돈을 줄 테니 자기와 자자며 끊임없이 말을 건넸다. 의사들은 이를 '이상 성욕 과잉' 행동으로 기록했다.

제이컵은 뇌 MRI 검사를 받았고 전전두피질에서 커다란 종양이 발견됐다. 종양을 안전하게 제거할 수 있겠다고 판단한 의사들은 제이컵의 수술 일정을 잡았다.

수술 뒤 제이컵의 성적 성향은 돌연 정상으로 되돌아갔다. 재판부에서 놀라울 정도의 관용을 베푼 덕분에 그는 실형을 사는 대신 익명의 성 중독자 프로그램을 완수할 수 있었다. 수술 7개월 후, 의붓딸에게 더 이상 위협이 되지 않을 것으로 판단돼 집으로 돌아가도 된다는 허락을 받았다.

하지만 수술 후 1년이 지날 무렵 제이컵은 계속되는 두통에 시달렸고 다시 포르노물을 모으고 싶다는 강렬한 욕구가 일었다. 증상이 생기자 그는 신경과를 찾아 MRI 검사를 받았고 의사는 다시 자라고 있는 종양을 발견했다. 추가 수술을 통해 남은 종양을 제거하자, 제이컵의 성도착적 욕구는 다시 사라졌다.[18]

✦ ✦ ✦

제이컵의 사례는 전례 없는 독특한 경우가 아니다. 의학 문헌을 살펴보면 뇌종양, 외상 또는 질환을 겪고 새로운 성적 성향이 생긴 사례가 많다. 그중에는 원래 그 사람의 평소 모습으로는 도저히 상상할 수 없을 정도로 정반대의 성향을 보이는 경우도 있다.

물론 이 환자들에게 원래 비밀스러운 욕망이 있었는데 뇌가 손상되어 더 이상 숨기지 못한 것이 아니냐는 주장도 가능하다. 이를테면 사회적으로나 도덕적으로나 혐오감을 일으킬 만한 욕망을 억누르던 두뇌 회로를 종양이 가로막은 것일지도 모른다. 대다수의 사람에게는 뇌의 화학구조에 문제가 생겨 인간의 가장 중요한 도덕적 신념이 해체되었다는 의견보다 이쪽이 더 받아들이기 쉽다. 그러나 금기시되던 성적 욕망에 전혀 관심이 없다가 뇌에 예기치 못한 문제가 생긴 뒤 그런 욕망에 집착하게 된 환자들의 존재는 적어도 일부 사례에서는 신경생물학적 변화가 완전히 새로운 행동을 유발한다는 주장을 뒷받침한다.

우리는 성적 지향이나 연애 관심사 등을 인간 정체성의 근본적인 면으로 여긴다. 그렇기에 뇌 조직이나 화학구조에 아주 미세한 조작을 가한 것만으로도 인간 성격의 필수적인 측면을 극단적으로 바꿀 수 있다는 생각이 불편하게 다가온다. 하지만 여러 사례들이 보여주듯, 단 한 번의 뇌 손상만으로도 결코 가능하리라 생각지 못한 사람, 혹은 사물을 사랑하게 될 수도 있다.

6장

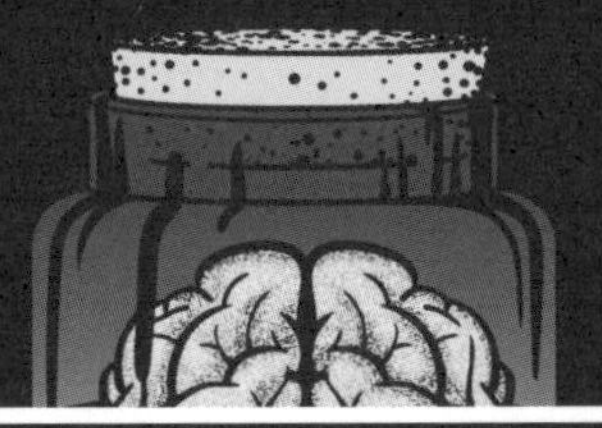

내 속엔 내가 너무도 많아

인격

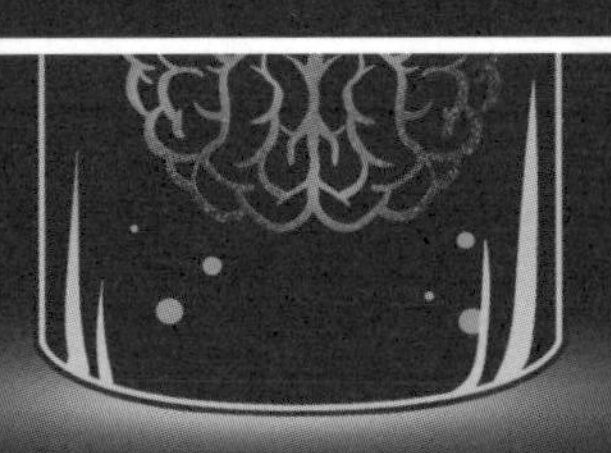

1993년의 어느 날, 리처드 바어 박사Dr. Richard Baer는 지금껏 살면서 받은 가장 이상한 편지의 봉투를 열었다.

바어 박사는 한동안 캐런이라는 환자를 치료하고 있었다. 캐런이 처음 박사를 찾은 건 심각한 우울감과 자살 생각 때문이었다. 수차례의 치료를 통해 캐런은 학대당하던 어린 시절의 이야기를 조금씩 꺼내 놓았다. 그러나 깊은 상처가 된 경험을 자세히 이야기할 수 있을 정도로 마음을 터놓기까지는 4년이 걸렸다. 캐런은 아버지와 할아버지가 자신을 성폭행했으며 친구들이 돈을 뜯어 가는 걸 보고만 있었고, 성행위가 포함된 의식에 강제로 참여하게 만들었다고 주장했다.

바어 박사는 편지를 다 읽고 나서도 한동안 충격적인 내용을 이해하려 애썼다. 편지에는 이렇게 쓰여 있었다(맞춤법이 틀린 부분도 그대로 살렸다).

> 바어 박사님께
>
> 제 이름은 클레어예요. 7살이에요. 저는 캐런 안에 살고 있고 박사님이 하는 말을 다 드끄 있어요. 박사님이랑 얘기하고 싶은데 어떠케 해야 하는지 모르겠어요. 저는 제임스랑 새라랑 게임을 하고요, 노래도 불러 줘요. 저 죽고 싶지 않아요. 저 좀 도와주세요.
>
> 클레어 드림[1]

이상한 내용이었지만, 읽고 나니 조금씩 이해되기 시작했다. 치료 초반, 캐런은 기억이 전혀 없을 때가 있다고 말한 적이 있다. 한번은 장을 보러 나섰는데 이내 의식을 잃었고 그다음 기억나는 건 백화점에서 아들에게 모자를 사주고 있는 장면이었다고 했다. 장은 아예 보러 가지도 않았는데, 왜 그랬는지는 몰랐다.

캐런은 사는 내내 이런 식의 기억 상실이 있어 왔다고 인정했다. 어린 시절에 대한 긴 기억이 없었으며 남편과의 잠자리도 기억하지 못했다. 자녀가 둘 있었는데도 말이다.

편지는 의심을 확신시켜 주었다. 바어 박사는 캐런에게 다중인격장애multiple personality disorder라 알려진 병이 있다고 믿었다. 의료계에서 사용하는 공식 명칭은 **해리성정체감장애**dissociative identity disorder, DID다. 해당 환자의 행동은 '다른 자아alters'라고도 불리는 두 개 이상의 구별되는 인격이 존재를 드러낸다. 이때 '전환'되는 인격들은 서로 다른 이름과 성性, 목소리를 가지고 있으며 각기 독특한 버릇이 있다거나, 눈이 나빠서 안경을 껴야 하는 등 특유의 신체적 특징을 지닐 수도 있다.

환자는 대체 인격이 전면에 나서 통제권을 얻은 동안에는 기억을 잃는 경향을 보인다. 이는 상당히 괴로운 일이다. 해리성정체감장애 환자들은 장기간에 걸쳐 겪는 여러 사건을 잘 설명하지 못한다.

바어 박사가 '클레어'의 편지를 받고 난 후 캐런을 치료하던 중에 다른 인격들도 존재감을 드러내기 시작했다. 박사는 총 17명의 서로 다른 캐런의 인격과 만났다. 2세부터 34세, 다른 특성과 관심사, 특유의 신체적 특징을 지닌 남성과 여성으로 유형도 다양했다.

가령 클레어는 게임을 좋아하고 어둠을 무서워하는 7세 소녀였다. 캐서린은 34세 여성으로 클래식 음악과 오페라를 좋아했고 클라리넷을 즐겨 불었다. 볼링을 좋아하는 34세 남성 홀던은 캐런의 보호자 역할을 했다.

캐런의 모든 자아를 만난 뒤 바어 박사는 그녀 안에 있는 다중 인격들을 하나로 통합하려 했다. 이는 해리성정체감장애 환자를 치료하는 일반적인 접근법이다. 환자의 대체 인격을 없애려는 대신, 치료를 통해 이들 모두를 환자의 의식에 통합하는 것이다. 분리된 부분들을 하나의 완전체로 만드는 것과 같다.

1998년 4월, 드디어 캐런 안에 있던 모든 인격이 통합되어 하나가 되었다. 그녀가 바어 박사를 처음 만난 지 9년이 지났을 무렵이었다. 그리고 2006년, 캐런은 치료를 마쳤다. 처음 바어 박사와 상담을 시작한 계기였던 우울증도 해결했고 해리성정체감장애 증상은 이제 지난 일이 되었다.

수면 아래 얼굴들

머릿속에 하나 이상의 인격이 산다는 생각은 언뜻 이상하게 들릴 수 있지만(아닐 수도 있다. 이 부분은 차차 더 자세히 들여다보자), 우리는 해리성정체감장애의 대표적인 특징에 꽤 익숙한 편이다. 바로 '해리'다. 보통 우리 뇌는 여러 감각, 감정, 기억, 개성과 관련한 수많은 정보 조각을 통합해 나의 정체성, 그리고 내 주변에서 벌어지고 있는 일에 관해 지속적인 감각을 제공하는 일을 굉장히 잘한다. 사실 이 과정은 물 흐르듯 매끄러워서 우리의 경험이 이렇게 다양한 구성 요소의 조각들이 짜 맞춰진 것이라는 사실을 깨닫기 어려울 때도 있다. 해리가 발생하지 않는 한 말이다. 해리가 일어나면 뇌는 우리가 인지하는 서로 다른 양상들을 원활히 통합하지 못하고 의식은 방해받는다.

심각하게 들리지만, 해리가 꼭 사람을 피폐하게 만드는 것만은 아니다. 가벼운 해리는 백일몽이나 짧은 주의력 상실의 형태로 건강한 사람에게도 종종 발생한다. 예를 들어, 당신이 잠시 창밖을 멍하니 보고 있었다는 사실을 깨닫는다면(그러다가 정신을 차리고 책을 써야 한다는 사실을 기억해 내면) 그것이 가벼운 형태의 해리다.

하지만 일부 사례의 경우 해리는 더 파괴적인 영향을 미치며 세상에 관해 연속된 경험을 유지하는 뇌의 능력에 큰 문제를 일으켜 이인증, 비현실감과 같은 증상으로 이어진다. 해리성정체감장애 환자에게 발생하는 해리는 일관된 정체성을 유지하는 능력을 손상시킬 정도로 심각한 수준이어서, 별개의 것으로 보이는 다른 인격이 출현할 수도 있다.

해리성정체감장애는 오랜 시간 여러 이름을 거쳐 왔다. 1994년까지는 다중인격장애로 많이 알려져 있었다. 해리성정체감장애로 명칭을 바꾼 까닭은 병증의 특징이 주 인격과 다른 새로운 인격들의 형성이라는 점이 아니라('다중인격장애'라는 용어에 이러한 의미가 어느 정도 내포돼 있다), 환자가 자신의 인격 속 다양한 측면을 하나의 정체성으로 통합하는 데 어려움을 겪는다는 점을 강조하기 위한 부분도 있었다. 이름이 무엇이었든, 해리성정체감장애를 겪었을 것으로 추정되는 환자에 관한 기록은 수백 년 전으로 거슬러 올라간다.

초기 사례들은 대개 초자연적인 현상으로 기록되었다. 1500년대 말의 한 기록을 보면, 악령이 들린 것으로 여겨진 잔느 페리라는 25세 도미니크회 수녀가 등장한다. 페리 안에는 여러 인격이 존재했던 것으로 보인다. 어떤 인격은 상냥했지만, 또 어떤 인격은 악마 같았다(인격들 스스로 자신이 악마라고 주장했다). 페리의 행동은 극적으로 돌변하곤 했는데, 인격들의 성향은 꽤 대조적이었다. 얌전한 4세 아이처럼 행동하다가 어느 순간 기척도 없이 어마어마한 분노와 공격성을 드러내는 사악한 인격으로 바뀌었다. 대주교와 보좌 주교들을 공격한 적도 있었다. 자신이 막달라 마리아(예수 그리스도의 여제자—옮긴이)라고 주장하기도 했다.

경련과 뒤틀린 얼굴, 과격하게 흔들어대는 머리와 스스로 목을 조르는 등 문서에 기록된 페리의 증례에서 발견되는 불안정한 행동들은 마치 영화 〈엑소시스트〉에나 나올 법하다. (가능성이 높지는 않지만, 역사에 기록된 많은 악령 빙의 사례를 해리성정체감장애로 설명할 수도 있다.) 페리의 상태도 구마 의식 덕분에 성공적으로 치료되었다. 여기서 "성공적으로"라는 말은 교회 장로들이 한 말이다. 실은 동료 수녀들이 21개월 동안 지극정성으로 페리를 돌봤다. 페리의 상태가 나아진 데에는 구마 의식보다 이들의 도움이 더 크지 않았을까.[2]

(악마에게 빙의된 게 아니라) 해리로 인해 다른 인격이 발현된다는 생각은 1800년대로 거슬러 올라간다. 당시 해리라는 개념은 꽤 새로웠다. 우리 정신에 의식적 과정과 무의식적 과정이 있을 수도 있다는 개념도 새로운 것이었으며 무의식적 기제가 정신의 작동 방식에 영향을 미칠 수도 있다는 생각은 당대 심리학자들의 흥미를 불러일으켰다. 이 새로운 개념들은 최면 방식 등을 향한 관심으로 이어졌다. 최면에는 잠재의식에 숨겨져 있는 생각을, 해리성정체감장애 환자의 경우에는 수면 아래 숨어 있는 대체 인격의 생각을 드러낼 수 있는 잠재력이 있었다.

현대에 와서 해리성정체감장애의 임상적 정의에 부합하는 초기 환자들을 발견할 때도 최면과 기타 유사 접근법이 사용되었다. 그중 한 명이 루이 뷔베라는 프랑스 남성이었다. 뷔베는 어린 시절 내내 신체적 학대에 시달렸고 17세 때는 독사 한 마리가 자신의 왼팔을 휘감는 끔찍한 경험을 했다. 뱀에 물리지는 않았지만, 정신적으로 큰 충격을 받은 뷔베는 그날 밤 의식을 잃고 격렬한 경련을 일으켰다. 이후 왼쪽 다리가 마비되었는데, 마비를 일으킬 만한 신체적 요인은 없어 보였다.

1년 후, 다리의 마비가 갑자기 풀리면서 이전까지의 모든 기억도 함께 사라졌다. 성격도 눈에 띄게 변했는데, 이전에는 차분하고 예의 발랐던 사람이 사사건건 따지기를 좋아하고 충동적이며 아슬아슬하게 경계를 넘나드는 사람으로 바뀌었다. 몇 달 후, 왼쪽 다리가 다시 마비되면서 차분하고 온화한 페르소나(자신의 본성과는 달리 타인에게 보이는 사회적·외적 인격—옮긴이)가 나타났다. 신체는 건강하나 호전적인 인격, 그리고 다리는 마비됐지만 부드러운 인격, 이렇게 두 인격이 전환되는 상황은 수년에 걸쳐 지속되었다. 증상 대부분은 이 현상에 관심을 가진 외과의의 관찰 하에 일어났으며 의사는 뷔베에게서 나타나는 최대 10명의 인격 상태를 최면을 이용해 기록했다.[3]

19세기 이래로 다수의 해리성정체감장애 사례가 발견됐지만, 이 장애에 대한 인식이 크게 바뀐 건 20세기 후반에 대중의 관심을 크게 끌었던 두 사례 때문이었다. 하나는 《이브의 세 얼굴The Three Faces of Eve》이라는 책의(이후 제작된 영화도 유명해졌다) 소재가 된, 해리성정체감장애와 싸우는 미국인 여성 크리스틴 사이즈모어의 사례였고 또 하나는 16개의 인격을 지닌 것으로 추측되는 셜리 메이슨의 사례였다. 해당 이야기는 1970년대에 출간돼 큰 반향을 일으키고 텔레비전 영화로도 제작된 도서 《시빌Sybil》의 바탕이 되었다. (시빌은 메이슨의 사생활을 보호하기 위해 사용된 가명이었고 메이슨의 정체는 그녀가 사망한 뒤 밝혀졌다.)

유명해진 두 사례는 대중의 호기심을 자극했고 곧 작가들도 여러 책과 영화, 텔레비전 프로그램의 구성 장치로서 해리성정체감장애를 자주 사용했다. 이 질환에 대한 인식이 높아지며 진단 사례의 수도 증가했다. 대강의 추산에 따르면 《시빌》이 출간되기 전 알려진 진단 사례는 50건에 불과했으나, 출간 후에는 1990년까지 무려 2만 건 이상이었다.[4]

한편 《시빌》과 셜리 메이슨의 사례는 해리성정체감장애를 둘러싼 몇 가지 논란을 전적으로 보여 준다. 책이 나오고 20여 년이 흐른 뒤, 메이슨을 치료했던 심리학자 코넬리아 윌버Cornelia Wilbur 박사가 메이슨이 다중 인격의 존재를 (이 인격들이 순전히 상상에 불과했다고 해도) 주장하게끔 유도하는 치료 방법을 사용했을 수도 있다는 증거가 나왔다.[5] 일각에서는 메이슨을 통해 직업적으로나 금전적으로 이익을 얻고자 하는 욕망이 윌버의 치료법과 치료 윤리에 영향을 미쳤을 수도 있다고 말한다.[6]

셜리 메이슨의 사례와 기타 유사 사례들은 해리성정체감장애 진단의 정확성에 의문을 품게 했다. 회의론자들은 지난 50년간 진단이 증가한 원인에는 환자가 (의도적이든 의도적이지 않든) 그들 안에 여러 인격이 존재한다고 믿게끔 유도하는 치료 방식에 일부 책임이 있다고 생각한다. 더불어 일부 유명 사례를 보고 환자들이 증상을 (역시 의도적이든 그렇지 않든) 모방하려 했을 수도 있다고 본다. 이들이 보기에 해리성정체감장애는 정신 질환이 아닌 학습된 행동이다.

그러나 주어진 증거들을 고려할 때 해리성정체감장애는 진단 가능한 장애다. 여러 연구가 진짜 해리성정체감장애를 진단받은 환자들과 증상을 모방한 연구의 참여자 사이에서 서로 다른 심리적 특성들을 찾아냈다.[7] 해리성정체감장애를 진단하는 도구들의 신뢰도 역시 높다.[8] 연구를 통해 환자가 대체 인격 상태에 있을 때 신체와 뇌가 작동하는 방식에 눈에 띄는 변화가 있다는 점도 발견했다. 생물학적 기능 변화가 나타나는 증상은 억지로 꾸밀 수 없기 때문에 이것이 해리성정체감장애의 확실성을 뒷받침하는 가장 확실한 증거가 될 수도 있다.

지나친 자기방어의 결과

놀랄만한 사례가 있다. 한 환자는 해리성정체감장애 치료를 시작할 당시 눈이 보이지 않는 상태였다. 그런데 치료를 시작하고 4년이 지난 뒤 정신과 의사들은 그녀의 다른 자아 중 한 명인 젊은 남성 자아는 앞을 볼 수 있다는 사실을 발견했다. 이 환자의 시각 상실은 눈이나 시각계에 문제가 있는 것이 아니라 심리적 요인이 작용한 탓일 가능성이 있어 보였다(이러한 유형을 심인성시각상실psychogenic blindness이라 부른다). 하지만 환자가 장애 수당을 신청하기 위해 한 대학병원 안과에서 시력 상태를 검사했을 때 실제 실명이라는 결과가 나왔다. 추가적인 치료를 통해 다른 일부 인격은 시각을 되찾았지만, 몇몇 인격은 여전히 실명 상태를 유지했다.[9]

여러 연구를 통해 해리성정체감장애 환자들의 뇌가 작동하는 방식이 일반인과 다르다는 점도 밝혀졌다. 한 실험에서는 해리성정체감장애 환자로 구성된 소규모 집단을 대상으로 그들이 다른 인격 상태에 있을 때의 뇌 활동을 관찰했다. 연구자들은 해리성정체감장애가 정말 대체 인격으로 전환되는 장애가 맞는다면, 바뀐 인격에 부응하는 고유한 뇌 활동 패턴이 있어야 한다고 가정했고 실험 결과는 이들의 가설을 입증했다. 서로 다른 인격들은 특유의 뇌 활동 패턴을 보였는데, 이는 대체 인격으로의 전환이 뇌가 작동하는 방식의 변화와 관련이 있다는 점을 암시한다.[10]

그러나 여전히 연구자들은 해리성정체감장애를 일으키는 뇌 작용을 설명하는 데 애를 먹고 있다. 잘 알려진 한 가설은, 어린 시절 경험한 신체적 혹은 성적 학대 등의 정신적 외상에 대한 뇌의 대응에 주목한다. 대부분의 해리성정체감장애 환자는 어떤 방식으로든 정신적 외상을 경험한 적이 있으며[11] 다수의 과학자는 해리성정체감장애 환자가 정신적 외상을 일으킨 사건의 기억에서 피어오르는 압도적인 감정에 대처하기 위해 대체 자아를 만들어 낸다고 믿는다. 그 결과, 이 압도적인 감정을 대체 인격으로 구획화compartmentalization, 즉 분리하여 주격 자아를 감정적 고통으로부터 보호할 수 있게 된다. 해리성정체감장애를 유발하는 원인에 대한 이러한 설명을 해리성정체감장애의 '외상 모델trauma model'이라고 한다.

환자 대부분이 정신적 외상을 경험했다는 사실을 알고 나면 이들 중 다수가 외상후스트레스장애post-traumatic stress disorder, PTSD로 고통받는다는 사실도 그리 놀랍지 않을 것이다. PTSD는 회상, 악몽 등을 통해 외상을 유발한 사건을 계속해서 재경험하는 상태를 말한다. PTSD와 해리성정체감장애 사이에는 신경생물학적으로 연관성이 있을 수 있다. 두 장애 모두 정신적 외상 경험을 처리하는 데 관여하는 뇌 구조에 이상이 나타나기 때문이다.

그중 하나가 측두엽에 있는 작은 뉴런 뭉치 '편도체'와 관련이 있다. 편도체는 그리스어 '아몬드almond'에서 유래했는데, 구조의 형태가 아몬드와 비슷해 이런 이름을 얻게 됐다. 보통은 단수형으로 그냥 편도체라고 부르지만,* 실은 각 반구에 하나씩 총 두 개가 있다. [109쪽 뇌 구조도 4 참고]

편도체는 겸손한 사이즈와 달리 인간의 감정 경험에 복합적인 영향력을 행사한다. 감정 반응을 지휘하는 데 핵심적인 역할을 하며 대개 슬픈 사건과 연결된 장기 기억을 형성하는 데 도움을 준다. 특히 편도체가 연관되어 있다는 증거가 다수 발견되는 감정 반응이 있는데, 바로 '공포'다.

동물과 사람을 대상으로 하는 많은 연구는 편도체가 공포와 관련해 중요한 역할을 한다는 점을 보여 준다. 위협적인 대상을 마주하면 편도체의 뉴런은 극도로 활성화된다. 뉴런은 '투쟁-도피 반응'을 촉발하기 위해 뇌의 다른 영역으로 신호를 보낸다. 아마 전에 들어본 적 있는 용어일 것이다. 고등학교 생물 시간에 들었을 가능성이 가장 높다. 지금 처음 들었거나 혹은 나처럼 고등학교 생물 시간에 배운 걸

---

* 대부분의 뇌 부위는 쌍으로 존재한다. 즉 각 반구에 하나씩, 두 개 있다는 뜻이다. 그러나 신경과학계에서는 흔히 두 개 이상 존재하는 뇌 부위를 단수형으로 칭하곤 한다. 그래서 이 책에서도 '편도체들(amygdalae)'과 같은 익숙치 않은 복수형 대신 관습을 따라 단수형을 사용했다.

통으로 잊었다고 해도, 개념 자체는 낯설지 않을 것이다. 우리 모두 살면서 수도 없이 이 반응을 경험했을 테니 말이다.

투쟁-도피 반응은 공포를 느끼거나 극도의 긴장을 느낄 때 심박수가 올라가고 혈압이 상승하며, 숨이 가빠지고 동공이 확장되는 등 우리가 이미 잘 아는 신체적 변화를 일으킨다. 여기에는 이유가 있다. 즉시 행동할 수 있도록 산소가 풍부한 혈액을 근육으로 더 많이 보내고 주변 사물을 더 잘 볼 수 있도록 동공을 확장하여 도망가든 싸우든 조치를 취하게끔 우리 몸을 대비시키기 위해서다. 동시에 현재 상황에서 에너지 쏟을 필요가 없는 과정을 억제하는 역할도 한다. 방광 수축(싸우는 중에 오줌을 지린다면 무척 안타깝지 않겠나)이나 소화 같은 것 말이다.

과학자들은 투쟁-도피 반응 덕분에 인류가 생존할 수 있었다고 믿는다. 원시인들은 즉시 싸우거나 도망칠 준비가 되어 있는 신체적 능력에 목숨이 달린 경우가 잦았다. 눈앞에 사자가 서 있다고 생각해 보라. 투쟁-도피 반응이 없었다면 우리 조상들은 재빠르게 행동하지 못했을 테고, 아프리카 대초원에서 사자와 격투극을 벌였던 영웅담도 전해 주지 못했을 테고, 현대인의 탄생으로 이어지는 인류의 혈통은 수만 년 전에 끊겼을지도 모른다.

심리적으로 위협적인 상황에서도 투쟁-도피 반응은 일어난다. 아침 조깅을 하던 중 사나운 개를 만날 때도, 여러 명의 동료 앞에서 발표를 할 때도 말이다. 정도의 차이가 있을 뿐이다.

이 반응은 중요한 안전 기제로 진화했지만, 과도하게 활성화되면 해로울 수 있다. 불안감을 유발하고 스트레스 호르몬의 분비량을 높이는데, 이 호르몬을 혈류에 너무 오랜 시간 방치하면 건강하던 혈관이 손상될 뿐만 아니라 뉴런을 사멸시키는 등 여러 문제를 야기할 수 있다.

따라서 안정적인 우리 삶에 실제로 위협을 가하지 않는 대상을 향해 과잉 반응하지 않도록 편도체의 활동을 규제할 수 있어야 한다. 3장에서 설명했듯이 전전두피질은 이성적 사고에 관여하는데, 편도체의 원치 않는 조건반사적 반응을 억제하는 데에도 중요한 역할을 하는 것으로 여겨진다. 주변에 있는 대상이 즉각적인 위협을 가하는지 판단하고, 위협적이지 않다고 결론내리면 편도체의 반응을 억제한다. 편도체의 감정적 반응을 가라앉히는 이성적인 목소리 역할을 하는 셈이다.

예컨대, 아침 조깅 중 사나운 개를 만나서 (심각하지는 않지만) 몇 군데 물렸다고 상상해 보자. 얼마 후 친구 집을 방문했더니 순해 보이는 강아지가 쓰다듬어 달라며 총총 다가온다. 개에게 공격당한 끔찍한 경험 때문에 당신은 다가오는 개를 보며 두려움을 느낀다. 편도체가 마구 활성화되기 시작한다. 그러나 이때 전전두피질이 팔을 걷어붙이며 편도체를 진정시킨다. 비록 안 좋은 경험을 했지만 이 개는 위협적이지 않다고 잘 타이르는 것이다.

그러나 PTSD 환자와 같은 일부 사례에서는 전전두피질과 편도체 사이의 억제 고리가 원활히 기능하지 않는 탓에 편도체가 마음껏 활동한다. 그러면 편도체는 정신적 외상을 초래한 사건과 관련된 자극 혹은 그러한 사건에 관한 기억을 두고 사건 자체에 반응하는 것처럼 강하게 반응할 수가 있다. 마치 그 사건이 다시 일어난 양, 편도체는 투쟁-도피 반응을 완전히 활성화해도 괜찮겠다고 판단하는 것이다. 이 때문에 PTSD 환자가 외상을 일으킨 경험을 계속해서 재경험하는 듯한 느낌을 받을 수 있다.

정신적 외상을 겪은 환자가 해리성정체감장애로 발전하는 과정을 설명하면서 연구자들은 전전두피질에서 편도체로 향하는 억제 경로가 때로는 '과도하게 활동적'이기 때문이라는 가설을 제시했다. 억제 경로의 과활동성은 정신적 외상에 따른 반응으로 발생하는데, 고통스러운 기억이 일으키는 감당키 힘든 감정을 누그러뜨리려 편도체가 과하게 억제된다. 억제를 강화하는 것은 감정의 단절, 해리와 관련이 있다.[12] 따라서 과도한 편도체 억제는 감정의 고통을 완화하려는 자기방어적 기제로서 작용할 수 있다. 그러나 이 자기방어 기제의 효과가 지나치면 극도의 감정 억제로 이어져 환자가 해리와 (드물기는 하지만) 정체성 분열을 겪는 결과로 이어진다.

이 가설은 해리성정체감장애를 일으키는 뇌의 원인에 관한 최신 이론은 아니며 다른 뇌 영역과 기제가 영향을 미치기도 한다. 신경생물학적 원인을 밝혀 내기까지 아직 많은 연구가 더 필요하다. 그러나 외상 모델은 원인 규명의 좋은 시작점이다. 일부 환자가 보이는 특징을 설명하고 앞으로 이 장애에 관한 전반적인 이해도를 높여 줄 길을 열어 줄 수 있다.

내가 왜 저기에?

많은 연구자가 해리 경험 자체를 더 자세히 연구하고 있다. 이례적인 심리 상태를 더 잘 이해하면 심각한 해리 상태를 특징으로 하는 다른 여러 장애에 관해 더 많이 알 수 있기 때문이다. 해리성정체감장애 외에도 해리가 나타나는 장애가 몇 있는데, 이 장애들의 증상 역시 여러 인격이 존재하는 것만큼이나 삶에 파괴적인 영향을 미친다. 또한 모두 해리성정체감장애처럼 정신적 외상을 유발한 사건 혹은 극도의 스트레스를 일으키는 사건과 관련이 있다.

이인증/비현실감장애depersonalization/derealization disorder, DPDR를 겪는 사람은 갑자기 주변 세계와 단절되었다거나 자신을 둘러싼 세상이 실제가 아니라는 떨칠 수 없는 감각을 느낀다. 이들은 자기가 꿈속에 살고 있다는, 혹은 스스로 삶을 멀찍이서 지켜보는 관찰자가 된 느낌을 받는다. 이 감정들이 너무 강렬한 나머지, 몸 밖에서 자신을 보는 듯한 느낌을 받기도 한다.

한 DPDR 환자는 길을 걸어가던 중 갑자기 인근 가게의 차양 위에서 자기가 자기를 내려다보는 듯한 느낌을 받았다. 예기치 못한 이 증상이 나타난 것은 서막에 불과했고 이때부터 평생에 걸친 DPDR과의 싸움이 시작되었다. 이후 20년 동안 유체 이탈 경험을 반복해 겪었다. “그때 이후로 저는…… 단 한 번도 다시 제 몸 안으로 들어간 느낌을 받지 못했어요.”[13]

해리성기억상실증dissociative amnesia은 몇 분에서 몇 년까지도 이어지는 심각한 기억 혼란을 동반한다. 기억 상실의 범위는 전체적으로 아주 넓을 수도, 특정 사건과 정보에 국한되어 선택적일 수도 있다. 드물게 둔주 상태fugue state, 즉 현재의 삶과 관련된 기억을 잃은 환자가 갑작스럽게 집을 떠나 돌아다니는 상태가 함께 나타나기도 한다. 목표 없이 그저 방황하거나, 기억 상실 이전의 삶과 관계없이 자신만이 아는 목표를 가지고 행동하기도 한다. 극단적인 경우, 해리성 기억상실증을 겪는 사람이 과거의 삶은 전혀 알지 못한 채 다른 지역으로 터전을 옮겨 새로운 정체성을 수립하는 사례도 있다. 이 정도 수준에 이른 환자에게는 이제껏 '나'라고 믿었던 사람이 실은 '나'가 아니었다는 충격적 사실이 드러나기 때문에 과거의 기억을 되찾는 것 자체가 정신적 외상으로 다가올 수 있다.

보통은 극도의 스트레스나 정신적 외상을 유발하는 사건이 해리성기억상실증을 일으키는데, 더 일반적인 기억 장애와 달리 40세 미만의 사람에게 더 흔히 발생한다.[14] 로건의 사례를 보자. 하루는 직장에 출근한 로건의 상태가 이상했다. 그는 동료들을 알아보지 못했고 상사에게 자기가 무슨 일을 해야 하냐고 물었다. 집에 와서도 그는 어머니와 형제들, 반려견을 알아보지 못했다. 어머니가 그를 병원에 데려가기 이틀 전까지만 해도 로건은 몸도 마음도 건강한 20세 청년이었는데 말이다.

조금 쉬면서 정신이 돌아오길 바라는 마음으로 어머니는 로건에게 한숨 자라고 권했다. 뭐가 뭔지 알 수 없었지만, 그는 어머니의 말을 따랐다. 그렇게 몇 시간 눈을 붙이고 오후가 되어 일어난 로건은 아무 말도 없이 집을 나갔다. 어머니는 로건이 사라진 것을 발견하고 그에게 문자를 보냈지만, 답이 없자 친구들에게 전화를 돌려 소규모 수색대를 꾸렸다. 로건은 편의점 주차장에서 발견됐다. 그러나 어쩌다 그곳에 가게 되었는지, 왜 갔는지는 몰랐다.

기억을 잃기 일주일 전, 로건은 특히 힘든 이별을 겪었다. 병원에서 해리성기억상실증 진단을 받은 뒤 퇴원했고 잃어버린 기억을 되찾기 위한 치료를 시작했다. 기억상실증은 석 달이 넘도록 사라지지 않았다. 그러다 조금씩 기억이 돌아오기 시작했고 마침내 로건은 이전과 같은 삶을 다시 살 수 있었다.[15]

DPDR과 해리성기억상실증과 같은 기타 해리성 장애의 신경생물학적 근거는 아직 명확히 밝혀지지 않았지만, 신경과학자들은 해리성정체감장애에서 발생한 것과 비슷한 메커니즘이 작용할 것으로 추측한다. 가령 DPDR의 경우, 정신적 외상과 연관된 고통스러운 감정을 처리하기 위해 전전두피질이 감정을 담당하는 영역(편도체 등)을 과도하게 억제한다는 것이다. 하지만 이것이 정체성 분열로 이어지지 않고 감정을 결핍시켜 DPDR의 특징인 단절감을 유발한다.[16]

해리성기억상실증에서도 전전두피질은 마찬가지로 중요한 역할을 할 수도 있다. 한 가설에 따르면, 개인이 강렬한 정서적 고통을 경험하지 않게끔 보호하고자 전전두피질과 다른 여러 영역은 정신적 외상과 연관된 고통스러운 기억을 의식에서 꺼내지 않으려 한다. 그런데 이 과정에서 기억을 유지하는 데 필요한 메커니즘이 방해를 받고 더불어 기억 장애 유발 효과가 있는 스트레스 호르몬이 대량으로

방출되면서 기억 메커니즘이 더 크게 방해받을 수 있다.[17]

삶에 큰 영향을 미칠 만한 해리성 장애에는 여러 종류가 있지만, 역시 가장 잘 알려진 것은 앞서 이야기한 해리성정체감장애다. 아마 굉장히 독특한 증상 때문일 것이다. 과학 문헌에서 해당 장애 사례 중 특히 주목할 만한 사례가 있는지 찾아본 결과, 대부분은 여러 자아가 나타난 캐런의 사례와 비슷했다. 그중에서도 우연히 발견한 한 사례는 아주 기이해서 특히 더 눈에 띄었다.

피에 대한 갈증

23세 남성 압둘은 이상한 집착을 호소하며 병원을 찾았다. 그의 주장에 따르면, 정신적 외상을 남긴 일련의 사건 이후 집착이 시작되었다. 삼촌이 살해당하는 장면을 보았고 친구가 잔인한 방식으로 살인하는 것을 목격했으며 4개월 된 딸아이의 죽음도 눈앞에서 보았다고 했다.

딸이 죽은 뒤 압둘은 공포 영화에나 나올 법한 강렬한 욕구를 느끼기 시작했다. 인간의 피에 대한 끝없는 갈증이 생긴 것이다. 처음에는 면도날로 스스로 상처를 내 컵에 피를 모아 마시며 해소했다. 그러나 시간이 지나자 그는 "숨 쉬는 것만큼이나 절박하게" 타인의 피를 마시고 싶다는 강렬한 갈망을 느꼈다.[18]

안타깝게도 압둘은 욕구를 실행으로 옮겼고 남을 찌르거나 물어서 피를 마시려 한 행위로 수차례 체포되었다. 그의 아버지는 아들의 갈증을 달래고 난폭한 공격을 막기 위해 혈액 은행에서 피를 수급해 오곤 했다.

압둘은 자신이 저지른 사나운 공격을 전혀 기억하지 못했으며 수시로 기억을 잃었다고 했다. 어떻게 갔는지 기억나지 않지만 새로운 장소에 가 있거나, 자신을 다른 이름으로 부르는 사람들과 길에서 자주 마주친다고 주장했다. 그는 병원을 찾았고 해리성정체감장애와 주요우울장애major depressive disorder, MDD, PTSD 진단을 받았다. 압둘을 칭하는 여러 이름은 그가 기억을 잃은 동안 통제권을 쥔 다른 자아의 이름들일 가능성이 높았다.

해리성정체감장애 환자라고 해서 모두 폭력적인 행동을 보이는 건 아니다. 압둘에게는 심각한 망상과 환각이 나타났는데, 흔히 나타나는 증상은 아니다. 압둘은 근처에서 검은 외투를 입은 키가 큰 남성과 난폭한 행동을 하도록 채근하는 어린 아이를 자주 본다고 했다. 아이는 "달려들어요" "목을 졸라 버려요"와 같은 말을 했고 그는 아이의 말을 따랐다.

압둘은 2주간 병원에 입원했다. 의사들은 그의 우울증과 망상적 사고를 치료하기 위해 몇 가지 약을 처방했다. 퇴원한 뒤에도 그는 처가 식구들과 폭력을 동반한 다툼을 벌였고 다시 병원에 입원했다. 이번에는 3주 동안 입원했는데, 두 번째로 퇴원한 뒤에는 더 이상 피를 마시고 싶다는 생각은 들지 않았다고 했다. 하지만 기억은 계속 잃었다. 마지막 후속 상담에서 압둘은 희망을 잃은 모습으로 이렇게 말했다. "이 악몽은 제가 죽어야만 끝날 거예요."

✦ ✦ ✦

최초의 해리성정체감장애 사례가 알려진 후로도 압둘처럼 다른 자아가 폭력적인 행동을 하는 사례는 대중의 관심을 끌어왔다. 아마 우리 안에 있는 또 다른 인격이 나타나 흉악한 행위를 저지를지도 모른다는 불안에서 비롯된 것일 테다. 아니면 모두의 내면에 존재하는 억눌린 욕구의 표출로 바라보기 때문인지도 모른다.

그러나 해리성정체감장애에 매혹되는 원인 일부는 우리 인격이 늘 일관적이지 않다는 사실을 다들 어느 정도 알고 있어서라고 생각한다. 나의 정신은 안정적이고 잘 변하지 않는다고 믿고 싶어 하지만, 사실 우리의 정신은 내 안에 여러 자아가 있는 게 아닐까 싶을 만큼 복잡한 생각들로 가득하다.

개인적으로는 내 안에 서로 긴밀히 연결된 여러 인격이 있다는 생각이 더 타당해 보일 때도 있다. 나는 때로는 사교적이지만 때로는 혼자 있는 걸 좋아하고 어떤 때는 리더처럼 행동하지만 어떤 때는 뒤따라가는 편을 선호한다. 해리성정체감장애 환자와 나의 차이는 이러한 내면의 모든 인격이 서로의 존재를 인지하고 잘 통합되어 있느냐에 달려 있다. 사고 패턴에서 새로운 경향을 발견할 때 나는 그것을 분리하지 않고 나의 전체적인 정체성에 통합한다.

우리는 스스로를 이분법적으로 생각하는 경향이 있다. 사교적인 사람 '아니면' 부끄럼이 많은 사람, 리더 '아니면' 팔로워처럼 말이다. 이렇듯 꼭 둘 중 하나라고 생각하기보다는 어떤 때는 나서기 좋아하고 어떤 때는 조용하지만 이 모든 성향을 종합한 것이 바로 '나'라는 존재라고 생각하는 편이 더 나을 수도 있다.

이 관점에서 보면 해리성정체감장애는 첫인상과 달리 다양한 인간 성격의 표현처럼 느껴질 수 있다. 그러고 나서 이 장애의 특징인 인격 통합의 실패를 야기하는 뇌의 작용을 이해하면 해당 장애는 물론 인간 경험 자체를 이해하는 데 도움이 될지도 모른다.

7장

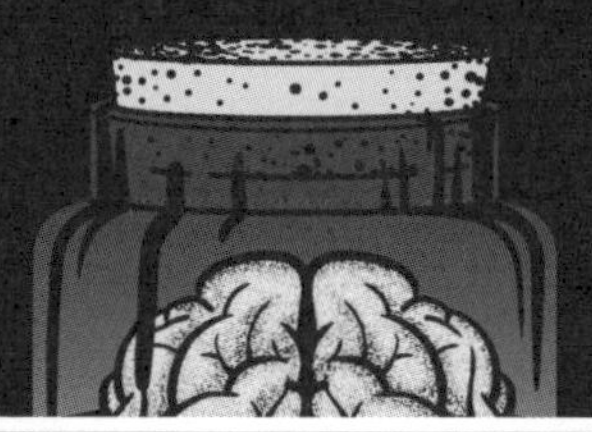

믿으면 이루어질지니

믿음

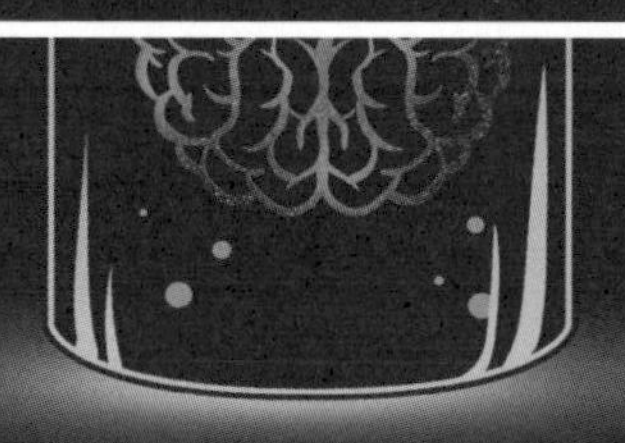

B I Z A R R E

1973년, 클리프턴 미도르 박사Dr. Clifton Meador는 샘이라는 환자를 만났다. 샘은 식도암으로 죽어가고 있었다. 이들의 첫 만남은 순조롭게 흘러가지 않았다. 샘은 병원 침대의 이불 아래 숨어서 나오길 거부했다. "저리 가시오." 힘은 없지만 확실한 거부 의사와 함께 그는 말했다. "혼자 두란 말이오."[1]

미도르 박사가 이불을 치우자 보이는 건 면도도 하지 않은 노인이었다. 눈도 제대로 뜨지 못해 '거의 죽은' 듯이 보였다. 이때만 해도 박사는 몰랐다. 이 쇠약한 노인으로 인해 건강한 삶과 죽음에 미치는 믿음의 영향력에 관한 자신의 생각이 근본부터 바뀌리라는 것을.

박사는 샘의 아내 새라에게 자초지종을 물었고 몇 달 전 샘이 시한부 선고를 받았다는 걸 알게 되었다. 샘은 식도암 4기를 진단받았는데, 암은 간으로 전이된 상태였다(일반적으로는 치료가 어려운 상황이다). 70대였던 샘과 아내는 간호를 도와줄 가족이 있는 테네시주로 이사를 왔다. 그리고 내슈빌에 있는 병원에서 미도르 박사를 만난 것이었다.

며칠에 걸쳐 지지 요법supportive treatment을 진행한 결과, 샘은 조금 기운을 차렸고 그를 쇠약하게 만들던 우울 상태에서 벗어났다. 침대에서 일어나 하루에 몇 차례 복도를 왔다 갔다 하며 산책했고 몸무게도 1킬로그램 넘게 늘었다. 마침내 샘은 미도르 박사에게 마음을 열었고 그의 삶을 완전히 바꿔 놓은, 가슴 아픈 지난 2년 동안의 이야기를 들려주었다.

샘은 현재 부인인 새라와 결혼한 지 몇 달 되지 않았다. 새라와 재혼하기 1년 반 전까지만 해도 샘에게는 준이라는 아내가 있었다. 샘은 그녀를 소울메이트라고 표현했다. 두 사람은 배 타기를 좋아했고 오래 저축한 끝에 은퇴 후 큰 호숫가에 있는 집을 샀다. 샘은 새로 산 이 호숫가 집에서 여생을 보낼 계획이었다.

그러던 어느 날, 한밤중에 닥친 자연재해가 그의 계획을 모두 망쳐 버렸다. 인근의 제방 댐이 무너졌고 갑자기 불어난 물이 부부의 집을 덮쳐 샘과 준을 비롯한 모든 것을 강으로 쓸어 갔다. 준의 시신은 결국 발견하지 못했다. 샘은 부서진 집의 잔해에 매달려 가까스로 목숨만 건졌다. 그는 흐느끼며 미도르 박사에게 이야기했다. "내가 사랑하던 모든 걸 잃었소. 내 심장과 영혼은 그날 밤 그 홍수에 떠내려간 거요."

반년이 지나지 않아 샘은 무언가를 삼키기가 무척 어려워졌다. 문제의 원인을 찾던 의사들은 샘의 식도에서 암을 발견했다. 그리고 암을 제거하는 수술 중, 악성 종양이 샘의 위로 전이된 것을 확인했다.

안타깝지만 식도암은 예후가 좋지 않다. 특히 암이 식도를 넘어 퍼진 경우, 진단 후 5년 이상 생존하는 비율은 평균 6퍼센트도 되지 않는다.[2] 전망은 암울했지만 샘은 암 진단을 받은 뒤 두 번째 아내 새라를 만났고 그녀는 암과의 싸움에서 샘을 도와주겠노라 약속했다.

가슴이 저미는 이야기를 듣고 미도르 박사는 샘에게 물었다. "제가 어떻게 해 드리면 좋겠습니까?" 질문의 의도는 명확했다. 샘의 마지막 순간은 다가오고 있었고 미도르 박사에게는 몇 가지 선택지가 주어졌다. 샘의 죽음이 그래도 덜 힘들게 고통을 줄여 주는 처치를 할 수도 있었고, 최대한 삶을 연장하도록 도울 수도 있었다. 물론 두 번째 선택지는 수명을 연장하는 만큼 상당한 고통과 통증을 받아들여야 한다는 의미이기도 했다.

샘은 말했다. "아내와 처가 식구들과 함께 크리스마스까지는 보내고 싶소. 크리스마스까지만 살 수 있도록 도와주시오. 내가 원하는 건 그뿐이오." 10월의 일이었다.

미도르 박사는 샘이 집에서도 따라 할 수 있는 치료 계획을 세웠고 샘은 10월 말쯤 병원을 떠났다. 겉으로 보기에는 건강해 보였다. 미도르 박사는 가족이 샘을 지극정성으로 보살핀 덕분이며 그의 정확한 진단명을 몰랐다면 좋은 결과를 기대할 수 있었을지도 모른다고 생각했다. 박사는 10월 말부터 크리스마스까지 주기적으로 샘을 면담했다. 그는 기분도 건강도 좋아 보였다.

새해 직후, 샘은 다시 병원을 찾았다. 확실히 꽤 악화된 모습이었고 무척 아파 보였지만 약간의 열 외에는 특별히 심각한 증상은 보이지 않았다. 죽음이 임박했음을 알려 주는 징후는 아무것도 없었다. 그런데도 샘은 새라에게 크리스마스까지는 견뎠으니 이제 병원으로 가 죽음을 맞이하겠다고 말했다. 그렇게 24시간 후, 그는 자던 중 숨을 거두었다.

샘이 사망한 뒤 미도르 박사는 정례적 부검routine autopsy을 실시했는데(1970년대에는 지금보다 정례적 부검을 더 흔히 했다), 결과를 보고 무척 놀랐다. 샘의 식도와 위, 그리고 다른 기관들 역시 암으로 가득하리라는 예상과 달리 식도에는 암이 없었다. 간에 암처럼 보이는 작은 덩어리가 하나 있었지만, 간 기능을 해칠 정도의 크기는 아니었고 제거하지 않고 두어도 증상이 나타나기까지는 몇 년이 걸렸을 것이었다. 샘의 몸 어디에도 눈에 띄는 암은 없었다. 폐의 작은 부분에서 기관지 폐렴을 발견했지만, 사망에 이르게 할 정도는 아니었다.

샘은 가상의 병이 주는 무게를 짊어지고 살았던 것이다. 오진이었다. 아주 건강한 건 아니었지만, 말기 암 환자도 아니었다. 미도르 박사는 사인을 특정할 수도 없었다. 사망한 샘의 몸에는 폐렴과 암이 '발병'해 있었지만, 둘 중 하나가 사망의 '원인'이라고 할 순 없었다.

숙고 끝에 미도르 박사는 샘의 사인이 '자신이 죽을 것이라는 믿음'이라고 결론 내렸다. 박사는 샘이 과신했다고 추측했다. 그를 검사한 의사들이, 즉 샘이 신뢰한 권위자들이 그의 믿음을 확인해 주었고 주변 사람들 모두 같은 믿음을 반복해 샘에게 들려주었으며 이 상황이 실제라고 믿은 샘의 뇌가 그의 몸도 이를 믿게 만든 것이다.

죽음에 대한 두려움이 불러온 죽음

이 관점이 서구의 의학적 관점과 맞지 않을 수도 있다. 그러나 자신이 죽을 것이라는 믿음이 실제 죽음과 짙은 연관성을 보이는 듯한 유사 사망 사례는 많이 찾을 수 있다. 22세 환자 가브리엘은 6주 동안 이어진 호흡 곤란, 흉통, 현기증, 기절 증상을 겪고 병원을 찾았다. 의사와 면담할 때 가브리엘은 패닉 상태였다.[3]

그녀는 자신이 13일의 금요일에 태어났다고 했다. 조산사는 그날 가브리엘 말고도 아이를 둘 더 받았는데, 나중에 가브리엘의 어머니에게 세 아이 모두 저주에 걸렸기 때문에 처음 받은 아이는 열여섯이 되기 전에, 두 번째 아이는 스물한 살이 되면 죽을 것이라는 말을 했다고 한다. 그리고 가브리엘은 스물셋이 되기 전에 죽을 것이라고 조산사는 단언했다.

께름칙하게도 첫 번째 아이는 열여섯을 앞둔 생일 전날 자동차 사고로 죽었다. 이 저주를 적잖이 걱정하며 살던 두 번째 아이는 스물한 살 생일을 맞아 저주에서 풀려난 것을 기념하기 위해 놀러 나갔다가 누군가 잘못 쏜 총에 맞아 사망했다. 가브리엘의 스물세 번째 생일이 빠르게 다가오는 중이었다. 그녀는 겁에 질려 있었다.

가브리엘의 과호흡은 생일이 다가올수록 빈도가 잦아지고 강도도 높아졌다. 생일 전날, 그녀는 숨을 쌕쌕거리며 심각할 정도로 땀을 많이 흘렸고 극심한 두려움에 시달렸다. 증상은 점차 악화되었고 이내 가브리엘은 숨을 거뒀다.

부검 결과 그녀에게는 폐동맥고혈압(폐로 피를 보내는 동맥의 혈압이 높아진 상태)이 있었고 이것이 정상적인 심장 기능에 문제를 일으켰다. 다시 말해, 죽음으로 이어질 수 있는 요인이 있기는 했으나, 의사들은 가브리엘의 진짜 사망 원인이 폐동맥고혈압인지 아니면 죽음에 대한 극심한 두려움이었는지 확신하지 못했다.[4]

강력한 믿음이 원인으로 작용한 것으로 보이는 죽음에는 몇 가지 이름이 있다. 전문 용어로는 **심인성사망**psychogenic death이라고 부르는데, 심리 상태와 강렬한 감정이 잠재적으로 어떤 역할을 했으리라는 의미다. 이보다 더 흔히 불리는 부두죽음voodoo death 혹은 저주죽음hex death이라는 명칭에는 죽음에 불가사의한 힘이 작용했을 것이라는 의미가 내포돼 있다.

당연히 죽음의 원인을 흑마술에 돌리는 걸 마음에 들어 하지 않는 과학자들은 더 이성적인 다른 해석을 찾았다. 심인성사망을 과학적으로 설명하려는 초기 시도는 1940년대 영향력 있는 미국 생리학자 중 한 명인 월터 캐넌Walter Cannon으로 거슬러 올라간다. 우리는 이미 6장에서 캐넌의 업적을 어렴풋이 접한 바 있다. 신경계가 위협적인 사건에 반응하는 방식을 설명하기 위해 '투쟁-도피 반응'이라는 용어를 만들고 그 반응 뒤에 숨겨진 생물학적 메커니즘 일부를 밝힌 최초의 사람이 바로 캐넌이다.

투쟁-도피 반응을 촉발하는 편도체의 역할에 관해서도 앞서 이야기했지만, 반응 자체가 일어나는 데에는 '교감 신경계'라는 신경계 일부가 관여한다. 교감 신경계는 몸 전체에 뻗어 있는 신경의 집합으로, 즉각 행동할 수 있게 몸에 에너지를 공급하기도 하고, 잠재적 위협에 더 오래 반응할 수 있게 뇌와 소통하며 몸을 준비시키는 데 필요한 호르몬을 분비하게 할 수도 있다. 캐넌은 심인성사망의 원인이 교감 신경계의 과잉 자극이라고 주장했다. 그 결과, 아드레날린 호르몬이 대량으로 분비되고 신체가 반응하면서 쇼크가 시작되는데, 일부 경우에는 사망으로 이어진다는 것이다. 캐넌의 관점에 따르면, 심인성사망자들은 말 그대로 죽음에 대한 공포로 인해 죽은 것이었다.[5]

캐넌의 가설은 갑작스러운 죽음은 설명해 주지만, 사망까지 수 주 혹은 그 이상의 시간이 걸리는 샘과 같은 일부 사례는 설명하지 못한다. 순전히 생리적 차원에서 설명하려 시도한 다른 여러 가설 역시 충분치 않았다. 일부 과학자들은 어쩔 수 없이 심인성사망에 예상의 영향이 있을 수도 있다는 점을 받아들여야 했다. 즉, 어떤 환자들은 자기가 죽을 것을 예상하고 또 그렇게 되리라 믿고 있었기 때문에 죽은 것으로 보인다는 말이다.

통증을 줄여 주는 믿음의 힘

물론 믿음이 건강에 영향을 미칠 수 있다는 생각은 이전부터 있어 왔다. 1800년대의 의사들은 환자의 증상을 완화하기 위해 치료 과정에 속임약, 즉 플라세보placebo를 활용하곤 했다. 플라세보란 생리 작용이 없는, 약으로 위장한 물질이며 주로 병을 낫게하는 데 도움이 되는 무언가를 받았다는 인상을 주고자 환자에게 지급된다. 1800년대에 흔히 사용되던 플라세보에는 빵이나 설탕으로 만든 알약 등이 있었고, 피부에 물을 주사하거나 색소를 탄 물을 마시게 하는 경우도 있었다. 모두 환자가 신속한 치료에 필요한 약제를 받았다는 확신을 주기 위한 것들이었다.

19세기의 의사들이 환자를 속이거나 사기를 치려고 플라세보를 사용한 건 아니었다. 실제로 효과가 있었다. 진짜 약이 충분하지 않을 때 플라세보마저 없다면 의사가 환자에게 줄 수 있는 건 선의의 조언뿐이었다. 의사들은 아무것도 주지 않는 것보다 증상을 완화해 주리라 여겨지는 유형의 물질을 지급하는 편이 환자의 상태를 호전시킬 가능성이 높다는 걸 알았다. 일부 추정하는 바에 따르면, 당시 내과의들은 다른 모든 약을 합한 것보다 플라세보를 더 자주 사용했는데,[6] 이 관습은 환자를 속이는 행위라는 인식으로 인한 윤리적 불편감이 퍼지게 된 20세기 중반까지 이어졌다.

역설적이지만, 플라세보의 사용이 줄어들고 나서야 과학자들은 플라세보의 힘이 얼마나 강력한지 깨닫기 시작했다. 플라세보와 플라세보 효과placebo effects에 관한 현대 연구는 헨리 비처Henry Beecher라는 외과의에 의해 시작되었다. 비처는 2차 세계대전 당시 야전병원에서 일하던 중 플라세보 효과에 관심을 갖게 되었다. 비처는 가끔 모르핀 같은 강력한 진통제가 모자랄 때 통증을 줄여 달라고 애원하는 부상병에게 모르핀이라고 말하면서 식염수를 주사하곤 했다. 놀랍게도 식염수는 모르핀과 마찬가지로 병사들을 안정시키는 데 효과가 있었다.[7] 이를 보고 비처는 환자의 믿음이 통증 완화에 어느 정도 영향을 미친다고 생각했다.

관찰 결과에 흥미를 느낀 그는 전쟁이 끝나고 플라세보 연구에 착수했다. 플라세보 효과를 더 자세히 파악하고자, 뱃멀미부터 수술 후 상처 부위에 발생하는 고통에 이르기까지 다양한 병증의 치료에서 나타나는 플라세보와 진짜 약의 효과를 비교한 연구 15편을 무작위로 선택했다. 총 1000명이 넘는 피험자가 참여한 이 연구들을 모두 검토한 비처는 플라세보가 피험자 3분의 1 이상의 증상을 완화했다는 사실을 발견했다.[8]

후대 연구자들은 비처의 추정치가 의도적이진 않았겠지만 다소 과장되었다고 주장했다. 일부 증상은 플라세보와 진짜 약 모두 주어지지 않았음에도 시간이 지나며 자연스레 사라지는 경향을 보이기도 하는데, 비처가 환자의 상태가 호전되는 데 도움이 되었을 수도 있는 다른 요소들을 고려하지 않았다는 것이다.

이와는 별개로, 비처의 발견은 임상 의학계에 큰 충격을 안겼다. 이 발견은 플라세보 효과가 상상 이상으로 강력하다는 점은 물론, 약의 효능이 상당 부분 플라세보 효과에 기인한다는 점을 암시했다. 다시 말해 가짜 약을 먹고도 나아진다고 느끼는 이유가 나아질 것이라고 믿기 때문인 것처럼 진짜 약을 먹고 느끼는 효능의 일부 역시 약을 먹으면 도움이 될 것이라고 믿기 때문이라는 것이다(나머지 효능은 약의 실제 성분 덕분이다).

꼭 생각 때문만은 아니다?

비처의 혁신적인 연구 이후 연구자들은 플라세보 효과를 일으키는 뇌와 신체의 작용을 이해하는 데 더 큰 관심을 보였다. 처음에는 치료를 받으면 나아지리라는 환자의 믿음에서 오는 긍정적인 사고의 힘 덕분에 실제로 몸이 더 나아졌다고 느끼는 정신적인 작용일 것이라 추측했다. 그러나 연구 기법이 더 정교해지며 플라세보는 믿음뿐만 아니라 신체와 뇌의 기능에도 영향을 미친다는 점을 깨닫기 시작했다.

이를 보여 주는 중요한 연구 중 하나는, '엔도르핀'이라 불리는 물질에 주목했다. '엔도르핀endorphin'이라는 용어는 '내인성의endogenous('내인성'은 물질이 체내에서 생성된다는 의미다)'와 '모르핀morphine'의 합성어로, 신체에서 자연 생성되며 여러 면에서 모르핀과 비슷한 진통 효과를 내는 물질이라는 의미다. 모르핀과 마찬가지로 엔도르핀 역시 신경계에 작용해 뇌에 닿기 전에 통증 신호를 차단한다.

1970년대에 과학자들은 플라세보에 의한 통증 완화에 엔도르핀이 어떤 역할을 한 건 아닌지 의문을 품기 시작했다. 이들은 플라세보가 엔도르핀이나 유사 물질의 분비를 유도해 통증 신호를 차단하여 진통 효과를 일으킨다고 가정했다. 가설을 확인하기 위해 한 무리의 과학자들이 치과에 가서 곧 사랑니를 뽑을 예정인 환자 51명을 설득해 세 그룹으로 구분한 뒤 연구에 참여하도록 했다. 첫 번째 그룹은 수술 후 통증 완화를 위해 모르핀을, 두 번째 그룹은 (모르핀이 함유되지 않은) 플라세보를, 세 번째 그룹은 엔도르핀의 작용을 막아 수술 후 통증을 더 '심하게' 만드는 날록손naloxone이라는 약제를 지급받았다. (어떻게 치통을 심화시키는 실험에 참여하도록 설득했는지가 이 연구의 가장 큰 미스터리다.)

날록손을 지급받은 환자들은 플라세보만 받은 환자들보다 훨씬 더 심한 통증을 느꼈다.[9] 엔도르핀의 작용을 차단하면 플라세보 효과가 감소하므로 두 번째 그룹이 경험한 플라세보 효과는 (적어도 부분적으로는) 자연 분비된 엔도르핀의 영향을 받은 것으로 보였다. 이 연구는 플라세보 효과의 생리적 메커니즘에 관한 최초의 증거를 제시했다. 즉, 플라세보 효과가 (적어도 통증과 관련해서는) 순전히 심리적인 작용이 아니라는 점을 보여 주었다는 의미다. 플라세보를 복용하면 통증이 줄어드는 건 그럴 것이라고 생각하기 때문만은 아니다. 실제로 통증의 일부가 뇌에 닿지 않기 때문에 덜 느끼는 것이다.

이 실험 이후 진행된 많은 연구에서도 플라세보 효과가 생리학적 메커니즘에 기인하는 때가 있다는 결론을 내렸다. 이 연구들은 플라세보가 신경전달물질[10]과 호르몬 분비[11]에 영향을 미치는 등 뇌 활동에도 변화를 일으킬 수 있음을 보여 준다. 플라세보는 면역 체계[12]와 심장,[13] 위장 기관,[14] 호흡 계통[15] 외 여러 기관의 기능에도 변화를 유발할 수 있다.

그 결과 플라세보는 뇌와 신체에 놀랄 만큼 다양한 영향을 미친다. 기력을 증진하고 운동 능력을 높이며[16] 스트레스를 낮추고[17] 잠을 자도록 도와주거나[18] 깨어 있도록 도와주기도 하며[19] 식욕을 낮추기도 하는[20] 등 열거하자면 끝도 없다. 또한, 통증과 그 외 여러 질환을 치료하는 잠재적인 이점도 있다. 예를 들어, 플라세보는 우울증에도 상당한 효과를 발휘한다. 일부 추정에 따르면, 항우울제를 복용하는 환자 대부분이 보이는 개선의 최대 80퍼센트는 플라세보 효과에 의한 것이다.[21] 플라세보는 파킨슨병[22]과 간질[23] 등 복합적인 신경학적 장애도 일시적으로 개선할 수 있다. 놀랍게도, 절개는 하지만 실제 수술은 실행하지 않는 플라세보 수술이 퇴행성 관절염[24]과 반월상 연골 파열[25]과 같은 부상의 증상을 완화시킨 경우도 있었다.

플라세보 효과가 무척 놀라운, 그리고 설명하기 어려운 과학적 현상 중 하나라는 데 동의하는 연구자는 많을 것이다. 동시에 '진짜' 치료에 과연 효과가 있는지 밝히려는 연구자들의 골치를 썩이는 현상이기도 하다. 환자는 자신을 치료해 줄 것이라고 믿는 물질을 복용하고 플라세보 효과를 얻었을지 모르지만, 연구자 입장에서는 실제 치료 효과를 파악하려면 플라세보 효과를 배제해야 하기 때문이다. 다시 말해, 약의 실제 효과를 알려면 약에서 비롯되었을 수도 있는 플라세보 효과를 제외한 진짜 효과를 이해해야 한다.

해로운 믿음

믿음이 치료와 건강에 미치는 영향을 생각할 때 함께 고려해야 하는 중요한 부분이 플라세보 효과의 사악한 쌍둥이, 노세보 효과 nocebo effect다. '노세보'라는 단어는 '해를 끼친다'는 의미의 '노세레nocere'라는 라틴어에서 유래했다. 노세보 효과는 실제 치료가 부작용을 일으키지는 않으나, 치료에 대한 부정적인 예상이 해로운 효과로 이어질 때 발생한다. 이 효과는 약물 임상 시험에서 피험자가 자기가 받은 것이 플라세보인지 진짜 약인지 모를 때 발견되곤 한다.* 플라세보를 받은 일부 환자는 진짜 약을 먹으면 발생할 것이라고 예상되는 부작용과 유사한 상태를 보고하기도 한다.[26] 즉, 플라세보 효과와 마찬가지로 복용한 것이 진짜 약이든 비활성 물질이든 어떤 부작용을 예상하는 환자는 그것을 실제로 겪을 확률이 높다.

한 연구에서 양성 전립선 비대증 치료를 위해 피나스테리드finasteride(프로페시아propecia로 더 잘 알려져 있다)를 복용하는 집단을 대상으로 노세보 효과를 관찰했다. 양성 전립선 비대증이란 노년층 남성의 상당수가 앓는 질환으로 소변을 보기 힘들고, 소변이 자주 마렵고, 방광을 완전히 비우지 못하는 등의 증상이 발생한다(특히나 삶을 불편하

---

* 피험자가 진짜 약과 플라세보 중 무엇을 받았는지 모르게 하는 '눈가림(blinding)'이라는 접근법은 임상 시험의 흔한 관행이다. 눈가림을 하는 이유에는 여러 가지가 있는데, 그중 하나는 플라세보 효과가 미치는 영향력의 균형을 맞추기 위해서다. 눈가림을 하지 않은 채 자신이 진짜 약을 받았다는 사실을 아는 피험자는 약의 긍정적 효과에 대한 기대로 더 큰 플라세보 효과를 얻을 수도 있다. 반대로 자신이 약을 받지 못했다는 사실을 아는 피험자는 거의 기대를 하지 않기 때문에 플라세보 효과가 대폭 줄어들 것이다. 이러한 차이는 약의 실제 효과를 가늠하기 어렵게 만든다. 플라세보 효과가 약의 효능을 부풀렸을 것이기 때문이다. 두 집단에서 보이는 기대치를 같게 만들면 비슷한 수준의 플라세보 효과를 가정할 수 있고, 이를 제외한 약의 전반적인 효능을 파악할 수 있다.

게 만드는 문제들이다). 피나스테리드는 발기 부전과 성욕 감퇴 등의 성적 부작용을 일으킬 수 있는데, 일부 연구자는 노세보 효과가 이 부작용의 발생 빈도에 영향을 미칠지도 모른다고 추측했다.

가설을 확인하기 위해 연구자들은 전립선 증상 치료를 위해 남성 120명에게 피나스테리드를 지급하면서 이 중 절반에게만 약의 부작용으로 인한 성적 문제가 발생할 수 있다는 점을 고지했다. 60명의 피험자는 자신에게 어느 정도의 성 기능 장애가 발생할 수도 있다고 예상했고 나머지는 그런 예상을 하지 못했다. 결과적으로 이들의 예상은 부작용 발생에 상당한 역할을 했다. 성 기능 장애의 발생 가능성을 전달받은 남성 집단에서 보고한 부작용 사례가 세 배 더 많았던 것이다.[27]

이를 보면 플라세보와 노세보 반응은 주로 우리의 예상에서 비롯된다. 어떤 대상이 특정한 방식으로 영향을 미칠 것이라 믿는 경우, 그 믿음과 유사한 영향이 발생할 가능성이 높다. 그러나 앞서 본 것처럼 단순히 정신이 이런 현상을 일으키는 것은 아니다. 뇌와 신체가 기능하는 방식의 변화와도 관련이 있다. 그렇다면, 이와 유사한 예상 메커니즘이 심인성사망을 일으킨 원인일 수도 있을까? 아쉽게도 답은 아직 명확하지 않다. 그러나 심인성사망과 플라세보, 노세보에 관한 증거는 신체에 믿음의 힘이 작용한다는 점을 시사한다.

믿음이 신체 기능을 바꿀 수 있다는 가능성은 인간의 정신과 신체 체계가 서로 독립된 존재가 아니라는 점에서 중요한 시사점을 준다. 우리는 대개 심리적·신체적 증상을 구분하곤 한다. 뇌와 뇌에서 만들어지는 사고 패턴이 우리 몸의 나머지 부분과 분리되어 있다는 듯 말이다. 그러나 이제 신경과학자들은 신체와 뇌가 지속적으로 서로 영향을 미친다는 사실, 그리고 이 동적인 관계는 인간의 전반적 기능에 상상 이상으로 중요한 역할을 한다는 사실을 안다. 이러한 이해는 과학자들이 인간의 뇌와 신체가 서로 영향을 미치는 방식은 물론 이 둘이 주변 세상과 상호 작용하는 방식을 이해하고 뇌와 신체가 별개의 독립체라는 가정 때문에 여지껏 오해해 온 질환들을 치료하는 데 도움이 된다.

세상과 단절하다

2019년 8월, 미나라는 이름의 9세 아프가니스탄 소녀는 그리스의 난민촌에서 잔혹한 칼부림 사건을 목격했다. 지난 몇 년간 미나는 이미 너무 많은 걸 겪었다. 2015년에 있었던 폭격으로 부상을 당했고 오빠는 폭격 당시 사망했다. 이후 2년 동안은 폭격으로 다친 왼쪽 다리를 치료하고 수차례 수술을 받느라 가족과 많은 시간 떨어져 있었고 치료 후에도 잘 걷지 못해 휠체어를 타야 했다. 드디어 가족의 품으로 돌아갈 수 있게 되었을 때도 집이 아닌 난민촌으로 가야 했다. 그곳의 환경은 한숨이 절로 나는 수준이었다.

미나는 잘 견뎠다. 그러나 칼부림을 목격한 것이 아이가 심리적으로 견딜 수 있었던 마지노선인 모양이었다. 이 폭력적인 사건 이후 미나는 극도로 불안해하며 쉽게 진정하지 못했다. 눈에 띄게 몸을 떨며 비명을 질렀고 죽고 싶지 않다고 계속해서 말했다.

시간이 지나자 겉으로는 평정을 되찾은 듯 보였지만, 행동은 그렇지 않았다. 칼부림 사건이 발생하고 며칠 뒤 미나는 세상과 단절했다. 말을 하지 않았고 눈도 뜨지 않았으며 외부 세계에 일절 반응하지 않았다. 침대에 누워 있는 모습이 마치 반혼수 상태 같아 보였다. 아버지가 손수 음식을 먹여줄 때만 삼켰고 그것이 아이가 세상과 상호작용하는 전부였다.

한 달쯤 지났을 때 미나는 아테네에 있는 병원으로 보내졌다. 입원할 때도 여전히 침묵을 유지하며 어떤 반응도 보이지 않았다. 활력 징후와 반사 작용은 모두 정상이었다. 의사들은 손톱 밑을 세게 누르거나 볼 안쪽으로 손가락을 깊게 누르는 등(모두 무반응 환자의 통증 반응을 시험하는 일반적인 방법이다) 의식의 손상도를 확인하기 위해 미나에게서 통증 반응을 이끌어 내려 했다. 혼수상태에 있는 환자에게 시도하면 대개는 전혀 반응하지 않지만, 미나는 통증 반응을 보였다. 혼수상태에 빠진 것은 아니었다. 적어도 의학에서 말하는 '혼수상태'의 일반적인 정의 안에서는 말이다.

하지만 수개월 동안 미나는 수면 유사 상태를 유지했다. 2020년 2월 초, 무반응 상태로 지낸 지 다섯 달이 지났을 무렵, 미나는 다시 세상으로 통하는 문을 열기 시작했다. 수면 상태와는 관련이 없어 보이는 어떤 문제로 간단한 수술을 받은 뒤였다. 수술하고 일주일이 지나자 눈을 떴고 주변을 인지했으며 곧 가족과 대화도 했다. 아이는 지난 반년 동안의 기억이 전혀 없다고 말했다.[28] 의사들이 기능성 혼수

상태라 부르는 것을 경험한 것이다.

미나는 보통 혼수상태로 이어지는 유형의 외상이나 질병, 뇌 손상을 겪지 않았으며 의사들도 미나의 무반응 상태를 일으킨 생리학적 원인을 찾지 못했다. 그러나 모든 면에서 봤을 때 이는 완전히 비자발적이었다.* 외과적 개입이 우연히 미나를 혼수상태에서 깨어나게 했지만, 의사들은 여전히 정확한 원인을 알지 못한다.

미나의 기능성 혼수상태는 오늘날 **기능성신경장애**functional neurological disorder, FND라고 알려진 수수께끼 같은 질환이 나타난 것이었다. 이 새로운 명칭은 2013년이 되어서야 공식 진단명이 되었는데, 그전까지는 히스테리hysteria, 전환장애conversion disorder, 심신증psychosomatic illness 등 다양한 이름으로 불려 왔다. 기능성신경장애 환자는 쇠약해지거나 마비, 떨림, 시각 장애, 심지어 발작 등 보통 신경학적 기능 장애가 일으키는 증상들을 겪는다. 하지만 이러한 증상들은 신경계에 영향을 미치는 것으로 알려진 그 어떤 질병의 진행과도 명확히 연결되지 않는다.

연구에 따르면, 기능성신경장애 환자에게 나타나는 증상은 환자가 실제로 겪는 것이지만, 해당 증상의 원인을 설명하기 힘든 탓에 오랜 시간 "모두 상상에 불과한" 증상이라며 무시되어 왔다. 무수한 환

---

* 흥미롭게도 내과의들은 이러한 유형의 단절 상태가 트라우마를 겪은 아동이나 청소년, 특히 미나와 같은 난민에게 발생할 가능성이 더 높다고 지적한다. 아직 이해도가 높지 않은 이 병증은 체념증후군(resignation syndrome)이라 불린다.

자가 이렇듯 무심한 치료 과정을 겪었을 가능성이 높고 신경 관련 질환을 앓는 환자의 3분의 1 이상이 알려진 질병과 연관시킬 수 없는 증상을 겪는 것으로 나타났다.[29] 또한, 기능성신경장애는 현재 신경학을 다루는 병원에서 아주 흔하게 내려지는 진단 중 하나다(두통 다음으로 가장 흔할 것이다).[30] 단순히 기존의 진단 범주에 깔끔하게 맞아떨어지지 않는다는 이유로 환자의 증상에 무심한 태도를 보이는 의사들에 의해 심리적 스트레스가 쌓였을 상황을 상상하면 몸서리가 쳐진다. 그러나 최근의 연구를 통해 기능성신경장애 환자의 뇌에서 몇몇 뚜렷한 이상 징후가 발견되기 시작함에 따라, 이들 역시 다른 신경장애 환자와 마찬가지로 치료해야 한다고 의사들을 설득하는 것이 더 수월해지고 있다.

기능성신경장애 환자는 행동하고 사고하는 주체가 나 자신이라는 인식을 나타내는 '행위자로서의 자기감self-agency'에 이상을 보이기도 한다. 이 때문에 자신이 통제권을 잃지 않았음에도 특정 신체 동작을 비자발적이라고 느낄 가능성이 있다.

일례로 환자는 의사들이 원인을 아직 찾지 못한 기능성 떨림functional tremors 증상을 보이기도 한다. 그러나 여러 연구에 따르면, 기능성 떨림이 나타날 때의 뇌 활동은 수의 운동(자신의 의지에 따라, 의식적으로 하는 운동—옮긴이)에 관여하는 뇌 경로를 통해 발생한다.[31] 스스로 인지는 하지 못하지만, 환자 자신이 떨림을 촉발했음을 시사한다. 미나처럼 운동을 지속적으로 억제하는 다른 유형의 기능성신경장애의 바탕에도 행위자로서의 자기감에 손상이 있을 가능성이 있다.

또한, 이 장애를 겪는 많은 환자가 감정을 잘 조절하지 못한다. 여기에는 원치 않는 감정을 억제하지 못하는 것과 강렬한 감정 반응을 보이는 경향이 포함될 수 있다. 뇌 측면에서 보면 이런 감정 반응 조절 장애는 편도체와 같은 영역의 활동 증가와도 관련이 있지만, 전전두피질의 활동 감소와도 관련이 있다. 6장에서도 다뤘지만, 전전두피질은 편도체에 억제력을 가해 과잉 감정을 가라앉힌다.[32]

기능성신경장애 환자가 보이는 강한 감정 반응은 신체의 기능을 정확히 파악하는 뇌의 능력을 방해할 수도 있다고 여겨진다. 그러면 뇌는 신체 기능의 일부가 손상되었다고 잘못 추측하고, 이 믿음이 너무 강한 나머지 모두 정상적으로 기능하고 있다고 몸에서 신호를 보내더라도 무시한다. 그 결과 신체적 장애가 없음에도 뇌는 신체 기능에 문제가 생겼다고 인지하게 되고, 이 믿음에 따라 몸을 움직이게 만든다.

미나의 사례에서는 극도의 심리적 스트레스와 감정 조절 능력에 발생한 장애 때문에 뇌가 몸의 상태에 대해 잘못된 추측을 했고, 몸이 이 추측을 따르도록 강요한 것일 수도 있다. 극적인 미나의 반응은 아이가 얼마나 심한 트라우마를 겪었는지를 방증하는 것일 테다. 미나의 몸이 오래도록 아예 멈춰 버릴 정도로 말이다.

⁎ ✦ ⁎

기능성신경장애 환자의 뇌에서 벌어지는 일에 관한 가설과 추측은 많다. 이 장애는 신경과학계, 더 크게는 의료계 전체가 뇌와 신체의 불가분한 관계를 인정하게끔 하는 대표적인 사례다. 뇌와 신체의 건강을 따로 이야기하던 시절은 갔다. 두 영역의 굳건한 연결성은 인간이 주변 세상을 이해하는 것은 물론 피부로 둘러싸인 세계 안에서 벌어지는 일을 이해하기 위해 꼭 필요하다.

미나와 같은 사례들은 믿음이 우리 뇌와 신체가 기능하는 방식에 얼마나 중요한 역할을 하는지 분명히 보여 준다. 기능성신경장애는 믿음이 붕괴된 극단적인 사례라고 볼 수 있다. 환자들은 행위자로서의 자기감이나 신체의 생리적 기능에 관한 기본적인 성질에 관해 정확히 생각하는 능력을 잃는다. 그 결과는 건강에 지대한 영향을 미친다. 이번 장에서 본 바와 같이 우리가 믿는 것은 예상외의 놀라운 결과로 이어질 수 있다. 약을 먹고 상태가 호전될 수도 있고 신체 통제력에 대한 감각이 떨어질 수도 있으며 심지어 수명이 달라질 수도 있다.

8장

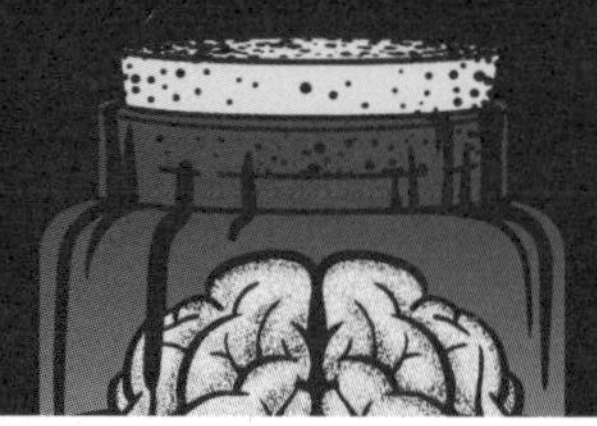

이름이 뭐더라?

소통

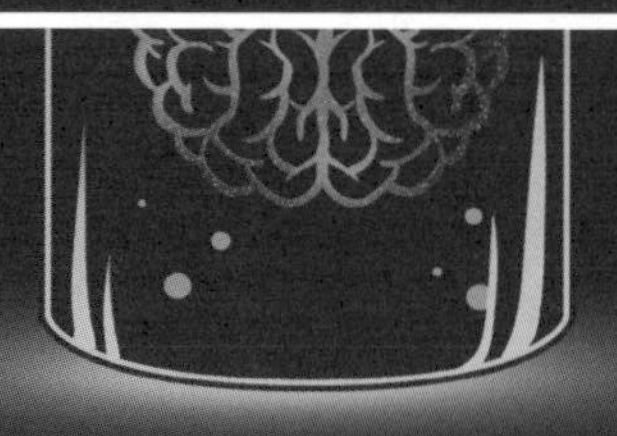

B I Z A R R E

2010년대 초반, 4월의 어느 화창한 날 아침이었다. 아르나브는 뜨거운 차 한 잔과 함께 신문을 읽으려고 자리에 앉았다. 10년도 넘게 매일 지켜 온 일상이었다. 신선한 공기가 살짝 들어올 수 있게 옆에 있는 창문을 열었다. 어제, 그제와 마찬가지로 오늘도 더울 것 같다고 생각했다. 이때까지만 해도 오늘이 특히 유별나리라는 어떠한 징후도 없었다.

하지만 아르나브가 신문을 펼치는 순간, 모든 것이 갑자기 기이할 정도로 비현실적이게 느껴졌다. 신문을 채운 글자를 보며 눈을 깜빡이던 그의 머리는 이성적 사고를 압도하는 혼란과 공황으로 가득 찼다. 글을 읽을 수가 없었다. 그는 54세로 대학도 졸업했고 50년이 넘는 세월 동안 글을 읽어 왔는데, 오늘 아침 갑자기 종이 위의 글자가 무슨 뜻인지 전혀 알아볼 수가 없었던 것이다.

아르나브는 신문을 내려놓고 싱크대로 가서 찬물로 세수를 했다. '잠깐 이러다 지나갈 거야, 갑자기 나타났듯 금세 사라질 거야, 나이가 들면서 나타나는 뇌 기능 문제일 거야…….' 그는 눈을 비비며 되뇌었다.

다시 자리에 앉아 신문을 집어 들고 읽어 봤지만 여전히 글을 읽을 수 없었다. 이번엔 글자에 집중하려 노력했다. 글자 하나하나는 읽을 수 있었지만, 그 글자들을 한데 묶어 단어로 조합할 수가 없었다.

잠시 산책하며 머리를 식히는 게 좋겠다고 생각한 아르나브는 밖으로 나갔다. 그러나 거리에 있는 표지판과 간판, 지나다니는 사람들 옷에 적힌 글자가 눈에 들어올수록 신문을 못 읽는 게 문제가 아니라는 사실을 깨달았다.

점점 더 불안해진 그는 잔뜩 겁을 먹은 채 병원을 찾았다. 처음 만난 의사는 일종의 시각 장애를 의심했으나, 안과의는 그의 시력이 정상이라며 신경과에 검사를 요청했다. 신경과 의사는 문제가 어디까지 확대되어 있는지 확인하려고 아르나브에게 연필을 주며 현재 상황을 적어 보라고 했다. 의사는 그의 상태에서 모순점을 발견했다. 아르나브는 읽지도 못하는데 써 보라는 의사의 요청이 어리석다고 생각했지만, 막상 연필을 집어 들자 글이 술술 써졌다. 그는 빠르게 써 내려갔다. "나는 쓸 수 있지만 읽지 못한다."

그런데 의사가 방금 적은 글을 읽어 보라고 하자 그는 읽지 못했다. 단순히 시각 결손의 문제가 아니라는 사실을 깨달은 의사는 MRI 촬영을 실시했고 아르나브가 뇌졸중 후유증을 겪고 있다는 것이 드러났다.[1]

읽지 못하지만 쓸 수는 있다?

시각 장애가 원인이 아니나 후천적으로 읽지 못하는 상태가 되는 것을 실독증alexia이라 부르며 흔치는 않지만 뇌졸중의 후유증으로 발생할 수 있다. 보통 실독증 환자는 쓰는 행위도 어려워하는데, 이를 실서증agraphia이라 한다. 아르나브의 경우 쓰는 능력은 그대로인 것으로 보아 '실서증을 동반하지 않은 실독증' 즉, **순수실독증**alexia without agraphia을 앓았다고 할 수 있다.

순수실독증은 드문 사례이며 그 원인에 관해서는 여전히 풀리지 않은 점들이 있다. 가장 유력한 가설은 단어를 인지하는 데 주요 역할을 하는 것으로 여겨지는 '시각 단어 형태 영역'이라는 뇌의 영역으로 시각적 정보가 입력되지 않는 것과 관련 있다고 설명한다. 해당 영역은 뇌 뒤쪽에 있는 대뇌피질의 작은 부분으로, 후두엽과 측두엽 사이의 연결부 근처에 자리하고 있다. 2000년대 초반부터 연구자들은 이 영역이 읽는 중에는 활성화되지만, 쓰거나 발화된 단어를 듣는 중에는 활성화되지 않음을 시사하는 증거를 발견했다.[2]

시각 단어 형태 영역은 제 역할을 하기 위해 뇌에서 주요 시각 처리를 담당하는 '시각피질'이라는 후두엽의 영역에서 시각 정보를 얻는다. 우리가 어떤 단어를 볼 때 시각피질은 단어의 이미지를 형성하고 이것이 무엇인지 알아볼 수 있게 도와주는 시각 단어 형태 영역으로 이 정보를 보낸다. [249쪽 뇌 구조도 5 참고]

아르나브의 뇌졸중은 후대뇌동맥이라 불리는 동맥이 폐색되어 발생한 것이었다. 이 동맥은 후두엽에 혈액을 보내는 주요 공급처다. 동맥이 막혀 아르나브의 시각피질에 혈액이 공급되지 않았고 피질 일부가 기능을 멈췄다. 결과적으로 시각피질은 시각 단어 형태 영역에 시각 정보를 주지 못했고, 신문에 적힌 단어들을 해석해 주던 뇌의 이 영역은 이 단어들이 무엇인지 '볼' 수 없었다. 그래서 아르나브도 단어들을 읽을 수 없었다. 그러나 언어를 만들어 내는 뇌의 영역들은 쓰기에 필요한 운동에 관여하는 영역들과 여전히 연결되어 있었기 때문에 쓰기 능력은 그대로였던 것이다.

시각 단어 형태 영역이 특화되어 있다고 추측하는 언어의 측면, 즉 읽기는 언어의 신경과학적 원리에서 중요한 점을 잘 보여 준다. 언어는 독립된 수많은 작업이 한데 모여 이루어지는 복잡한 기능이라는 점이다. 가령 단순한 문장 하나를 말하는 데에도 단어 인출word retrieval(자신의 생각을 표현하거나 사물을 묘사하고 싶을 때 필요한 단어를 떠올릴 수 있는 능력—옮긴이), 문법(문장을 형성하기 위해 단어를 올바르게 나열하는 데 사용되는 규칙)의 적용, 발화에 필요한 근육 움직임의 조율, 어조와 음의 높낮이 미세 조정 등과 같은 여러 작업을 모두 성공적으로 수행해야 한다. 각 작업에는 뇌의 서로 다른 부분이 관여하기 때문에 언어 자체가 제대로 기능하려면 뇌의 수많은 영역에 의지해야 한다.

하지만 이는 지금까지 신경과학자들이 언어를 바라봐 온 방식과 다르다. 그동안은 뇌에 언어를 처리하고 생성하는 두 영역이 있다는 식으로 이해하려는 시도가 우세했다. 하나는 '브로카 영역'이라는 언어 산출 영역, 다른 하나는 '베르니케 영역'이라는 언어를 이해하는 영역이다. 두 명칭은 각 영역을 발견한 19세기 신경과학자 폴 브로카Paul Broca와 칼 베르니케Carl Wernicke의 이름을 따 명명되었다. 브로카 영역과 베르니케 영역은 궁상 섬유속*이라 불리는 뉴런 다발과 연결돼 있다. 언어에 대한 전통적인 (그러나 지금은 구시대적인) 신경과학적 관점에 따르면, 소통의 주요 특징 대부분을 이 두 영역이 형성하는 시스템으로 설명할 수 있다. [249쪽 뇌 구조도 5 참고]

이 언어 모델에서 베르니케 영역은 귀로 들은 언어에서 의미를 추출하고 발화에 의미를 더해 말이 되도록 만든다. 반대로 브로카 영역은 발화에 필요한 입, 목구멍, 호흡근 등의 근육을 활성화하는 뇌 영역들을 자극한다. 궁상 섬유속은 두 영역을 연결해 둘이 협력하여 언어를 만들고 이해하게 한다.

그러나 현재 이 모델은 처참할 정도로 불완전한 것으로 여겨진다. 이러한 평가가 내려지는 까닭의 일부는 현대 신경과학이 시각 단어 형태 영역과 같은, 언어에 관여하는 뇌의 수많은 영역을 알아냈기 때문이다. 대부분의 경우에는 현대에 와서 추가로 발견한 영역들이 언어 기능에 훨씬 더 구체적으로 기여한다.

더불어, 나는 언어가 독립적으로 작용하는 뇌 영역이 모여 낳은 결과라는 인상을 주고 싶지 않다. 사실 이와는 반대로 뇌의 서로 다른

---

* 섬유속(fasciculus)은 '다발'을 의미하며 신경과학계에서 가끔 뉴런 다발을 지칭할 때 사용되곤 한다. 궁상(arcuate)은 '곡선 모양으로 휜'이라는 뜻이다. 두 단어를 종합하면 대략 '휜 모양의 다발'이라고 할 수 있다.

영역들은 끊임없이 상호 작용하고 있으며 이들 사이에서 일어나는 소통은 건강한 언어 기능에 필수적이다. 이제 신경과학자들은 언어 기능을 무수히 많은 뉴런 네트워크 간의 협업이 필요한 작업으로 이해한다. 언어에 대한 네트워크적 접근 방식은 네트워크의 한 구성 요소가 손상되면 언어의 특정 부분에 영향을 받아 특유의 장애로 이어질 수 있다는 결과를 낳는다.

지워진 이름들

1995년 늦여름, 열과 극심한 졸림증으로 병원에 입원할 당시 미카는 25세였다.[3] 열이 나는데도 졸음이 오는 경우는 흔치 않다. 그러나 미카의 졸림증은 걱정되는 수준이었다. 깨어 있기조차 힘들어하는 탓에 의사와 간단한 이야기도 나누기 어려웠다. 그러니 단순 감기보다는 훨씬 더 심각한 문제가 있는 게 분명했다.

의사들은 미카의 신경 기능을 손상시키는 원인이 있을 것이라 의심하며 MRI로 뇌 사진을 찍었다. 검사 결과 측두엽, 주로 좌뇌 측두엽에 손상이 발생했다는 증거가 발견됐다. 추가 검사를 통해 미카의 뇌에 손상을 입힌 원인이 단순헤르페스뇌염herpes simplex encephalitis일 가능성이 높다고 밝혀졌다.

단순헤르페스는 단순헤르페스 바이러스에 의한 바이러스성 감염이다. 다양한 증상 중에서도 가장 흔한 건 입(구순포진)이나 생식기(생식기 사마귀) 주위에 생기는 물집이다. 헤르페스 바이러스는 흔히 발생한다. 실제로 50세 이상 성인의 60퍼센트가 넘는 사람이 통상 구순포진 등의 증상을 일으키는 헤르페스 바이러스를, 동일 연령 집단의 10퍼센트 이상이 생식기 사마귀를 유발하는 헤르페스 바이러스를 보유하고 있다.[4] 헤르페스는 체내에 숨어 있다 각성하여 다른 숙주로 퍼져 나갈 최적의 기회를 노리는 데 뛰어난 능력을 지니고 있기 때문에 사람들 대부분 자신에게 바이러스가 있다는 사실을 잘 모른다. 이런 헤르페스는 키스나 다른 행위들을 하려할 때 망설이게 만드는 녀석이 아닐 수 없다.

보통 헤르페스는 최초로 감염이 발생한 위치 인근의 감각 뉴런에 숨는다. 그런데 가끔 이 뉴런들을 통해 뇌로 이동하는 경우가 있다. 드물지만 뇌를 감염시켜 염증을 유발하는데, 이를 뇌염encephalitis이라 한다.⌘

염증은 모든 감염 내지는 상처에 대응하는 인간 면역 체계의 일반적인 반응이다. 가령, 물건이 발 위로 떨어지면 발가락이 붓고 빨개지며 따가움을 느낀다. 이 증상들은 면역 체계가 침투한 세균을 대상으로 전투를 벌이기 위해 조직 손상이 발생한 위치로 면역 세포가 가득한 혈액을 급히 보내며 나타나는 의도치 않은 현상이다.

뇌에 있는 병원균도 염증 반응을 일으킬 수 있는데, 역시 의도치 않은 결과를 낳을 수 있다(무슨 수를 써서라도 침입한 균을 뿌리 뽑아 버리

⌘ 뇌염을 일으키는 바이러스는 많지만, 미국에서는 단순헤르페스가 뇌염의 가장 흔한 원인으로 매년 미국에서 발생하는 뇌염 사례의 수천 건을 차지한다.

려는 데 몰두한 열정 과한 면역 체계의 피해자가 되고 마는 것이다). 뉴런에 끼치는 부수적 피해가 그중 하나인데, 그 결과 뇌 조직이 부어(이를 뇌 수종이라 한다) 뉴런을 더더욱 위험에 빠뜨린다. 병원균 자체가 야기한 손상에 염증의 영향이 더해지면 헤르페스 바이러스와 같은 단순한 감염도 파괴적인 결과를 낳을 수 있으며 심지어 목숨을 위협할 수도 있다.

미카의 경우, 헤르페스 바이러스가 뇌로 이동해 발생한 감염과 염증 반응이 상당한 수의 뉴런을 죽였다. 의사들은 미카에게 정맥 주사로 항바이러스제를 투여했고 치료제는 감염과 싸워 급성 증상을 완화시켰다. 치료가 시작되고 한 달쯤 지나서 미카는 퇴원했다.

그러나 바이러스와의 싸움은 끝난 게 아니었다. 퇴원하고 2년이 지났을 무렵, 미카는 고열과 극심한 두통, 그리고 바이러스가 여전히 뇌에 영향을 미치고 있다는 우려스러운 몇 가지 징후를 안고 응급실에 왔다. 의사들은 미카의 뇌 MRI 검사를 실시했고 바이러스로 인해 뇌에 더 심한 손상이 생긴 사실을 발견했다. 미카의 왼쪽 측두엽은 심각하게 위축되어 있었고 손실된 뉴런의 양도 어마어마했다.

더불어 미카는 전에 없던 특이한 언어 장애를 보였다. 유창하게 말하는 데는 거의 문제가 없었고 들은 내용도 모두 이해했으며 읽고 쓰는 데도 지장이 없었지만, 사물의 이름을 떠올리는 능력이 크게 손상돼 있었다.

예를 들어, 신발 사진을 보여 주며 이것이 무엇인지 물으면 미카는 '신발'이라는 단어를 떠올리지 못했다. 대신 "사람들이 걸을 때 신는 것"이라고 설명했다. 동물, 음식, 옷, 운송 수단 등 의사들이 묻는 거의 모든 대상에 같은 증상을 보였다. 미카는 사물들의 특징을 자세히 설명할 수는 있었지만, 정확한 명칭은 기억하지 못했다.

미카의 병증은 **명칭실어증**anomic aphasia으로, 아노미아anomia는 '이름이 없다'라는 의미이며 실어증을 뜻하는 아파시아aphasia는 언어 장애를 칭하는 포괄적인 용어다. 명칭실어증 환자는 특히 명사와 동사를 떠올릴 때의 단어 인출 장애가 두드러진다. 하지만 흔히 사람들은 사물을 묘사할 때 손동작을 활용해 설명을 보완하기 때문에 의사소통에 방해를 받더라도 여전히 소통할 수는 있다.

명칭실어증은 대뇌피질의 여러 구역에 생긴 손상에 의해 발생한다. 특히 환자가 겪는 장애에 따라 손상 구역이 조금씩 달라진다. 동사를 잘 떠올리지 못하는 환자들은 대뇌피질의 전면부 근처에 손상을 입었을 가능성이 높고 명사를 떠올리는 데 문제가 있는 환자들은 측두엽 근처에 손상을 입는 경향을 보인다. 더 세세하게 구분할 수도 있는데, 측두엽에서 어떤 영역에 손상이 생기면 사물의 이름을 떠올리지 못하고, 이와는 또 다른 영역에 손상이 발생하면 생물의 이름을 떠올리지 못하는 장애가 유발될 가능성이 높아진다.[5]

넘치거나 혹은 부족하거나

명칭실어증과 순수실독증은 뇌 기능 이상으로 발생할 수 있는 다양한 언어 장애의 일부일 뿐이다. 환자들 중에는 원하는 말은 정확히 알지만 발화에 필요한 근육이 제대로 움직이지 않는 경우도 있다. 말실행증apraxia of speech이라 알려진 장애다. 말실행증 환자는 아는 단어를 잘 발음하지 못하며 말할 때 자주 틀리고 단어를 구성하는 데 애를 먹는다. 한 단어를 제대로 말하기까지 여러 번 반복해야 하는 때도 있다. 그러나 이 장애는 오로지 발화에 연관된 움직임에 문제가 있는 것이다(생각보다 훨씬 더 복잡한 문제다. 발화에 관여하는 근육은 입술, 혀, 목구멍, 뺨, 턱 근육을 비롯해 100개가 넘는다).

어떤 환자들은 이와 정반대의 문제를 겪는다. 말이 넘치는 것이다. 착어증paraphasia 환자는 말은 잘하지만 의도치 않은 글자와 단어, 구절 등을 말에 뒤섞는다. 이런 불필요한 언어적 요소는 말을 무의미하게 만든다. 반향언어증echolalia 환자는 언어 틱 증상을 보인다. 타인이 한 말이든 자신이 한 말이든, 저도 모르게 말을 되풀이한다. 정확한 명칭은 모르더라도 아마 들어본 적이 있을 외설증coprolalia은 본의 아니게 외설적이거나 부적절한 말을 하는 장애다. 아마 영화나 텔레비전 프로그램에서 이런 증상을 지닌 사람을 봤을 수도 있고 틱톡TikTok 등 여러 SNS에서 외설증으로 인한 고통을 기록한 사람을 본 적 있을 수도 있다. 많은 이가 외설증을 투렛증후군tourette syndrome과 연관 짓는데, 투렛증후군 환자 중 외설증을 보이는 사례는 30퍼센트도 되지 않는다.[6] 타 질환을 겪는 환자에게도 나타날 수 있으며 드물게 뇌졸중의 후유증으로 나타나기도 한다.

글을 활용한 소통에서 비슷한 문제를 보이는 사람도 있다. 뇌의 언어 영역이 손상된 사람은 글쓰기를 통해 소통하지 못하거나 글로 쓰인 언어를 이해하지 못한다. 구두로 하는 소통은 여전히 정상적이지만, 착어증과 마찬가지로 의도치 않게 글에 불필요한 단어나 음절, 글자를 넣기도 한다.

예컨대 하이퍼그라피아hypergraphia 환자는 닥치는 대로 지나치게 많이 적는다. 하이퍼그라피아를 겪는 한 뇌졸중 환자에게 의사가 오늘 기분이 어떤지 묻자, 환자는 연필과 종이를 집어 들고 글을 쓰기 시작했다. "그렇게 말하지 마세요. 당신은 공정하지 않습니다. 스스로 본인의 공정성을 아는지 나는 관심 없습니다. 당신의 의견은 더 나은 목적을 위해 쓰여야 합니다." 환자는 이런 식으로 주제를 벗어난 내용을 세 장이나 더 썼다. 다른 날에는 의사가 종이에 주소를 적어 보라고 요청했더니, 환자는 이를 무시하고 자신의 병증이 어떻게 발생했는지를 세 장에 걸쳐 작성했다.[7] 대개 하이퍼그라피아 환자의 발화 행위는 정상이다. 말할 때는 제대로 된 대화가 가능하지만, 쓰기만 하면 지나치게 횡설수설한다.

부분적인 신경학적 손상을 입으면 잠재적으로 발생할 수 있는 언어 관련 장애의 목록은 아주 길다. 언어 자체와 언어를 가능케 하는 뇌 네트워크가 그만큼 복잡하다는 의미다. 이제 신경과학계는 뇌의 여러 영역이 연결된 언어 네트워크가 뇌 전체에 걸쳐 분포해 있다는 사실을 안다. 그러나 앞서 설명한 바와 같이 언어 신경과학의 역사는 잘못된 이해로 가득했으며 비교적 최근까지도 뇌의 절반은 언어 기능에 거의 관여하지 않는다고 여겨 왔다.

감정이 빠진 언어도 언어라 할 수 있을까

언어 신경과학 초기에 진행된 여러 연구에서 반복적으로 관찰한 흥미로운 사실이 한 가지 있다. 대부분의 경우 언어는 뇌의 좌반구 활동에 특히 의존한다는 점이었다. 19세기 중반, 언어 활동에서 좌반구가 우세하다는 것을 처음 발견한 사람은 앞서 언급한 폴 브로카로, 당시 그는 말하는 능력을 잃은 여러 환자에게서 좌측 뇌가 손상되었다는 믿을 만한 패턴을 발견했다.[8] 이것을 발견하고 브로카는 꽤 놀랐는데, 이때까지 뇌의 양반구는 구조와 기능 면에서 동일하다고 널리 믿어져 왔기 때문이다.

그러나 브로카의 연구 결과에 따르면, 말하는 능력에는 좌반구가 더 중요하거나 "지배적인" 역할을 했다. 이후 공개된 증거도 오늘날까지 브로카의 관점을 쭉 뒷받침해 왔다. 뇌졸중 등에 의한 좌반구 손상은 언어의 형성 혹은 이해에 상당한 지장을 초래할 위험이 높다. 우반구가 손상을 입으면 물론 나름의 문제는 생기겠지만, 언어 장애를 야기할 가능성은 적다.

이러한 관찰 결과를 바탕으로 오랫동안 우반구는 비언어적 영역으로 여겨져 왔다. 그러나 뇌 기능을 조사하는 인간의 능력이 더 정교해지면서 연구자들은 언어적 측면에서 우반구가 예상보다 더 큰 역할을 한다는 사실을 알아냈다. 우반구에도 언어를 이해하는 능력이 있다. 게다가 우반구는 '운율'처럼 말에 어조와 리듬을 더하고 이를 이해하는 것과 같은 언어의 섬세한 측면에서 중요한 역할을 한다.

예를 들어, 운율이 없으면 말하기에서 억양이나 강세의 변화가 사라진다. 이때 예상되는 하나의 결과는 언어에 감정을 전달하는 능력이 사라진다는 것이다. 63세 남성 찰리는 뇌졸중을 겪고 우반구에 상당한 손상을 입었다.[9] 의사들은 찰리의 언어적 경향에 문제가 생겼다는 사실을 즉시 알아챘다. 그의 말에는 높낮이가 없었으며 자신이 말한 내용에 무심했고 공감하지 못했다. 또, 자신을 삶의 주체가 아닌 객체로 바라보는 것 같았다. 손동작도 전혀 사용하지 않았다.

찰리의 감정적 단절은 대부분의 경우, 감정을 자극하는 내용에서 더 두드러졌다. 가령 그는 군 생활 당시 독일에서 강제 수용소를 해방시켰던 경험을 마치 치아 스케일링을 설명하듯 무심히 이야기했다. 지난해 아들이 총에 맞아 살해당한 사건도 마치 동네 슈퍼마켓에 가는 일마냥 무덤덤하게 설명했다.

찰리는 슬픔이나 분노 같은 감정을 흉내 내보려고도 했지만 실패했다. 의사들이 옆에서 계속 채근했지만, 여전히 단조롭고 인간미 없는 목소리만 커졌을 뿐이었다.

찰리가 보인 병증을 **실율증**aprosodia이라 한다. 실율증 환자는 말은 할 수 있으나 그 안에 감정을 싣지 못한다. 대부분은 타인의 목소리에서도 감정을 느끼거나 이해하지 못한다. 감정을 경험하는 능력이 온전함에도 말이다. 그 결과, 감정적 어조가 큰 역할을 하는 대인 상호 작용에서 이들은 유의미한 대화에 잘 참여하지 못한다.

더욱이 실율증 환자는 감정과 더불어 운율의 모든 면에서 어려움을 겪는다. 타이밍과 음, 성량에 따라 의미를 달리하는 언어를 만들어 내지 못하며 타인과의 대화에서도 이러한 요소들을 잘 이해하지 못한다. 이는 전반적인 소통의 장애로 이어진다. 그만큼 언어에서 운율이 중요하다는 의미다.

평서문의 끝 음을 올려 내가 하는 말이 질문이라는 사실을 알려 주는 경우를 떠올려 보자(언어학자는 이를 상승 말미high rising terminal라고 부른다). "이 회의실에는 커피가 없네요?"라는 문장은 말미에서 음조를 높여 방금 한 말이 질문임을 알려 준다. 실율증이 있는 사람은 음조의 변화를 감지하지 못하므로, 이 문장을 질문이 아닌 그저 하나의 평서문으로 듣는다. "커피가 있냐"고 묻는 문장이 아니라 "여기에는 커피가 없다"는 문장으로 생각할 것이다. 마찬가지로 특정 단어의 의미 차이를 암시하는 강세의 변화(가령 "I object"와 "What is that object?")와 같은 차이(두 문장에 쓰인 object는 서로 뜻이 다르다. 첫 번째 예문의 object는 뒤 음절에 강세를 둔 '반대하다'라는 뜻이며 두 번째 예문의 object는 첫 음절에 강세를 둔 '물건'이라는 뜻이다—옮긴이)는 물론, 다른 이유로 인한 강세의 변화(가령 차를 가져온 웨이터에게 "저 '커피' 주문했는데요"라며 '커피'를 강조하는 등)도 구분하지 못한다. 비아냥은 먹히지도 않을 것이다.

실율증은 일반적으로 우반구 손상의 결과인데, 다른 근거까지 종합하면 우반구가 운율에 관여한다는 것을 알 수 있다. 이제 언어 연구자들은 비언어적 표현의 다양한 측면에서 우반구 역할의 중요성을 인정한다. 그러나 더 최근에 진행된 연구에 따르면, 우반구는 이해, 언어 습득, 단어 인지 등 더 '일반적인' 작업에도 기여한다.[10]

비록 기여하는 부문은 좌반구와 다르지만, 이제 우반구도 언어에서 큰 역할을 담당한다는 사실을 인정받고 있다. 물론, 여전히 크게 눈에 띄는 언어 장애들은 좌측 뇌 손상을 입은 사람들에게서 발견된다. 또한, 우반구가 운율에 특히 중요한 역할을 하기는 하나, 좌반구 손상도 음성 생성 패턴에 영향을 미친다. 가끔 굉장히 이상한 방식으로 말이다.

남의 말투와 함께 깨어난 아침

2009년, 캐런 버틀러는 치아 임플란트 수술을 받았다. 노화 때문이든 부상 때문이든, 여러 이유로 빠진 치아를 영구히 대체하기 위해 흔히들 받는 수술이다. 캐런은 완전 마취 대신 '반마취 상태'를 선택했다. 의식은 있지만 환자가 수술을 거의 기억하지 못할 정도의 마취 상태에 빠질 만큼만 약을 사용하는 것이다.

수술은 잘 진행되는 듯 보였다. 담당 치과의도 별다른 어려움을 느끼지 못했다. 마취가 점차 풀리면서 캐런의 입이 벌겋게 부어오르기 시작했는데, 이는 이미 예상한 바였다. 하지만 캐런은 자신의 말이 이상하게 들린다는 걸 깨달았다. 의사는 부기 때문이며 며칠이 지나면 원래대로 돌아올 것이라 장담했다.

하지만 목소리는 돌아오지 않았다. 부기가 빠진 뒤에도 여전히 자신이 하는 말이 이상하게 들렸다. 캐런은 일리노이주에서 태어나 오리건주에서 자랐고(수술 당시 캐런이 거주하던 곳이다) 미국을 벗어난 것도 멕시코로 몇 번, 캐나다로 한 번 여행을 떠난 게 전부였다. 그런데 수술을 받고난 뒤 캐런은 틀림없이 외국인과 같은 억양으로 말하고 있었다.

의지와 상관없이 나오는 이 새로운 억양은 시간이 지나면 사라질 것이라 예상했지만, 아니었다. 캐런은 어쩔 수 없이 이 새로운 억양에 적응해야 했다. 그녀의 말은 특정 국가의 원어민을 따라 하는 게 아니라, 영국, 아일랜드, 심지어 일부는 트란실바니아(루마니아 북서부 지역—옮긴이)의 억양이 섞인 것 같았다. 하지만 하나 확실한 건, 주변 오리건 출신 친구들과 비교하면 꼭 외국인 억양 같았다는 것이다.

처음에는 충격을 받았지만 캐런은 차츰 이를 즐기게 되었다. 그녀의 말에 따르면, 외국인 같은 말투는 대화를 시작하기에 좋았다. 평소 부끄럼 많고 내향적이던 성격이 외향적인 성격으로 변해 갔다.[11]

캐런은 **외국인억양증후군**foreign accent syndrome, FAS이라는 희귀한 병증을 진단받았다. 이 증후군은 1900년대 초 처음 인지되었으며 지금까지도 100건 남짓한 사례만 발견되었을 뿐이다.[12] 일반적으로 외국인억양증후군 환자는 뇌졸중이나 두부 외상 등 뇌 외상을 겪은 뒤 낯선 억양을 보이기 시작한다. 의사들은 캐런이 마취로 인해 새로 습득한 억양 외에 지속적인 증상은 없을 정도의 경미한 뇌졸중을 겪었을 가능성이 있다고 추측한다.

대부분의 사례에서 외국인억양증후군 환자는 새롭게 습득한 억양에 노출된 적이 없다.[13] 사실 해당 환자들은 진짜 외국인 억양으로 말하지 않는다. 기존 언어의 억양을 일관적으로 모방하지 않기 때문이다. 대신, 조음調音과 타이밍, 운율, 기타 발화 패턴에 지장을 주는 증상들이 마치 화자가 외국어를 사용하는 듯한 '인상'을 주는 것으로 보인다. 외국인억양증후군은 대개 후두 근육의 활성화 같은 발화 관련 운동, 그리고 혀와 입술 운동과 연관된 좌반구 영역에 발생한 손상과 관련이 있다.[14]

그러나 일부 환자가 보이는 증상은 외국인억양증후군이 순전히 뇌 손상 때문에 발생한다는 추측으로는 설명되지 않는다. 가령 억양이 일관적이지 않은 경우도 있다. 일부 단어에서만 발현되고 나머지에서는 나타나지 않거나, 억양의 특징을 확 바꿔 버릴 정도의 급격한 변화를 보이기도 한다. 어떤 사례의 경우, 환자는 (지속적이지는 않고) 때때로 동사 어미에서 '-ing'를 빼거나 뚜렷한 이유 없이 끝에 's' 소리를 넣는 등 언어학자의 귀에 누군가 의도적으로 외국인 흉내를 낸다고 들릴 만한 발화상의 이상 증상을 보이기도 한다.[15]

이 경우에는 신경 장애 외에 영향을 미치는 요소가 있을 것이라고 연구자들은 추측한다. 많은 경우 정신 질환과 연관된 여러 심리적 요인 내지는 적어도 극심한 스트레스처럼 상황을 악화하는 요인이 말하기에 변화를 유발하는 것으로 여겨진다. 환자들이 말투를 꾸며낸다는 게 아니라, 증상의 원인을 완전히 뇌 손상 탓으로 돌릴 수만은 없는 어떤 심리적 장애를 겪는다는 의미다. 일부 사례에서는 외국인 억양이 나타나기 전에 환자가 뇌 손상을 입었으나, 결과적으로는 심리적 메커니즘이 장악하여 언어 이상증을 확대한 것으로 보기도 한다. 사실이 무엇이든, 외국인억양증후군은 일반적인 언어 기능이 어디까지 이상해질 수 있는지 보여 주는 전형적인 예다.

✦ ✦ ✦

이번 장에 등장한 여러 사례를 통해 설명했듯이 뇌에 발생한 손상은 언어의 기능을 단순히 잃게 만들 수도, 환자 자신과 주변인들이 영문을 알 수 없는 방식으로 변하게 만들 수도 있다. 풍부하고 표현력 넘치는 언어는 인간이 이룬 위대한 업적 중 하나지만, 동시에 뇌에 크게 의존하므로 매우 취약한 것도 사실이다.

9장

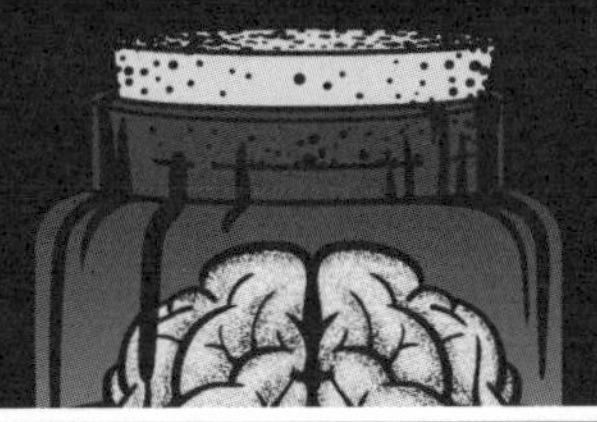

사이비 종교에 빠지는 뇌

피암시성

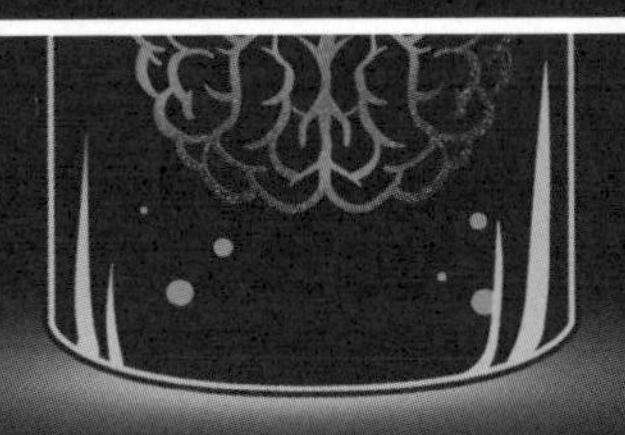

B I Z A R R E

린다는 엄마와 살고 있는 이 아파트에서 더 이상 살 수 없을 것만 같았다. 3년 동안 양옆의 두 이웃집은 하루 종일 음악을 틀고 큰 소리를 내며 린다와 어머니를 고문해 왔다. 왼쪽 집은 아일랜드 민요 '대니 보이Danny Boy'를 밤낮으로 틀었고, 오른쪽 집은 녹음된 아기 우는 소리를 쉴 새 없이 틀어 댔다고 린다는 주장했다.

두 모녀는 며칠에 한 번꼴로 한밤중에 잠을 깨우는, 그들의 일상을 소음과 고통으로 채우는 이 괴롭힘을 끝내려 부단히 노력해 봤다. 처음에는 두 옆집에 불만을 전달하며 그만해 달라고 부탁했다. 그러나 부탁이 묵살되자 린다와 어머니는 음악이나 아기 우는 소리가 시끄러워질 때면 (꽤 자주 있는 일이었다) 침실 벽을 쾅쾅 두들겼다.

대책이 간절했던 린다는 언니 조디에게 대신 나서 달라고 부탁했다. 그런데 린다의 이웃들과 대화를 나눈 조디는 분쟁에 마침표를 찍기는커녕 이들이 잘못한 게 없다는 데 의견을 같이했다. 조디가 전하는 말에 따르면, 놀란 건 이웃들이었다. 이들은 음악을 튼 적도 없고 소음을 내지도 않았으며 오히려 때를 가리지 않고 벽을 쳐대며 제멋대로 군 건 린다와 어머니 쪽이라고 주장했다. 가장 어이없었던 건, 조디는 린다보다 이웃들의 말을 믿는 듯 보였다는 점이었다.

조디가 중재를 시도한 이후 이웃들이 내는 소음은 더 커졌다. 마치 저들 사이의 분쟁에 타인을 개입시킨 데 대한 벌을 주는 것 같았다. 이제 린다는 집에 없을 때도 귀에 음악이 들렸다. 아파트에서 수 킬로미터나 떨어져 있는 곳에서도 말이다.

물론 그렇게 멀리서 음악이 들리는 건 불가능하기 때문에 모두 상황을 대충 눈치 챘으리라 생각한다. 린다는 결국 병원을 찾았고 의사는 그녀가 망상과 환청을 겪고 있다고 진단했다. 린다가 시달린 소리는 이웃들이 낸 게 아니라 그녀의 머리속에서만 존재하는 소리였다. 그렇다면 왜 어머니도 같은 소리를 들었던 걸까?

사실 이웃집 소음을 먼저 듣기 시작했던 사람도, 시끄러운 소리가 난다는 걸 알려 주려고 한밤중에 린다를 깨운 사람도 그녀의 어머니였다. 린다는 처음에 아무것도 듣지 못했지만, 어머니가 계속 같은 주장을 하자 점차 소리가 들리는 것 같았다. 나중엔 너무 뚜렷하게 들리는 나머지 노래를 따라 부를 수 있을 정도였다.

신기하게도 린다는 어머니가 스코틀랜드에 있는 친척 집에 머무르는 반년 동안에는 아무 소음도 듣지 못했다. 그러나 어머니는 아니었다. 수천 킬로미터 떨어진 곳에서도 여전히 소음을 들었다(그리고 그곳에서도 이웃들을 탓했다). 어머니가 집에 돌아오기 직전이 되자, 린다에게도 다시 소음이 들리기 시작했다.

의사들은 두 모녀가 '감응정신병folie à deux'이라는 희귀한 현상을 겪는다고 판단했다.[1] 1870년대에 처음 쓰인 해당 용어는 불어로 '두 사람의 광기'라는 뜻인데, 두 사람이 동일한 망상적 사고를 공유하는 것을 말한다. 오늘날에는 **공유정신병적장애**shared psychotic disorder나 **유발된망상장애**induced delusional disorder라는 이름으로 불린다.

이 정신병은 보통 두 사람에게 영향을 미치지만, 더 많은 사람이 감응하는 경우도 있다. 때로는 가족 구성원 모두가 같은 망상에 빠지기도 하는데, 이를 가족감응정신병folie à famille(가족의 광기)이라 칭한다. 이 경우 망상이 가령 조부모부터 부모, 자녀에 이르기까지 마치 가보처럼 여러 세대에 걸쳐 전해지는 사례도 흔히 찾을 수 있다.[2] 해당 정신병은 문제의 뿌리를 찾으려는 전문 의료진들을 처음에는 당황하게 만든다.

일례로 온 집안 식구에게 기생충망상증delusional infestation이 생긴 한 일가('밀러 가'라고 하자)가 있었다. 기생충망상증은 생물이든 무생물이든 무언가가 자신의 몸에 들끓고 있다는 잘못된 믿음을 동반한다. 이 망상증이 있는 사람은 자기 몸에 기생충이나 곤충, 벌레, 기타 작은 생물이 기어 다닌다고 생각하거나, 아주 작은 천 쪼가리나 실 같은 물질이 몸에 잔뜩 붙어 있다고 믿는다.

믿음이 점차 강해져 온 마음이 사로잡히고 나면, 환자들은 절박하게 이 상상 속 재앙을 없앨 방법을 찾는다. 대다수는 핀셋이나 바늘을 이용해 몸을 침범한 무언가를 피부에서 뽑아내려 하며 기생충을 박멸하고자 살충제, 표백제, 기타 세제를 사용하는 경우도 있다.

밀러 가의 망상은 이웃과 친척 들이 자신을 비롯한 가족에게 해를 입히려 한다는 밀러 부인의 두려움으로부터 시작됐다. 그녀는 이 외부인들이 어떤 식으로든(정확히 어떻게 실행에 옮겼는지는 밀러 부인조차 자세히 설명하지 못했다) 자신의 집에 기생충이 득시글거리게 만들었다고 믿었다.

밀러 씨는 온 팔과 복부, 등에서 지속적으로 느껴지는 가려움을 호소하며 피부과를 찾았다. 의사는 긁어서 생기거나 자극이 올라온 게 분명한 붉은 버짐을 밀러 씨의 온몸에서 발견하고는 몇 가지 치료법을 권했지만, 아무것도 효과가 없었다. 더욱이 의사는 가려움의 원인을 도무지 파악할 수가 없었다. 치료 과정에서 그는 아내와 두 딸 역시 같은 문제를 겪고 있다고 말했다.

밀러 씨는 여러 의사를 만나 봤지만, 누구도 그가 어떤 종류의 기생충이든 감염됐다는 증거를 찾지 못했다. 마침내 한 정신과 의사가 유일한 공식 진단을 내렸다. 가족 전체가 공유 망상에 시달리고 있다는 것이었다. 물론 망상 자체는 밀러 부인에게서 시작되었으며 남편도 처음엔 믿지 않았다. 그러나 밀러 부인은 가정 내에서 가장 영향력 있는 인물이었고 결국 밀러 씨도 이 망상적 사고를 받아들이게끔 만들었다. 그리고 얼마 지나지 않아 두 딸도 같은 망상을 믿기 시작했다. 밀러 가족이 가족 감응정신병을 앓는다는 사실을 깨달은 의사들은 정신과 치료를 권했지만, 이들은 단호히 거부했다.[3]

공유 망상 레시피

공유 망상이 어떤 식으로 사람들의 생각을 장악하는지 그 원리는 아직 규명되지 않았지만, 피암시성suggestibility(외부에서 오는 암시를 받아들이고 그것에 따라 행동하는 경향 — 옮긴이)과 성격의 역동성personality dynamics(개인의 내적·외적 상호 작용으로 성격이 동적으로 변화함을 의미 — 옮긴이)이 주요한 역할을 하는 것으로 보인다. 보통 공유 망상은 타인에게 큰 영향력을 행사하는 누군가가 망상적 사고를 지니면서 시작된다. 가령 최초로 망상을 경험한 인물이 지적이거나 연장자이거나 하는 이유로 결국 망상을 공유하게 되는 집단 안에서 망상의 힘을 키우는 것이다. 간혹 두 사람 혹은 집단이 상대적으로 고립된 환경에 사는 경우가 있는데, 이때는 아무리 합리적 관점을 제시해도 망상을 유발한 사람의 생각을 바로잡을 가능성은 낮다.

공유정신병적장애에서 발생하는 최초의 망상은 조현병이나 치매 등 정상적 사고를 왜곡한다고 알려진 여러 질환에 의해 발생할 수 있다. 하지만 이 망상을 이어받는 사람에게선 눈에 띄는 뇌 질환이 발견되지 않는 게 일반적이다. 그러나 이들은 높은 피암시성이라는 성격 특성을 지녔을 가능성이 있다. 최초 환자의 과도한 영향력과 피암시성이 결합하면, 그리고 여기에 약간의 사회적 고립이 가미되면 이것이 공유정신병적장애의 발달로 이어지는 고유의 재료가 된다.

공유 망상이 뇌를 장악하는 원인을 설명하는 가설 중 하나는 의심을 생성하는 뇌 구역의 비정상적인 활동이 연관되어 있다는 것이다. 앞서 우반구가 우리 인생에서 벌어지는 여러 사건에 관한 합리적 설명의 타당성을 검증한다고 이야기했던 것을 기억하는가? 신경과학자들은 우리가 마주한 정보가 명백히 불가능해 보이는 것은 아니나 수상해 보이는 경우, 의심을 만들어 내는 회로가 이 타당성 검증 회로와 겹칠 수도 있다고 추측한다. 의심 생성 회로가 비정상적으로 기능하는 사람은 특히 쉽게 속는 사람이 될 수 있고, 지배적 성격을 지닌 사람에게 지나친 영향을 받을 가능성도 높아질 수 있다.

일부 연구자는 의심 생성 회로가 전전두피질에 있을 것이라고 주장한다. 여러 연구가 피암시성과 경신輕信에 전전두피질이 중요한 역할을 한다는 점을 보여 주기 때문이다. 이들의 연구에 따르면, 의심 가는 정보를 마주하면 전전두피질은 이 정보에 틀릴 가능성이 있다는 '꼬리표'를 붙여 놓는다. 이 작업을 수행하는 전전두피질의 능숙도는 사람마다 다르다. 가령 아동의 전전두피질은 완전히 발달하지 않은 상태이며* 노년층의 경우 노화로 인해 전전두피질이 다소 위축된 경우가 많다. 물론 기타 요소(유전학, 유아기에 받은 영향, 약물 및 알코올 섭취 등)도 전전두피질의 기능에 영향을 미칠 수 있다. [109쪽 뇌 구조도 3 참고]

이렇듯 전전두피질의 기능 차이는 납득하기 어려운 상황에서 무언가를 의심하는 개개인의 능력 차이로 이어질 수 있다. 일례로, 과학

---

* 놀랍게도 전전두피질은 20대 중반이 될 때까지도 발달이 완료되지 않을 수 있다. 전전두피질은 의사 결정과 충동 조절에 관여하므로, 전전두피질의 성숙 지연이 청소년기나 막 20대가 된 청년이 보이는 충동적이며 때로는 무모한 행동을 일부 설명할 수도 있다.

자들은 뇌졸중 때문이든 다른 어떤 이유로든 전전두피질에 손상을 입은 환자들을 대상으로 연구를 진행했다. 수상한 정보를 평가하는 피험자의 능력을 가늠하기 위해 이들에게 누가 봐도 말이 안 되게끔 조작된 잡지나 뉴스 광고를 보여 주었다. 이를테면 "처방전 없이 살 수 있는 진통제의 부작용을 겪지 않고" 두통을 없앨 수 있다고 홍보하는 진통제 광고 말미에 "해당 제품을 주기적으로 복용하면 일부 메스꺼움이 생길 수 있습니다"라는 제한 사항이 눈에 잘 띄게 명시돼 있었다.

뇌의 다른 영역에 손상을 입었거나 혹은 손상을 입지 않은 피험자와 비교했을 때 전전두피질에 손상을 입은 피험자들이 광고의 오류를 발견하는 확률은 현저히 낮았다. 그러나 전전두피질의 손상은 (다른 뇌 손상 환자 대비) 인지 능력의 저하와 관련이 없었다. 그러므로 전반적인 인지 기능의 문제로는 차이를 설명할 수 없었다. 따라서 연구자들은 우리가 어떤 정보를 받아들일 때 그것이 틀린 정보거나 오도할 가능성이 있는 정보라는 사실을 파악하는 데 전전두피질의 특정 구역이 무척 중요한 역할을 할 것이라고 추측했다.[4]

지나친 영향력이 만든 비극

최면의 신경 기반에 관한 연구에서 전전두피질 기능이 피암시성에 중요한 역할을 한다는 생각을 뒷받침하는 증거가 점점 더 많이 나오고 있다. 최면에는 당연히 고조된 피암시성 상태가 따른다. 보통 '최면'이라는 단어를 들으면 환자 앞에서 금색 시계를 좌우로 흔들며 또박또박한 말투로 "이제 당신은 졸음이 쏟아집니다"라고 말하는, 단안경을 끼고 프로이트를 신봉하는 전문가의 모습을 떠올린다. 그러나 실제 최면은 더 섬세한 경험으로, 이완 기법과 시각화를 활용해 환자가 변화를 수용하는 마음가짐을 갖도록 돕는다.

대다수의 경우 최면은 환자를 피암시성이 높아진 상태로 이끈다. 최면을 치료적으로 적용하는 방법을 훈련받은 사람은 암시를 받기 쉬운 이러한 상태를 이용해 우울증이나 불안 증상을 완화하고 고통을 줄여 주며 금연을 돕는 등의 도움을 준다.[5] 최면은 수술 시 마취를 훌륭히 대체하기도 했는데,[6] 일부 병원에서는 전통적인 마취 방식의 안전한 대안으로서 특정 수술에 최면을 사용하기도 했다.[7]

최면이 뇌에 미치는 영향에 관한 가설들은 대개 전전두피질의 역할을 지목한다. 예를 들어, 최면 시 전전두피질의 활동이 줄어들어 최면 암시에 더 열릴 수 있게 만든다는 가설을 뒷받침하는 연구 결과가 있다.[8]

한 연구에서는 TMS, 즉 경두개 자기자극법을 활용해 이 가설을 실험했다. 4장의 기억을 떠올려 보자. TMS는 뇌를 자기파에 노출시켜 비침습적인 방식으로 뇌 기능에 변화를 주는데, 이 자기파는 뉴런의 기능을 일시적으로 방해하는 전류를 뇌에 유도한다.

최면에서 전전두피질의 역할을 조사하고자 연구자들은 스무 명이 넘는 피험자의 전전두피질 특정 부위에 TMS를 사용했고 그 직후 피험자들에게 최면을 걸고 암시에 얼마나 반응하는지 기록했다. TMS를 통해 전전두피질의 활동성이 줄어든 피험자들은 최면에 더 잘 반응했다. 많은 피험자가 "당신의 팔은 아주 뻣뻣해서 구부러지지 않습니다" "입에서 신맛이 느껴집니다"와 같은 최면 암시를 실제인 것처럼 경험했다.[9] 이 결과는 전전두피질의 활동 감소가 피최면성, 피암시성과 전반적으로 연결돼 있음을 시사한다.

그러므로 아마 전전두피질 기능 장애가 망상을 공유하게 만드는 유형의 믿음에 영향을 줄 수도 있을 것이다. 공유 망상에는 이러한 피암시성도 중요한 역할을 하지만, 앞서 말한 성격의 역동성 역시 큰 영향을 미친다. 성격의 역동성은 지배적 위치에 있는 사람이 타인에게 쉽게 휩쓸리는 유형의 사람에게 영향력을 행사할 때 주로 발현된다. 이 유형의 관계를 이해하려면 사회적 영향이 뇌와 행동에 미치는 힘에 관한 사례들을 살필 필요가 있다.

1955년, 짐 존스라는 카리스마 있는 젊은 목사가 인디애나주에 '인민사원Peoples Temple'이라 불리게 될 교회를 세웠다(People과 s 사이의 아포스트로피(')가 빠진 이유는 사람들이 사원을 소유했다는 뉘앙스를 피하고 세상 사람'들', 즉 인민을 표현하고자 의도적으로 생략된 것이다). 인디애나주가 핵폭발로 멸망할 운명이라는 환영을 본 뒤 존스는 캘리포니아주 북부 지역의 작은 도시로 교회를 옮겼고 이 지역 공동체에서 존경받는 유력한 인물이 되었다. 사회적·인종적 평등을 외치는 그의 메시지는 이상주의 청년들을 끌어 모았고 너그러운 자선 사업은 그의 인기를 높이는 데 일조했다. 존스의 교회는 무료 급식소와 약물 재활원, 무료 법률 상담 서비스 등의 프로그램을 제공해 어려운 사람들을 도왔다.

존스의 명성이 높아지며 인민사원도 커졌다. 1970년대 초에 이르자 신도 수는 2만 명에 달했다. 규모가 커지며 인민사원이 이단적인(심지어 폭력적인) 관행을 보인다는 말이 점차 돌기 시작했다. 교회에 불만과 환멸을 느낀 구 신도들은 새벽까지 이어지는 예배와 공개적으로 굴욕을 주는 행위에 관해 이야기했다. 그중 하나가 엉덩이 매질spanking이었다. 한 열여섯 소녀는 부모를 비롯한 700명가량의 신도 앞에서 커다란 판때기로 엉덩이를 75차례나 맞았다. "적어도 열흘은 앉지도 못했다"고 소녀는 말했다.[10]

이러한 이야기들로 인해 인민사원에 관한 수사가 시작되었고 존스는 협박과 거짓된 신앙 치료 등의 연출된 쇼맨십으로 신도들을 조종하는 선동가라는 결론이 내려졌다. 공개 조사가 확대되면서 존스는 1000명이 넘는 신도들을 데리고 남미에 있는 작은 국가 가이아나로 도망갔다. 그는 정글 한 가운데 거주지를 세웠고 공식 명칭은 아니나 이곳 '존스타운'이라 불렸다.

존스타운에서 그는 마치 폭군처럼 신도들 위에 군림했다. 그에게는 과대망상이 있었고 본관에는 왕좌도 있었다. 또한, 자신의 위대함에 대한 망상적 믿음과 함께 극단적인 편집증과 외부 세력으로부터 공동체를 고립시키려는 광적인 집착이 생겼다. 존스의 정신 건강은 급격히 나빠졌고 각성 효과가 있는 암페타민과 진정제의 일종인 바르비투르산계barbiturates 약물을 과도하게 남용하면서 몰락은 가속됐다.

존스는 외부 세계의 개입이 공동체를 해체할 것이라 믿었다. 그리고 이는 자기 충족적 예언(자기가 한 예언이 직·간접적으로 행동에 영향을 미쳐 결국 예언이 실현되는 현상—옮긴이)이 되었다. 1978년 말, 캘리포니아 하원 의원 리오 라이언은 억지로 잡혀 있는 가족이 있다는 지역구 주민의 호소를 듣고 여러 기자, 사진가와 함께 존스타운을 방문했다. 그 무엇도 예측할 수 없는 상태였다. 이들은 존스의 정중한 환대에 놀랐다. 라이언과 일행은 심지어 존스타운에서 저녁을 먹고 존스, 신도들과 함께 라이브 음악도 즐겼다.

그러나 '보여 주기'식으로 존스가 애써 꾸민 완벽한 겉모습도 존스타운에 살고 있는 사람들 사이에 퍼진 불만과 공포를 모두 숨기지는 못했다. 신도들은 밤새 꼬리에 꼬리를 물고 라이언을 몰래 찾아와 이 숨 막히는 공동체에서 탈출할 수 있게 도와달라고 부탁했다. 이 사실을 알게 된 존스는 반역이 일어났다 여기며 라이언이 단 한 명의 주민도 데리고 떠나지 못하게 막아야겠다고 결심한다.

다음 날, 라이언은 존스타운을 떠나면서 신도 중 몇 명을 데리고 가기로 했다. 무리가 비행기에 탑승하려고 활주로에 서 있던 그때, 존스가 부리는 무장 경비들이 이들을 향해 총을 쐈다. 이 공격으로 라이언을 포함해 다섯 명이 사망했다.

존스는 존스타운을 미국 역사에서도 손에 꼽을 정도로 소름 끼치는 사건의 무대로 만들 결심을 했다. 그는 미국 정부가 곧 이곳에 당도해 그의 교회와 공동체를 끝장내 버릴 거라고 믿었다. 그리고 이 믿음을 존스타운의 주민들에게도 공유하며 평범한 미국 사회의 테두리를 벗어나 살고자 했던 벌로 죽음과 고문이 뒤따를 것이라고 말했다. 그는 존스의 신도로서 이를 피할 수 있는 유일한 길은 스스로 죽는 것뿐이라고 선언했다.

자신이 한 말을 실현하기 위해 존스는 신도들에게 청산가리를 탄 플레이버 에이드Flavor Aid(청량음료 브랜드—옮긴이)를 마시게 했다. 어른들은 주사기를 이용해 아이들의 목구멍에 음료를 쏴 먹였고, 자신들은 스스로 혼합물을 마셨다. 결국 900명이 넘는 사람들이 사망했고 그중 어린아이만 300명이 넘었다. 존스의 사인은 머리에 난 총상이었는데, 스스로 쏜 것으로 추측되었다.

세뇌당하는 뇌

확실히 존스의 신도들이 보인 피암시성의 수준은 차원이 다르다. 대체 뇌에 무슨 일이 벌어졌길래 그렇게 많은 수의 사람이 무언가에 홀린 듯 행동했을까? 이들 모두가 전전두피질에 문제가 있었던 걸까?

그럴지도 모른다. 한 연구에 따르면, 전전두피질에 손상을 입은 사람들은 권위에 복종하고 독단적인 믿음을 받아들이며 그 믿음을 공격적으로 옹호한다.[11] 또 다른 연구는, 전전두피질에 손상을 입은 사람들은 누군가가 부도덕하게 행동했다는 사실을 깨달아도 그 사람에 대한 부정적인 의견을 가질 가능성이 낮다는 결론을 내렸다.[12] 이 모든 문제 유형을 하나로 합치니 딱 인민사원과 같은 사이비 종교의 지시를 맹목적으로 따르는 사람이 떠오른다.

그러나 사실 우리는 신도들이 미국에서의 삶을 포기하고 가이아나로 이주하기로 마음먹었을 때 이들의 뇌에서 무슨 일이 벌어졌는지 알 수 없다. 연구할 수가 없기 때문이다. 따라서 이들의 행동을 전전두피질의 기능 장애와 같은 하나의 원인 탓으로 돌리는 건 추정에 불과하며 지나친 단순화일 수도 있다.

인민사원과 같은 사이비 종교*는 외부의 영향을 받기 쉬운 사람들도 끌어당기지만, 감정적으로 무너지기 쉽고 사회적 지원이 부족하며 신체적·성적 학대를 받은 경험이 있거나 재정적 혹은 감정적 자원이 부족해 절박한 상황에 처해 있는 사람들도 끌어들인다.[13] 아마 이들은 새로운 공동체에 속함으로써 지난 삶에 산적한 문제들로부터 도망칠 수 있게 되었다는 생각에 매료되는 것일 수도 있다.

존스타운처럼 파괴적인 사이비 종교 집단에 합류하는 모두가 피암시성이 높거나 감정적으로 고통받고 있거나 절박한 상황에 있는 건 아니다. 사이비 종교 집단의 구성원은 일반인보다 교육 수준이 높고 중상류층 가정에 속한 경우가 많다.[14] 흔히 사이비 종교의 신도라고 하면 떠오르는 그런 사람들로만 가득하지 않다. '나는 저런 파괴적인 집단에 들어가는 일은 절대 없을 거야'라고 생각하는 사람들(지금 이 문장을 읽고 있는 당신과 마찬가지로)이 수두룩하다.

---

* 오늘날 대다수의 연구자가 '사이비 종교(cult)'라는 단어 사용을 피한다는 사실에 주목하자. 경멸적인 의미가 내포되어 있는 탓이다. 따라서 신도들에게 유해하거나 파괴적인 영향을 미치지 않는 신흥 종교 운동에 사용하기에는 적절하지 않은 단어일 수 있다. 이와는 별개로 이 책에서 '사이비 종교'라는 단어를 사용하는 까닭은 주로 인민사원과 같은 기존의 파괴적인 사이비 종교를 주로 다루기 때문이다.

사이비 종교에 빠지는 대부분의 사람은 저도 모르는 새 서서히 젖어 든다. 경계심을 일으키는 종교적 의식에도 점진적으로 노출되기 때문에 계속해서 참여하는 행위를 합리화할 수 있다. 실제로 벌어지고 있는 일을 깨달을 때쯤 되면 현재 속한 공동체에 얽혀 도망치기 어렵다. 그제야 세뇌 과정을 거쳐 오로지 자신의 충성을 정당화하고자 종교를 열렬히 옹호하는 사람들로 둘러싸여 있다는 사실을 알게 된다. 그리고 일단 자신이 공동체의 일부라고 여기기 시작하면 그 종교 집단의 일원으로 남아야 한다는 사회적 압박을 느낀다. 이는 집단에서 탈퇴하기 어려워지는 주요 원인으로 작용한다.

따라서 사이비 종교는 사회적 영향이 인간 행동에 얼마나 큰 힘을 행사하는지 잘 보여 주는 예시이자 매일 우리 모두에게 영향을 미치는 인간 뇌의 특징을 얼핏 보여 준다. 이끌기보다는 따르기를 더 좋아한다는 특징 말이다. 우리 뇌는 타인에게 얻은 정보에 의존해 할 일을 결정한다. 그리고 이 접근 방식은 재앙까지는 아니더라도 실수하기 쉬운 행동을 낳는다.

명확한 정답 vs 모두가 택한 오답

폴란드계 미국인 심리학자 솔로몬 애쉬Solomon Asch는 심리학 역사에서 아주 유명한 실험 중 하나를 진행했다. 이 실험은 의사 결정에서 사회적 정보에 대한 의존성을(그리고 이것이 어떻게 어처구니없는 오류로 이어지는지를) 잘 보여 주었다. 애쉬는 사회심리학자로, 대인 및 집단 역학과 같은 사회적 인자가 행동에 미치는 영향에 관심이 있었다. 1950년대, 애쉬는 특히 동조 압력에 따르려는 바람이 인간의 행동 방식에 어떤 영향을 미치는지에 주목하기 시작했다.

이 유명한 실험에서 애쉬는 각각 여덟 명 내외의 대학생으로 구성된 여러 집단에 (약 5~25센티미터로 다양한 길이의 선 중에서) 특정한 길이의 선 하나가 그려진 카드를 보여 주었다.[15] 그다음, 학생들에게 서로 다른 길이의 선이 세 개 그려진 카드를 제시하며 세 개 중 처음에 보여 준 카드에 있던 선과 길이가 같은 것이 무엇인지 물었다. 답은 명확했다. 길이가 같은 선은 하나였고, 나머지 두 개는 그것보다 약 4~5센티미터가량 길이가 달랐다.

학생들은 집단의 다른 구성원들 앞에서 큰소리로 답을 말해야 했다. 한 명씩 차례대로 대답했는데, 사실 뒤에서 두 번째로 대답해야 하는 사람만 실험자가 섭외하지 않은 진짜 피험자였다(물론 당사자는 그 사실을 몰랐다).

처음 두 세트까지는 모든 게 순조롭게 진행되는 듯 보였다. 모든 학생의 선택이 일치했다(사실 눈에 무슨 문제가 있지 않고서야 틀린 답을 할 수가 없는 질문이다). 그런데 세 번째 세트에서(그리고 이후 총 15장의 카드 중 11장에서) '진짜' 피험자는 놀라기 시작한다. 진짜 피험자 이전에 답한 모두가 동일한 오답을 내놓은 것이다. 이제 그는 결정을 해야 한다. 누가 봐도 맞는 답을 말할 것인가(그러면 앞서 대답한 모두를 부정하는 셈이 된다), 아니면 뻔한 오답이지만 무리를 따를 것인가.

진짜 피험자들은 대부분 자기 의견을 고수하며 맞는다고 생각한 답을 내놓았다. 그러나 이들 중 75퍼센트는 전체 실험 중 적어도 한 번은 동조 압력에 무릎을 꿇고 오답을 대답했다. 진짜 피험자가 제시한 전체 응답의 3분의 1이 오답이었는데, 답이 너무나도 뻔한 질문인 점을 고려하면 꽤 높은 수치다. 진짜 피험자가 제시한 오답은 늘 다수가 내놓은 답과 같았다.

앞선 조건과 달리 피험자가 답을 종이에 적어 내는 통제 조건으로(따라서 아무도 서로의 선택을 알 수 없었다) 실험한 경우의 오류 발생률은 1퍼센트도 되지 않았다. 진짜 피험자가 집단 내 나머지 구성원과는 다른 답을 공개적으로 발언하는 것에 대한 사회적 압박을 느끼지 않았기 때문이다.

애쉬의 실험은 우리 뇌가 사회적 정보의 가치를 굉장히, 심지어 지나칠 정도로 높게 평가한다는 것을 보여 준다. 인류 역사의 대부분의 시간 동안(90퍼센트 이상) 우리는 수렵 채집인으로 살았다. 수십 명이 무리를 지어 사바나를 배회하며 다녔고 집단 내에서 더불어 행동하는 능력에 생존이 달려 있었다.

따라서 인간의 뇌가 사회적 신호를 따르고 능숙하게 소통하며 타인과 상호 작용하게끔 진화한 건 당연한 일이다. 또한 우리 뇌는 사회에서 얻은 정보를 굉장히 중요하게 평가하고 특히 다수가 따르는 의견에 가치를 두는 방식으로 진화해 왔다.

다시 말하지만, 이는 합리적인 전략이다. 뇌는 정보를 평가하는 지름길은 만든 것이다. 다수가 믿을수록 사실일 가능성도 높다. 물론 여기에는 문제가 있다는 사실도 우리는 알지만(이것이 잘못 흘러가면 어떻게 되는지는 1940년대 독일을 떠올리면 된다) 대개는 우리에게 올바른 방향을 지목해 준다. 그리고 거부하기 어려운 영향력도 행사한다.

존스타운과 같은 사이비 종교, 나아가 공유정신병적장애가 발생하는 이유는 정보를 비판적으로 평가하는 능력에 생긴 문제와 사회적 영향력이 지닌 강력한 힘이 더해졌기 때문일 수도 있다. 인간 정신생활에 이상한 사회적 영향을 끼치는 사례를 찾기 위해 사이비 종교나 희귀 질환 관련 정보를 뒤적일 필요는 없다. 이런 사례는 전 세계 모든 문화에 있으니까.

음경을 도난당한 사람들

'음경 절도' 현상을 예로 들어 보겠다. 두 단어를 함께 본 적이 있을지 모르겠다. 하지만 장담하건대, 실제로 존재하는 현상이다.

2001년, 서아프리마 베냉에서는 화가 난 군중이 마법을 이용해 남성들의 음경을 훔친 것으로 의심되는 다섯 명을 죽이는 사건이 발생했다.[16] 마치 옛날 영화에서 악당이 여성의 가방을 거칠게 잡아채자 "도둑 잡아!"라고 소리치는 것처럼 인근에 있는 남성들이 자신의 음경을 도난당했다고 소리치자 군중들이 용의자로 보이는 도둑들을 향해 달려들었다. 베냉에서 벌어진 일은 옛날 영화 스토리보다 훨씬 소름 끼치는 쪽으로 전개됐다. 사람들이 용의자들에게 휘발유를 붓고 불을 붙인 다음 타 죽는 걸 지켜본 것이다. 이들이 누군가의 생식기를 훔친 건 고사하고 '무언가'를 훔쳤다는 명확한 증거도 없었는데 말이다.

이렇게 말도 안 되는 혐의에 반응해서 그렇게 빠르게 군중이 모여들었다는 게, 그리고 사람을 죽였다는 게 충격적으로 느껴질 수 있다. 그러나 서아프리카의 일부 지역에서 음경 절도는 늘 사람들의 걱정거리였다. 마법을 써서 음경을 훔쳐 갈 수 있으며 의아하게도 음경이 있어야 할 자리에 그대로 있다는 것을 확인해도 자신이 피해자일 수도 있었다는 생각에서 오는 강한 두려움은 사그라들지 않는다. 생식기를 중심으로 한 흑마술에 대한 공포는 남성에만 국한되지 않는다. 가슴 크기를 줄였다거나 질을 없앴다고 주장한 서아프리카 여성들에 관한 기록도 있다.[17]

이런 믿음은 어리석은 미신으로 치부하기 쉽다. 그러나 음경 절도와 축소, 실종을 걱정하는 건 비단 서아프리카뿐만이 아니다. 실제로 이 믿음은 **코로**koro라는 장애의 진단 가이드에서 공식으로 인정받았다. 코로는 음경수축shrinking penis 또는 생식기수축증후군genital retraction syndrome이라고도 불린다. 주로 아시아 국가에서 발생하지만, 그 외 세계 여러 지역에서도 발견된다. 코로 환자는 자신의 음경(혹은 가슴과 음문, 혹은 둘 중 하나)이 줄어들거나 몸속으로 쪼그라들거나 완전히 사라지고 있다고 확고히 믿는다. 그리고 음경 수축이 끝나면 결국 죽는다는 공포가 동반된다.

이런 생각은 공황 상태로 이어진다. 땀이 나고 심박수가 빨라지는 등의 신체적 변화를 일으킨다. 간혹 음경을 잡아당겨 수축을 막으려 시도하는 경우도 있다. 때로는 가족과 이웃들이 줄어드는 음경을 잡아당기며 무리 전체가 이를 돕기도 하고, 끈(혹은 중국에서 발생한 코로 유행 기록에 따르면, 참마 뿌리로)[18] 같은 도구를 이용해 묶은 뒤 잡아당기기도 한다. 당연히 이 구조 작업에는 부상이 따를 수 있다. 그러나 일반적으로 코로 발작은 대개 몇 시간 동안 지속되다가 비교적 금방 사라지며 장기적인 영향은 거의 남기지 않는다.

코로는 문화 관련 증후군을 보여 주는 사례다. 이 증후군은 문화적 신념의 영향을 크게 받으며 신념 체계가 다른 타 문화권에서는 발생하지 않는(아니면 매우 다른 방식으로 나타나는) 증상이다. 정보의 사회적 전파에 크게 좌지우지되기 때문에 그 밖의 문화권에 사는 사람들에게는 말도 안 돼 보이는 상황인 경우가 많다.

'악마의 눈'이라는 사례가 아마 더 잘 알려져 있을 것이다. 두 단어의 조합은 '증오나 혐오를 담은 시선'을 뜻하는 은어가 되었지만, 일부 문화권에서는 대개 질투나 반감에 의한 저주를 담은 눈초리를 뜻한다. 이 지역의 믿음에 따르면 저주는 불운을 낳을 수 있는데, 이것이 실제로 위험을 초래할 수 있으며 잠재적으로 부상이나 죽음에 이르게 할 수도 있다고 여겨진다. 악마의 눈에 대한 믿음은 고대 그리스로 거슬러 올라가나, 오늘날에도 의외로 널리 퍼져 있다. 1970년대에 진행된 한 연구는 전 세계 186개 사회 표본의 3분의 1 이상에서 악마의 눈에 관한 믿음을 발견했다.[19]

정액상실불안증semen-loss anxiety은 아마 서구 문화권에서는 익숙지 않은 증상일 것이다. 의학계에서는 닷증후군Dhat syndrome이라고 부른다. '닷'은 산스크리트어로 '신체의 영약(정액을 의미한다)'이라는 뜻이다. 닷증후군은 인도와 파키스탄 등 일부 아시아 국가에서 쉽게 발견되는 현상이다. 파키스탄의 한 연구에 따르면, 병원을 방문한 남성의 30퍼센트가 지난 달 닷증후군을 겪었다고 토로했다.[20]

닷증후군의 증상으로는 피로감, 쇠약함, 불안, 그리고 간혹 성 기능 장애가 있으며 모두 정액이 사라졌기 때문이라고 생각한다. 환자는 대개 소변을 통해 정액이 빠져나간다고 주장한다. 오줌에 섞인 정액을 봤다고 주장하기도 하지만, 정액 상실은 의사들이 (혹은 그 누구라도) 확인할 수 있는 것이 아니다.

닷증후군은 건강과 정력, 남성성에 필수적인 '활력을 주는 액체 vital fluid'로서 정액의 중요성에 관한 믿음과 연결돼 있다. 그렇기에 정액이 사라진다는 생각이 극심한 불안을 일으키는 것이다. 닷증후군의 발생 원인은 명확하지 않으나, 흔히 과도한 자위행위나 성적인 꿈, 지나친 성욕, 계란이나 비채식 식단 등 특정 음식의 섭취 등이 원인이라고 여겨진다(닷증후군은 채식주의자 인구가 많은 국가에서 가장 많이 발생한다).[21]

정액상실불안증은 꽤 만연해 있으며 역사적으로도 자주 등장한다. 오늘날에는 중국의 셴쿠이shenkui와 같은 유사한 다른 증후군도 있다. 서구 문화권에도 정액상실불안증은 아주 낯선 현상은 아니다. 19세기에는 정액루spermatorrhea라는 질환이 영국과 프랑스, 미국을 비롯해 여러 서방 국가 남성들의 공중 보건에 심각한 위협으로 여겨졌다. 정액루는 (저도 모르게 혹은 과도한 섹스나 자위로 인해) 정액이 나오는 질환으로 쇠약함, 초조함, 피로감 등 닷증후군과 같은 증상을 동

반한다.[22]

정액 상실 문제에 대한 우려, 그리고 정액은 낭비되어서는 안 된다는(생식 행위에만 사용되어야 한다는) 생각은 자위가 죄악이며 적어도 도덕적으로 혐오스러운 행위라는 주장을 형성하고 퍼뜨렸다. 이처럼 많은 문화에서 정액은 꽤 중요한 대상으로 여겨진다.

이러한 증후군들을 거만한 눈으로 쳐다보며 그런 믿음은 우리보다 덜 선진한 문화를 지닌 사람들에게나 나타나는 것이라 생각하기 쉽다. 특이하게 들릴 수도 있지만, 아주 현실적인 증상을 보이는 실재하는 문제라는 점을 명심해야 한다. 즉, 코로 때문에 실제 음경이 사라지지는 않더라도 극도의 불안과 공황은 야기한다는 의미다. 그렇기에 코로는 (보통은 정신과) 치료가 필요한 질환이다.

더불어 하나 더 강조하자면, 문화 관련 증후군에서 자유로운 문화는 없다. 모든 문화에는 그들의 현실을 대표하는 증후군이 있으며 외부에서 보면 어리석은 현상처럼 보일 수도 있다. 그러나 현대 서구권 사회에서 흔히 볼 수 있는 질환 중에서도 연구자들이 문화 관련 증후군으로 지정해야 한다고 생각하는 문제가 있다는 사실을 알면 놀랄 것이다.

물론 이런 주장은 논란이 많을 수 있는 주제다. 문화가 증후군에 영향을 미친다는 주장만으로도 실제 병증을 경험하고 있는 당사자는 억울함을 느낄 수 있기 때문이다. 그러나 다시 강조하지만, 문화 관련 증후군으로 지정되었다고 해서 이들이 겪는 병증이 진짜가 아니라는 뜻은 아니다. 단순히 문화의 영향을 크게 받는 문제라는 의미다. 예컨대 일부 연구자는 신경성폭식증bulimia nervosa과 같은 특정 섭식 장애가 문화와 관련 있다고 주장한다. 여러 문화에서 발생하는 신경성폭식증을 관찰한 한 연구에 따르면, 적어도 마른 몸매가 이상적임을 강조하는 서구권 문화에 노출되지 않은(그리고 잠재적으로 영향을 받지 않은) 사람들에게서는 신경성폭식증이 발생했다는 증거가 발견되지 않았다.[23] 폭식증이 실제로 존재하는 장애가 아니라는 말이 아니다. 마른 몸매를 이상적이라고 여기는, 그리고 음식이 풍족하여 폭식을 부추길 수 있는 문화에서만 발생할 가능성도 있다는 것이다.

특정 질환을 문화 관련 증후군으로 분류한다는 건 경우에 따라 실제 징후나 증상을 특정한 문화적 방식으로 바라보게 된다는 의미이기도 하다. 그래서 어떤 연구자들은 (논란의 여지는 있지만) 월경전증후군PMS과 ADHD 역시 문화 관련 증후군으로 분류할 수도 있다고 주장했다. 두 질환 모두 실제 증상을 동반하지만, 치료가 필요한 증상으로 여겨지는지는 문화적 관점에 따라 다르다. 다시 말하지만, 이런 주장을 한다고 해서 해당 질환이나 증상들이 실재하지 않는다는 의미는 아니다. 오히려 그것이 논리적으로 내릴 수 있는 유일한 결론이 아님에도 문화적인 차원에서 월경의 징후와 증상, 주의력 변화를 의학적 질환으로 분류하여 치료하기로 결정했음을 뜻한다.

✦

문화 관련 증후군이냐 아니냐에 관한 논란과는 상관없이 이런 증후군이 존재한다는 사실은 인간의 사고방식에 사회적 영향이 큰 힘을 발휘한다는 점을 보여 준다. 인간은 본질적으로 사회적 동물이라고들 말한다. 우리 뇌가 사회적 정보에 얼마나 큰 가치를 두는지 측정해 보면 맞는 말처럼 들린다. 실제로 뇌는 옳은 판단을 뒤집고 세상을 바라보는 직관적인 관찰을 왜곡하고 심지어 현실의 한계에 대한 기대치를 바꿔 버릴 정도로 사회적 정보에 큰 가치를 두는 방향으로 진화해 온 것 같다.

10장

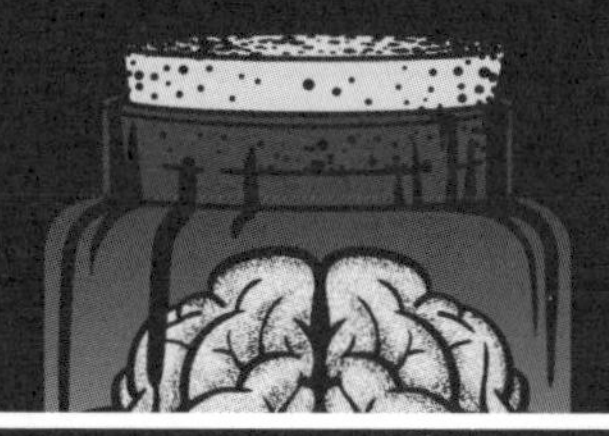

무엇을 잃어버렸나

부재

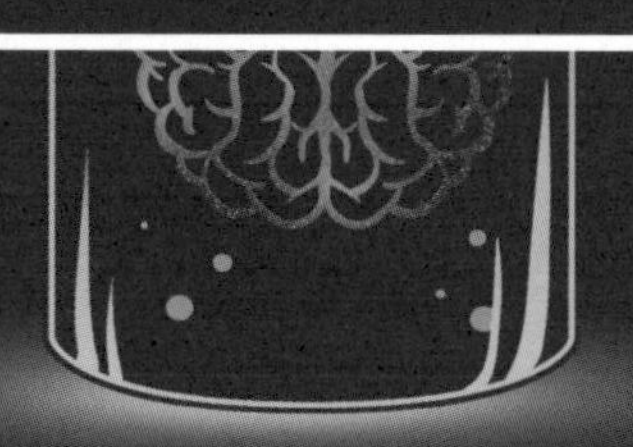

BIZARRE

비가 내리는 쌀쌀한 런던의 1월, 존은 대학 생활 중에서도 유달리 어려울 것으로 예상되는 학기를 막 시작한 참이었다. 그는 전자공학을 공부하는 학부생이었는데, 이번 학기에는 전자 회로 설계, 분석 강의와 더불어 미적분학, 일반 물리학, 그리고 내향적인 청년으로서는 별로 달갑지 않은 대중 연설 강의를 수강하고 있었다.

학기 첫 달을 절반 정도 보냈을 무렵, 존은 이미 모든 강의가 너무 버거웠다. 그리고 상황은 훨씬 더 복잡해졌다. 그가 느끼기에 실내든 실외든, 모든 곳에서 이상한 냄새가 나는 것 같았다. 정확히 어떤 냄새인지 꼬집어 말할 수는 없었지만 썩은 과일을 연상케 하는 강렬한 흙냄새가 났다. 그러나 강의실에 있는 학생들이나 친구들에게 물어봐도 대체 무슨 소리냐는 표정으로 존을 바라볼 뿐 아무 냄새도 맡지 못하는 듯했다. 존은 자기가 미친 것 같았다.

존은 신경학자들이 환후phantosmia 혹은 '환상 냄새'라 부르는 증상을 겪고 있었다. 부비강 문제처럼 경미한 원인으로도 발생할 수 있지만, 뇌종양과 같이 더 심각한 문제를 암시하는 증상일 수도 있다. 존의 경우에는 뇌에 헤르페스 감염(그렇다, 바로 그 문제 덩어리 헤르페스 바이러스의 재출연이다)이 발생했다는 첫 번째 신호였다.

존은 설명할 수 없는 이 냄새를 무시하려 애썼지만 그럴 수가 없었다. 게다가 곧 발열, 인후염, 두통 등 다른 증상도 나타나기 시작했다. 이상한 냄새는 몸 상태가 좋지 않아서 느꼈던 걸지도 모르겠다고 생각했으나, 이틀 동안 존의 상태는 더 나빠졌다. 두통과 열이 심해졌고 목은 이렇게 아플 수 있나 싶을 정도로 아팠다.

존은 몰랐지만, 당시 그의 증상들은 뇌수막염meningitis의 전형적인 징후였다. 뇌수막염은 뇌를 둘러싼 '뇌수막'에 염증이 발생하는 질환이다. 뇌수막은 뇌를 구조적으로 지지해 주며 잠재적인 손상에서 뇌가 받는 충격을 완화해 주고 두개골 안에서 뇌가 이리저리 흔들리지 않게 돕는다. 게다가 뇌수막에는 '뇌척수액'이라 불리는 물질이 들어 있는데, 이 물질은 앞서 설명한 보호 기능을 보조할 뿐 아니라 뇌 전체로 중요한 물질을 전달하고 뇌에서 노폐물을 제거하는 역할도 한다.

그런데 이 뇌수막은 박테리아나 바이러스, 기타 병원체에 감염되기 쉽다. 이 중 하나가 뇌수막에 침투할 경우 치명적인 염증성 반응인 뇌수막염으로 이어질 수 있다.

발작이 일기 전까지 존은 상황의 심각성을 인지하지 못했다. 발작을 겪은 뒤 그는 거의 기력이 없는 상태로 병원으로 이송됐다. 의사들은 빠르게 뇌수막염이라는 걸 알아차렸고 헤르페스 감염이 근본 원인이라 여겨 치료를 시작했다. 일주일 후 존의 열은 가라앉았고 정신도 조금 돌아왔다.

2주 동안 존의 증상은 차츰 나아졌는데, 가끔 이상한 행동을 보이기도 했다. 근처에 있는 건 '무엇이든' 먹거나 마시려고 했던 것이다. 샴푸를 홀짝였고 화병에 담긴 물을 벌컥벌컥 들이켰으며 심지어 자신의 소변도 마셨다. 뿐만 아니라, 비누와 담요, 요도에 삽입한 카테터, 자신의 대변까지 먹으려 했다. 존은 이 모든 행위를 일상인 듯 태연하게 실행했다.

이후 반년 동안 존은 꾸준히 회복했고 기이한 식음 취향도 점차 사라졌다. 그럼에도 그는 뇌수막염에 걸리기 전으로 완전히 돌아가지는 못했다. 여전히 정상적인 생활을 어렵게 만드는 심각한 기억 상실증에 시달렸으며 큰 감정 기복을 보였다.[1] 여기까지만 해도 힘들 것 같지만, 사실 존의 증례를 소개한 건 그에게 생긴 다른 이상한 장애를 이야기하기 위해서다.

뇌수막염을 겪고 두어 달 정도 지나서 실시한 언어성 지능verbal IQ과 기타 인지 기능에 대한 검사에서 존은 정상 점수를 받았다. 이따금 원하는 단어를 떠올리는 데 애를 먹기는 했지만 유창하게 말했다. 그런데 사진에 등장하는 피사체의 이름을 말하며 구분하는 능력 검사에서 의사들은 존에게 문제가 있다는 것을 알아챘다. 서류 가방이나 컴퍼스, 쓰레기통 등 무생물 사진을 보여 줄 때는 사물의 이름과 용도를 잘 설명했다. 문제는 살아 있는 것을 알아보지 못했던 것이다.

구체적으로 생물과 무생물을 구분하는 능력을 검사하자 존은 무생물의 90퍼센트는 이름을 맞췄지만 생물의 경우 정답률은 6퍼센트에 그쳤다. '앵무새'라는 단어를 정의해 보라고 요청하자 존은 그냥 "모르겠는데요"라고 답했다. '타조'라는 단어에는 "이상하다"고 답했다. 달팽이를 보여 줬을 때에야 "곤충 동물"이라 답하며 비로소 답에 근접했다.[2]

존이 겪는 건 단순한 언어적 문제 이상이었다. 그는 하나의 분류로서 생물을 이해하는 데 전반적인 어려움을 겪는 듯 보였다. 살아 있는 것을 생물로 적절히 범주화하지 못했다. 이것은 사물을 인지하는 초기 단계 중 하나로, 존은 당연히 익숙해야 할 대상을 인식하지 못했다.

이 장애는 매우 특이해 보인다. 거의 모든 인지 능력은 정상인데 어떻게 특정 범주에 속하는 대상을 인지하는 능력만 잃을 수 있단 말인가? 놀랍게도 이 특이성은 그렇게 찾기 어려운 건 아니다. 이는 **실인증**agnosias이라 불리는 장애에 속하는 것으로 볼 수 있다. 실인증은 다양한 형태로 나타나는데, 하나의 구별된 종류 혹은 범주만을 알아보지 못하거나 인지하지 못한다는 공통점이 있다.

무지를 인지하다

실인증은 그리스어로 '알지 못함'을 뜻하며 감각이나 인지 능력의 결함이 원인이 아닌 지각 또는 인지 장애를 일컫는다. 이를테면 존은 여전히 볼 수 있고 대부분 생각도 명확히 할 수 있지만, 생물을 인지하지 못한다. 실인증 자체는 장애의 한 범주를 일컬으며 이 범주 안에는 서로 꽤 달라 보이는 수많은 질환이 있다. 그러나 그 모든 질환에는 인간 생활에서 기본적으로 필요한 경험의 어떠한 부분들을 인식하지 못한다는 공통점이 있다.

실인증은 대개 인지의 특정 요소와 관련된 뇌 영역에 손상이 생기면 나타난다. 이 인지 장애는 미가공 감각 정보를 해석하는 것부터 여러 정보를 통하여 세상에 대한 유의미한 시각을 형성하는 것까지 지각의 여러 측면을 뇌의 서로 다른 영역에서 담당한다는 점을 보여준다. 이렇게 서로 다른 역할을 담당하는 뇌의 영역들이 협업해야 우리 주변의 세상을 이해할 수 있으며 그 결과 우리는 지각할 수 있음은 물론(꽃이 피는 모습을 지각하는 등) 그것의 맥락적 중요성(봄이 오고 있음을 암시하는 등)을 깨달을 수 있다. 각기 다른 뇌 영역이 저마다의 역할을 맡아 경험을 완성하기 때문에 어느 한 영역에 손상을 입으면 특정한 방식으로 주변 환경을 지각하지 못하게 되는 것이다.

여러 유형의 실인증을 통해 이를 확인할 수 있다. 안면실인증prosopagnosia 환자는 대체로 시각을 통한 지각에는 문제가 없다. 얼굴을 알아보지 못하는 걸 제외하면 말이다. 환자는 코와 눈 등의 특징을 보고 얼굴이 얼굴인 것은 안다. 다만 그 모든 특징을 조합하여 처리하지 못하므로 서로 다른 얼굴을 구별하지 못한다. 이들에게 얼굴이란 우리에게 무릎만큼이나 구별하기 어려운 대상이다.

예컨대 안면실인증 환자가 길을 걷고 있는데 건너편에서 어머니가 다가온다면 (이론적으로는) 사랑하는 어머니의 눈을 아무리 똑바로 쳐다보더라도 알아보지 못할 것이다. 그러나 실제로 이런 일은 잘 벌어지지 않는다. 대부분의 안면실인증 환자는 머리나 옷 스타일, 걸음걸이, 목소리 등 다른 단서로 사람들을 알아보는 데 능숙해지기 때문이다. 너무나 능숙한 나머지 주변인들이 증상을 알아채지 못할 정도다. 안면실인증 환자는 얼굴을 거의 인식하지 못하므로 거울에 비친 자신의 얼굴도 알아보지 못한다. 심각한 경우, 이목구비조차 구별하지 못한다. 얼굴이란 "눈이 있는 자리에 검은 동그라미가 두 개 찍혀 있는 흰 방울 덩어리처럼 보일" 뿐 다른 특징은 파악할 수 없다고 말한 환자도 있었다.[3]

안면실인증은 시각실인증visual agnosia으로 여겨진다. 주로 시각적 자극을 지각하거나 인지하는 능력에 문제가 생기기 때문이다(실인증은 가장 크게 영향을 받는 감각에 따라 분류된다). 다른 실인증과 마찬가지로 시각실인증은 얼굴부터 색, 거울에 비치는 상에 이르기까지 환자가 제대로 지각하지 못하는 자극의 특수성 때문에 주목할 만하다. 특히 거울의 경우, 환자는 자신이 거울을 보고 있다는 사실은 이해하나(이들에게 물으면 거울을 보고 있다고 대답할 거다) 실제 입체적 장면이 아닌 반사된 모습을 보고 있다는 사실은 인식하지 못한다. 손가락이 유리에 닿는 것을 의아해하며 계속해서 거울 속 물체를 만지려 할 수도 있다.

그러나 시각실인증은 단순히 사물만 인지하지 못하는 게 아니다. 예를 들어 동작맹akinetopsia이 있는 사람은 움직임을 지각하지 못한다. 한 동작맹 환자는 차를 따르다 언제 멈춰야 할지 알 수 없었던 이유를 컵 안에 차가 차오르는 것이 보이지 않았기 때문이라고 설명했다. 환자의 눈엔 컵 안에 든 차가 마치 그대로 굳어 버린 듯 보였던 것이다. 또 근처에 사람들이 있으면 당황스러웠다. 사람들의 움직임을 인식할 수 없었고 이곳에서 저곳으로 순간 이동하는 것처럼 보였기 때문이다. 사람들에게 말을 걸면 그들의 입은 부드럽게 움직이는 대신 마치 호두까기 인형처럼 부자연스럽게 열렸다가 닫혔다. 길을 건너는 일은 더 힘들었다. 환자는 이렇게 설명했다. "처음 차를 보면 저 멀리 있는 것처럼 보여요 그런데 어느 순간…… 갑자기 코앞에 와 있어요."[4]

동시실인증simultanagnosia은 한 번에 하나의 물체만을 지각할 수 있는 병증으로 역시나 사람을 불안하게 만든다. 여러 상세한 항목이 포함된 복잡한 장면을 볼 때 동시실인증 환자는 하나의 독립된 특징에만 집중한다. 여러 코스의 음식으로 가득한 저녁 식사 테이블에 환자와 함께 앉아서 지금 무엇이 보이냐고 물으면 아마 "포크"라고 답할 것이다. 차에서는 타이어만 보일 테고 집 앞에 서 있다면 오로지 창문에만 집중할 것이다. 이들은 이것저것을 조금씩만 볼 수 있을 뿐 결코 전체를 보지 못한다. 이 장애는 동시실인증 환자들이 간혹 기능적으로 실명했다고 간주하게 만드는 문제를 낳는다.

보고, 만지고, 들을 수 있다는 것

시각실인증을 연구한 신경과학자들은 시각을 구성하는 여러 측면을 통제하는 뇌의 영역이 서로 다르다는 것을 깨달았다. 각기 다른 뇌 영역에 발생한 손상이 유발하는 장애가 다르기 때문이다. 각 영역들(시각을 처리하는 대규모 네트워크의 일부이기도 하다)이 제대로 기능을 해야만 우리 뇌는 완전한 시각 장면을 구성할 수 있다.

시각 정보의 분리는 망막에서 시작된다. 망막은 특화된 뉴런으로 구성된 얇은 층으로 눈 뒤편에 있다. 망막 세포는 시각적 지각 과정을 개시하는 신경 신호를 보내 빛에 반응하게끔 특화되어 있다. 이 신경 신호 대부분은 뇌의 뒤쪽, '일차 시각피질'이라는 영역으로 이동한다.

일차 시각피질은 엄청난 양의 정보를 받는다. 한 연구에 따르면, 망막은 초당 약 1000만 비트의 정보를 뇌로 보낸다. 평균 인터넷 연결 속도보다 아주 약간 모자란 속도다.[5] 정보 대부분은 일차 시각피질로 보내지고 이곳에서 정보를 분석하고, 방향, 3차원적 깊이, 움직임 등 시각적 장면의 기본적인 특징들을 파악하여 뇌에서 해당 장면을 재구성하기 시작한다.

뇌에서 미가공 이미지가 생성되고 난 다음에도 아직 갈 길이 멀다. 이제 뇌는 이미지에 의미를 부여해야 한다. 뇌는 과거 경험의 기억을 꺼내 현재 보고 있는 장면과 유사한 부분을 파악하고 현재 목표를 바탕으로 어떤 자극에 집중하는지 판단한다. 이러한 시각적 지각의 고차원적 특징에는 일차 시각피질 외 다른 영역들의 역할이 필요하다.

현대의 신경과학 모델들은 시각 정보가 일차 시각피질을 떠나 두 방향으로 분기되어 시각 처리의 서로 다른 두 역할을 담당하는 영역으로 향한다고 주장한다. 이 견해를 '이중 흐름 가설two-streams hypothesis'이라 부른다. [249쪽 뇌 구조도 6 참고]

하나의 흐름(경로)은 일차 시각피질을 떠나 인근의 다른 시각 영역들로 향한다. 이름이 조금 재미없지만, 이 영역들을 시각 영역visual area 2와 시각 영역 4라고 부른다. 경로는 측두엽으로 이어지고 '하측두피질' 영역까지 뻗어 나가며 뇌의 밑면까지 확대된다. 하측두피질에는 사물을 인지하는 데 특화된 뉴런 기둥들이 모여 있다. 이 흐름은 (복측ventral이라는 단어가 뇌의 아랫부분을 지칭하므로 '복측 흐름'이라고 불린다) 사물이 무엇인지 판단하게끔 돕는다. 그래서 '대상 경로what pathway'라고도 불린다.

두 번째 흐름(경로)은 시각 영역 2, 시각 영역 3, 시각 영역 5('중간측두 시각 영역'이라고도 알려져 있다)와 같은 시각 영역을 지나 이동한다. 이 경로는 두정피질을 향해 위로 올라간다. 2장에서도 이야기했지만, 두정피질은 공간 내 우리 몸의 위치와 우리와 유관한 사물들의 위치를 이해하게끔 돕는다. 이 흐름(배측dorsal이 뇌의 윗부분을 지칭하므로 '배측 흐름'이라고 불린다)은 주변에 있는 사물들의 위치를 감지하는 데 중요한 역할을 하는 것으로 여겨지며 '위치 경로where pathway'라고도 불린다.

각 경로는 뇌의 수많은 부분을 연결하는데, 그 결과 복잡한 네트워크가 구성되어 풍부한 시각적 경험을 생성한다. 앞서 설명한 실인증의 해부학적 기초를 자세히 살펴보면 각 경로와 이것이 연결하는 영역의 독특한 역할을 알 수 있다. 예를 들어, 안면실인증 환자는 '방추형 얼굴 영역'으로 알려진 하측두피질에 있는 블루베리 크기 만한 영역에 손상을 입은 경우가 많다. 이 영역에는 집이나 나무 등 다른 대상을 볼 때는 조용하지만 얼굴을 볼 때만 활성화되는 뉴런이 있다. [249쪽 뇌 구조도 6 참고]

따라서 신경과학자들은 방추형 얼굴 영역이 얼굴을 인지하는 데 특화돼 있다고 가정했다. 그러나 다른 수많은 가설과 마찬가지로 이 가설 역시 논쟁의 대상이다. 일부에서는 이 영역은 단지 얼굴만이 아니라 친숙함을 느끼는 모든 대상에 집중한다고 주장하기 때문이다. 실제로 한 연구는 조류 관찰자와 자동차 전문가가 각각 새와 자동차를 볼 때 방추형 얼굴 영역이 크게 활성화되는 것을 관찰했다. 게다가 이 영역에 손상을 입은 뒤 새를 알아보는 능력을 잃은 한 조류 관찰자의 사례도 있다.[6] 그러나 얼굴을 인식하는 데 있어서 방추형 얼굴 영역의 정확한 역할과 관계없이, 이 영역이 손상되면 얼굴 인식에 큰 영향을 미친다.

실제로 하측두피질에는 특정 자극의 특성을 식별하는 데 특화된 뉴런들이 기둥의 형태로 배열돼 있는 것으로 보인다. 대부분 이 자극 특성들은 일반적이지만(세포가 특정 형태나 패턴에 반응하여 활성화하는 등), 방추형 얼굴 영역에 있는 뉴런에는 이 규칙이 적용되지 않는 것 같다. 어찌 되었든 하측두피질에서 세포가 활성화되는 요건은 단순한 크기나 색보다 더 복잡하며 여기에 있는 뉴런은 우리가 눈으로 보는 대상을 파악하는 데 상당히 중요한 역할을 하는 것으로 여겨진다. 하측두피질의 뉴런이 손상되면 얼굴과 같은 특정한 시각 자극을 인지하지 못한다.

반면 '위치 경로'에 있는 뉴런에 발생하는 손상은 공간적 방위spatial orientation와 시각 주의visual attention, 움직임 지각 장애와 연관돼 있다. 예컨대 동작맹(움직임 인지 능력장애)은 중간 측두 시각 영역에 발생한 손상과 관련이 있다. 그리고 동시실인증(한 번에 하나의 사물만 지각할 수 있는 장애)은 '위치 경로'를 따라 발견되는 측두엽과 두정엽 영역에 발생하는 손상과 관련이 있다.

이 기이한 지각 장애들은 가장 간단한 것이라도 '보는 일'에는 여러 영역의 뉴런이 투입된다는 점을 이해하는 데 도움이 된다. 시각뿐만이 아니다. 다른 감각들 역시 뇌의 수많은 영역이 공동의 노력을 기울여야 인식되며 굉장히 특이한 방식으로 장애가 나타날 수도 있다. 가령 촉각실인증tactile agnosia 환자는 여전히 촉감을 활용할 수는 있지만 촉감만으로는 사물을 인지하지 못한다. 보통 손바닥에 열쇠를 올려놓고 손가락으로 느껴 보라고 한다면 눈을 감은 상태에서도 그리 오래지 않아 그것이 열쇠임을 알 수 있다. 그러나 촉각실인증 환자는 손에서 열쇠를 이리저리 굴려 가며 몇 분에 걸쳐 열쇠의 패인 부분과 윤곽을 만져도 정체를 알아내지 못할 것이다.

실음악증amusia 환자는 듣는 데에는 문제가 없지만 음악을 지각하지 못한다. 병증의 명칭에서 알 수 있듯이, 실음악증 환자는 음감을 구분하지 못하는 음치다. 아마 〈징글벨〉처럼 익숙한 곡은 가사로 노래를 맞출 수 있을지도 모른다. 그러나 가사를 빼고 반주 버전만 들려주면 이들의 귀에는 〈징글벨〉이든 다른 곡이든 음이 뒤섞인 불협화

음으로만 들린다. 반주만 들려주면 〈생일 축하합니다Happy Birthday〉 〈헤이 쥬드Hey Jude〉 〈보헤미안 랩소디Bohemian Rhapsody〉를 구분하지 못할 것이다. 실음악증 환자는 보통 음악을 재미없거나 완전히 짜증난다고 생각하는데, 아무리 매끄럽게 연주되는 곡도 이들에게는 우리 집 5학년짜리 꼬마가 트럼펫을 시작하고 처음 두어 달 동안 내던 소리와 다름없이 들리기 때문이다.

지금까지 우리는 시각, 촉각, 청각 등 감각 처리와 관련한 문제를 안은 실인증에 집중했다. 각 사례는 감각 경험에 부분적인 문제를 일으켰지만, 나머지 부분에는 문제를 일으키지 않았다. 그러나 실인증은 감각에만 국한되지 않으며 더 복잡한 능력에도 지장을 초래한다. 그 결과, 정신적 삶을 영위함에 있어 결코 없어서는 안 될 기본적인 요소들을 사라지게 만든다.

시간을 벗어나다

개리는 미장공이라는 직업도 그렇고 만성적인 음주까지도 아버지의 전철을 그대로 밟은 50대 미혼 남성이었다. 1938년 여름, 취한 상태로 추락 사고를 당한 그는 극심한 혼란을 느끼며 병원에 도착했다. 입원 수속을 밟을 때 자신의 이름과 생년월일을 떠올리지 못할 정도로 정신적인 충격이 심각했다. 의사들은 그의 두개골이 골절됐으며 뇌 손상이 생겼다는 사실을 발견했다.

시간이 지나면서 개리는 간단한 질문에는 답할 수 있게 되었지만, 그의 반응 일부는 의사들을 걱정스럽게 했다. 일반 추론 능력에는 문제가 없었고 기억도 대부분 온전했지만 가장 걱정되는 부분은 시간 인식 능력에 관한 것이었다. 의사들이 지금이 몇 년도냐고 물었을 때, 그는 자신 있게 지금이 "1895년"이라고 말했다. 무려 43년이나 차이가 났다. 1895년이면 그가 열다섯일 때였다.

추가 질문을 통해 의사들은 개리가 과거의 사건은 잘 묘사하지만 정확한 시간대를 특정하지 못한다고 판단했다. 그는 어떤 사건이 일어났다는 사실은 알아도 '언제' 일어났는지는 몰랐다. 그에게는 어제 일어난 일이나 10년 전에 일어난 일이나 그게 그거인 듯 보였다.

개리는 시간 개념을 이해하고, 추산하고, 인식하는 능력을 잃었다. 심지어 아주 짧은 시간 간격조차 그것이 어느 정도인지 추측하지 못했다. 1분 동안 조용히 앉아 있으라고 하면 20초 만에 시간이 다 되었지 않냐고 하거나, 아니면 5분이나 기다렸다. 그의 문제는 긴 시간을 다룰수록 더 명백해졌다. 그는 시간을 자꾸만 급격히 줄였다. 그가 이혼한 지는 21년이 지났는데, 아내와 헤어진 지 얼마나 되었냐는 질문에 "7년"이라고 대답했다.[7]

시간이 감각이 아니라는 점을 감안하면 개리의 상태는 실인증을 분류하는 지각 범주에 깔끔하게 속하지는 않는다. 그래서 새로운 범주가 만들어졌다. 개리가 보인 병증을 **시간실인증**time agnosia이라고 부른다. 시간실인증은 상상하기가 어렵다. 대부분의 사람에게 시간은 어디에서나 너무 당연한 것이기 때문이다. 시간은 기억에 맥락을 입히고 우리 행위에 긴급성을 부여하며 감정적 고통을 줄일 수 있는 기회를 준다. 다행히도 시간실인증은 아주 드문 사례로, 보통 뇌 손상의 결과로 발생한다. 그러나 희귀하다는 특징은 시간실인증의 신경학적 기반을 이해하는 데 장애물로 작용한다. 연구할 환자의 수 자체가 적은 탓이다.

다행히 개리의 상태는 저절로 나아졌다. 입원한 지 다섯 달쯤 지난 1938년 12월, 갑자기 개리의 시간 감각이 돌아왔다. 7개월의 입원을 마친 1939년 2월 중순, 그는 퇴원했다.

머릿속 영사기가 꺼진다면

위의 내용을 읽으며 당신의 머리에는 어떤 심상, 즉 이미지들이 떠올랐을 것이다. 병원에서 시간을 묻는 의사들의 질문에 정확히 답하려 애쓰는 나이 든 한 남성의 모습을 떠올렸을 수도 있고, 눈으로 책은 읽으면서 정신이 딴 데 팔려 있느라 다른 생각을 했을 수도 있다. 우리 정신은 끊임없이 심상을 만들어 내고 이 능력은 우리 삶에 없어서는 안 될 중요한 부분이다. 덕분에 우리는 구체적인 내용을 떠올리고, 미래 상황을 예측하고, 새 정보를 이해하며 때로는 하나의 탈출구로 활용하기도 한다. 그런데 머릿속 영사기가 갑자기 꺼진 것 마냥 심상을 형성하는 능력이 한순간 사라졌다고 상상해 보자. 바로 **아판타시아**aphantasia를 겪는 사람들에게 벌어지는 일이다.

애런이 예기치 못한 뇌졸중을 겪은 건 건축가로 성공한 50대 초반의 일이었다. 물론 뇌졸중은 예측할 수 없다. 하지만 60대 미만의 비교적 건강한 사람에게 발생한 건 조금 놀랄 만한 일이기는 하다. 다행히도 애런은 아직 젊었고 기타 심각한 질환이 없었기 때문에 빠르게 회복했다. 그런데 뇌졸중을 겪고 몇 년 후, 그에게는 지속되는 장애가 생겼다. 심각한 안면실인증이 생겨 거울에 비친 자기 얼굴조차 인지하지 못하게 된 것이다. 또한, 곧잘 방향을 헷갈렸으며 길을 잘못 찾았다. 심지어 아주 익숙한 장소에서도 말이다.

그러나 가장 큰 문제는 밖에서 보이지 않았다. 심상을 형성하는 능력이 사라진 것이다. 애런의 말에 따르면, 뇌졸중이 오기 전에 그는 심상을 만드는 데 능했다. 건축가로서 자주 활용하던 기술이었다. "이전에 제 시각화 능력은 꽤 인상적이었어요." 애런은 말했다. "직장에서 저는 대부분의 사람이 잘 생각하지 못하는 대상을 시각화하고 기억할 수 있었어요. 자리에 가만히 앉아 이렇게 말하곤 했죠. '글쎄, X와 Y, Z 모두를 할 수는 없어. 이 부분과 저 부분에 이런 문제가 있잖아.' 하지만 지금은 도면을 보면서 작업해야 해요."[8]

상상력의 부재

정식으로 심상을 연구한 최초의 인물은 빅토리아 시대의 박식가 프랜시스 골턴Francis Galton이다. 골턴은 여러 분야에 지대한 공헌을 했는데, 최초의 기상도(오늘날의 모든 일기예보에 사용되는 기온과 한랭 전선, 온난 전선을 보여 주는 유형)를 만들었고 지금도 사용되는 지문 분류 체계를 고안했으며 유전학이 행동에 미치는 영향을 탐구하는 행동 유전학 분야를 창시하는 등 여러 유명한 업적을 남겼다.*

1880년, 골턴은 100명의 남성을 대상으로 조사를 진행했다. 이 중 대부분은 그의 친구들과 성공한 과학자들이었다. 조사에서 골턴은 응답자에게 아침 식사용 식탁과 같은 사물을 하나 생각하고 마음 속에 해당 사물의 이미지를 만들어 보라고 요청했다. 그리고 형성된 이미지에 관해 몇 가지 질문을 던졌다. "상이 흐릿합니까, 아니면 또렷합니까?" "밝습니까, 어둡습니까?" "색이 있습니까, 아니면 흑백입니까?"

놀랍게도 응답자 대부분은 자신에게 심상을 또렷이 형성하는 능력이 있다는 점을 부인했다. 골턴은 이런 응답을 다수 받았다. "제가 느끼기에 기억과 실증적인 시각적 인상 사이에는 연관성이 거의 없습니다. 아침 식사용 식탁을 기억할 수는 있지만, 그것이 보이지는 않습니다." 어떤 이들은 시각적 상상력을 가진 사람이 있다는 사실 자체에 회의적인 태도를 보였다. 골턴은 이렇게 적었다. "놀랍게도 과학계에 있는 이들의 절대다수가 심상을 알지 못한다고 주장했다. (……) 이들은 자신이 색의 본질을 알지 못한다는 사실조차 깨닫지 못하는 색맹보다도 심상의 본질에 관한 개념을 모르고 있었다."[9]

반면 골턴은 과학자가 아닌 사람들은 또렷한 심상을 자주 본다

---

* 안타깝게도 유전에 대한 골턴의 관심은 우생학에 관한 생각으로 발전했다. 우생학은 인간의 선택적 번식 접근법으로 골턴은 이를 인류를 발전시키는 하나의 방식으로 보았다. 우생학에 관해 골턴이 쓴 글은 그의 업적 가운데 얼룩으로 남았고, 일부에서는 이 개념을 집단 학살을 정당화하는 데 사용했다.

는 점을 발견했다. 이에 그는 확신을 갖고 이렇게 선언했다. "과학자 계급은 시각적 표상을 만들어 내는 능력이 부족하다." 골턴은 심상(그는 심상을 소설가나 시인의 영역이라고 보았다)이 잘 발달되어 있지 않은 상태에서 추상적 사고에 능하면서도 과학적 사고방식을 지니려면 어느 정도 절충점을 찾아야 한다고 가정했다.

심상에 관한 골턴의 연구들은 대부분 100년 넘게 심리학 분야에서 아무 의심 없이 받아들여져 왔다. 그런데 시간이 지나 다른 연구자들이 그의 실험을 재현하려 시도하자 심상을 형성하지 못하는 과학자(혹은 일반 개인)의 비율이 그리 높게 나오지 않았다. 2000년대 초, 두 연구자가 현대 과학자들과 대학 학부생을 대상으로 골턴의 연구를 다시 시도했고 참여한 과학자의 94퍼센트는 보통에서 높은 수준의 심상 형성 능력을 보였다. 이 중 누구도 심상을 형성하지 못하는 사람은 없었다.[10]

다른 여러 연구를 통해서도 골턴이 도출한 결론에 의문이 제기되었다. 비과학자를 대상으로 한 골턴의 연구를 보면 심상 형성 능력의 차이는 그의 추측처럼 과학자에게서만 두드러지게 나타나는 특징은 아닌 것으로 보였다. 골턴의 데이터 해석은 그의 가설에 의해 편향되어 자신의 주장과 모순되는 부분을 무시했을 가능성이 있다.

그렇다고는 하나, 1880년 골턴의 '아침 식사용 식탁 연구'는 심상 형성 능력에 차이가 있을 가능성에 대한 인식을 제고했다. 2010년대에 이르러 애덤 제먼Adam Zeman이 심혈관 수술 중 뇌에 충분한 혈액이 공급되지 않아 심상 형성 능력을 잃었을 가능성이 있는 환자를 만나기 전까지는 이를 주제로 다룬 연구는 많지 않았다.[11] 환자는 이전에는 심상을 형성하는 데 능숙했다고 주장했다. 측량사로서 건물을 시각화하는 데 자주 활용했는데, 어느 날 갑자기 머릿속 그림들이 사라지기 시작했다는 것이다.

흥미를 느낀 제먼은 환자를 'MX'라 칭하며 동료들과 함께 그를 대상으로 몇 가지 연구를 실시했다. 주목표는 뇌가 어떤 영향을 받아 이렇게 흔치 않은 장애가 생겼는지 더 자세히 파악하는 것이었다. 이들은 MX의 뇌 활동을 관찰하고자 그가 심상을 형성하려 애쓰는 동안 신경 영상을 촬영했다. 제먼과 동료들이 연구 결과를 발표한 뒤《디스커버》지에서도 해당 연구를 특집으로 실었다. 관심이 퍼지자 스무 명이 넘는 사람이 자신도 같은 장애가 있다고 주장하며 제먼에게 연락해 왔다. 제먼의 팀은 이 추가 증례들을 설명하는 논문을 발표했고 여기에서 이들은 이 병증에 대략 '상상력의 부재'라고 해석할 수 있는 '아판타시아'라는 이름을 만들어 붙였다.[12]

아판타시아를 겪는 사람의 수가 얼마나 되는지는 알 수 없으나, 아마 우리 예상보다는 많을 것으로 추정된다. 조사 대상의 2퍼센트 이상이 "시각적 상상력이 없다"고 주장한 연구도 있다.[13]

신경과학자들은 아판타시아 환자들과 더불어 일반적인 심상 형성 능력을 지닌 사람들도 연구해 뇌가 심상을 만들어 내는 방식과 심상이 사라지게 만드는 원인은 무엇인지 이해하려 노력했다. 아판타시아가 없는 사람이 심상을 형성하려 할 때 활성화되는 뇌의 영역은 일반적으로 시각적 지각에 관여하는 영역과 같다. 바로 시각피질이다.[14] 그리고 아판타시아 환자가 심상을 만들려 할 때 이들의 시각피질은 충분히 활성화되지 않는다. 이것이 제먼과 그의 동료들이 MX의 뇌에서 관찰한 것이었다.[15]

이에 연구자들은 시각과 심상 체계가 같은 신경 구성 요소들을 공유한다고 가정했다. 이 구성 요소가 손상되면 정상적인 시각상과 심상, 혹은 둘 중 하나에 문제가 생길 수 있다. 시각 기능에 특정 장애가 생긴 환자가 이따금 시각화 능력에 앞서 설명한 문제와 비슷한 증상을 겪는 것이 이러한 의견을 뒷받침한다. 안면실인증을 겪으면서 얼굴 심상을 형성하는 데 어려움을 느끼는 환자도 있다.[16] 시각적 결함이 있으면서 심상 형성에 문제를 경험하는 환자도 있고 그 반대인 경우도 있다. 각 처리 과정에 고유한 구성 요소가 있음을 암시한다.

아판타시아의 신경과학적 원리를 둘러싼 질문은 여전히 많이 남아 있다. 이 질환을 지닌 환자를 대상으로 하는 연구는 심상에 대한 우리의 이해와 그것이 일상에서 얼마나 중요한 역할을 하는지 이해하는 데 도움을 준다.

⁕ ✦ ⁕

이 장에서 우리는 정상적인 인간 경험의 필수 요소 일부가 사라진 사례들을 살펴보았다. 이 사례들은 인간에게 익숙한 정신생활을 영위하기 위해 뇌가 수행해야 하는 수많은 일을 보여 준다. 아주 단순해 보이는 정신 기능조차도 뇌의 여러 영역이 관여해야 함은 물론, 여러 영역을 이어 주는 건강한 네트워크도 필요하다.

이러한 처리 방식은 다시금 뇌의 효율성과 취약성을 잘 보여 준다. 시간을 인지하는 것과 같은 복합적인 경험을 위해 뉴런들이 협업하는 방식은 놀랍다. 한편 신경 활동에 지장이 생기면 이처럼 필수적인 기능이 상실될 수도 있다는 사실은 우리 경험의 가장 당연해 보이는 부분들조차도 너무도 쉽게 사라질 수 있다는 사실을 일깨워 준다.

뇌 구조도 5

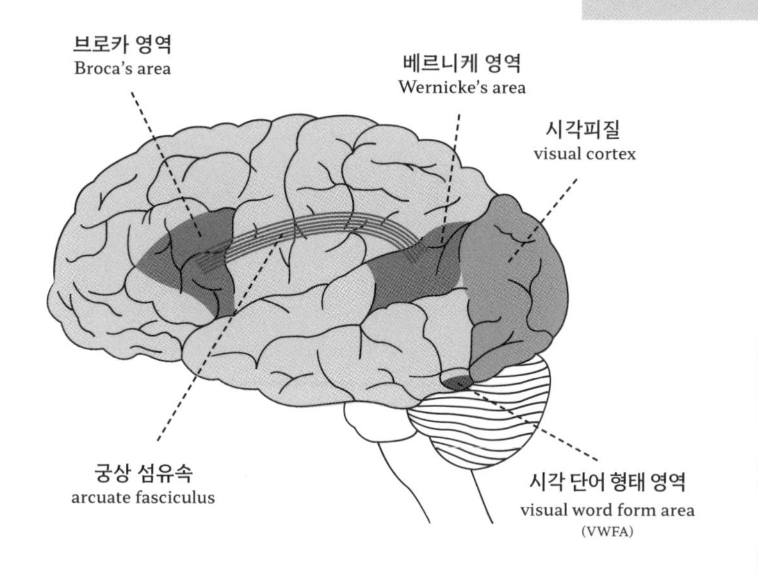

뇌 구조도 6

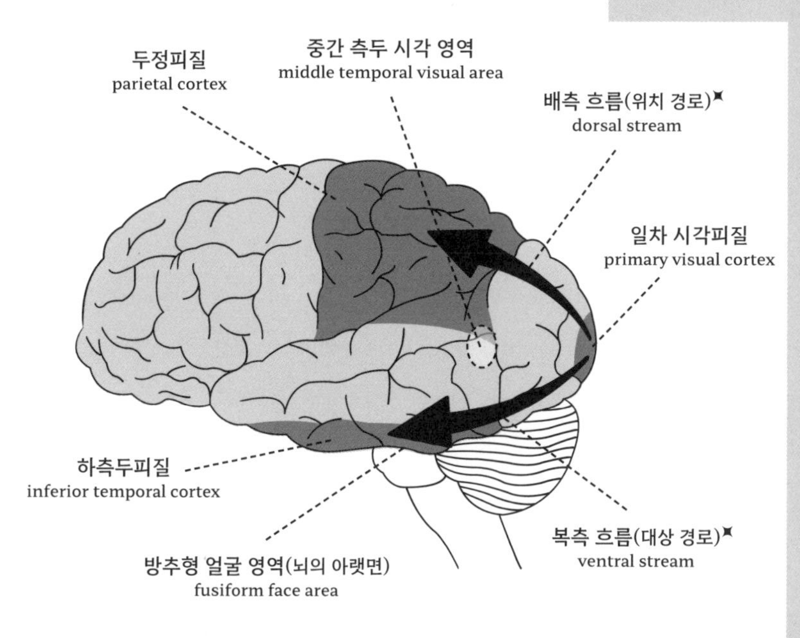

⌘ 이중 흐름 가설이 존재한다고 가정하는 두 흐름(경로)

11장

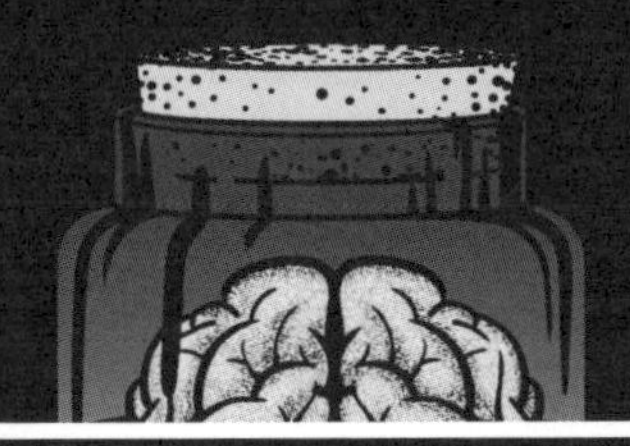

자아가 생긴 손

단절

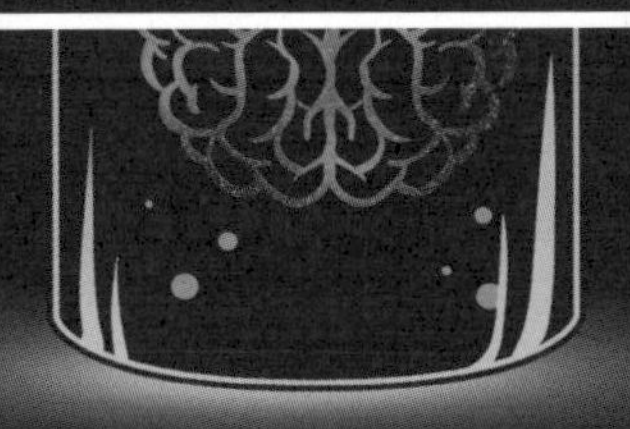

리오는 뇌졸중 증상을 잘 알고 있었다. 그의 아버지가 10년 전 뇌졸중으로 쓰러졌을 때 가장 먼저 증상을 눈치채고 119를 부른 사람도 리오였다. 아침을 먹으러 온 동네 식당에 자리를 잡자마자 리오는 자신에게서 뇌졸중 증상을 발견했다.

그는 아버지에게 뇌졸중이 왔던 때를 회상했다. 아버지는 목숨은 건졌지만 기본적으로 말하고 걷는 법을 다시 배워야 할 정도로 고된 회복 기간을 1년 내내 보내야 했다. 자신에게도 뇌졸중이 온다면 어떤 장기적인 영향이 있을지 생각하게 하는 고난의 기억이었다. '누가 나를 돌봐 줄까?' 리오에게는 자식도, 배우자도 없었다. 아버지가 겪은 그 분투를 도와줄 이 하나 없이 견뎌내야 하는 걸까? 이상하게도 리오는 뇌졸중이 당장 그의 삶에 던질 즉각적인 위험보다 이런 부분들이 더 걱정됐다. 자신의 증상을 관찰하며 앞으로 일어날 일을 걱정하는 동안에도 리오는 알지 못했다. 뇌졸중을 겪고 난 뒤 그의 오른손이 자기만의 생각을 갖게 되리라는 것을.

증상은 메뉴판을 내려다 볼 때 처음 발생했다. 오른쪽 눈 시야에 아무것도 보이지 않았던 것이다. 암흑이 그의 세계 절반을 뒤덮고 있었다. 그림자 때문에 메뉴의 절반은 보이지 않았고 오른쪽에 있는 테이블과 손님들도 가려졌으며 원래대로라면 지문이 덕지덕지 묻은 식당 창밖으로 보여야 할 주차장도 까만색이었다.

리오는 일시적인 시각적 이상이기를 바라며 아침 식사를 주문했다. 하지만 커피를 받으러 갔을 때 리오는 잔을 들 수도 없었다. 손에 힘이 거의 들어가지 않았기 때문이다. 리오는 오른손만이 문제가 아니라는 걸 깨달았다. 거의 마비된 상태처럼 몸 우측 전체에 힘이 들어가지 않았다. 이 시점이 되자 자신에게 뇌졸중이 왔다는 사실을 부인할 수가 없었다.

뇌졸중 증상에는 뚜렷한 공통된 특징들이 있다. 먼저 증상이 빠르게 나타난다. 뇌에 혈액 공급이 중단되고 몇 분 만에 나타나는 경우도 있다(뇌의 혈액 공급 부족은 뇌졸중의 정의적 특징이다). 또 다른 특징으로는, 마비, 쇠약, 시각 장애 등 전형적인 뇌졸중 증상은 대개 신체의 한쪽에만 영향을 미친다. 이는 뇌졸중을 일으키는 혈액 공급 부족이 보통 한쪽 대뇌 반구에만 (적어도 처음에는) 지장을 주기 때문이다. 그리고 한쪽 반구는 대개 신체의 반대쪽을 담당한다.

리오에게 나타난 문제는 특히 시각과 운동에 집중돼 있었다. 좌뇌는 주로 우측 시야에서 얻는 정보를 처리하고 우뇌는 그 반대다. 또한 몸 오른편의 근육을 움직이기 위한 신호 대부분이 좌뇌에서 나온다. 따라서 한쪽 반구에 문제가 생기면 보통 그 반대쪽 신체의 근육과 시야가 제 기능을 하지 못한다.

이러한 유형의 편측 증상들은 빠르게 나타나고 마비나 쇠약, 언어 곤란, 착란, 시각 장애, 균형 감각과 근육 조정력 상실, 극심한 두통 등 뇌졸중의 전형적인 징후와 관련이 있으면 꽤 명확한 진단상을 그릴 수 있다.

리오는 병원을 찾았고 의사는 그에게 실제로 중증 뇌졸중이 발생했다고 판단했다. 그런데 치료를 시작하며 예상치 못한 장애물을 만났다. 그의 오른손이었다.

뇌로 가는 혈류를 막고 있는 혈전을 녹이기 위한 약물을 주사하려 간호사가 다가왔을 때 문제의 첫 징조가 나타났다. 간호사가 바늘을 꽂고 정맥 주사를 연결하자 리오의 오른손이 간호사를 밀치고 수액 줄을 잡아당기기 시작한 것이다.

리오는 자신의 행동에 무척 당황했고 간호사에게 계속해서 사과했다. 처치를 방해할 의도는 전혀 없었다며 자기가 왜 그런 행동을 했는지 모르겠다고 말했다. 하지만 이건 그의 손이 하는 반항의 시작일 뿐이었다. 의사가 리오를 치료하려 하자 그의 오른손은 의사의 주의를 자신에게 돌리려 애썼다. 의사의 청진기를 잡아채기도 하고 도우려는 간호사를 방해했다. 때로는 거칠어져서 병원 직원의 뺨을 때리려 했으며 한 번은 리오의 목을 그러쥐고 조르기까지 했다. 리오는 주변의 도움을 받아서야 겨우 자기 손에서 해방될 수 있었다.

리오는 여전히 손을 자의로 움직일 수 있었다. 하지만 아무리 노력해도 원치 않는 움직임을 막을 수는 없었다. 마치 오른손이 스스로의 욕망을 따라 독립적으로 움직이는 것 같았다.

리오는 뇌졸중의 후유증을 치료하기 위해 병원에 5주 더 머물렀다. 그리고 오른손에 대한 통제력을 다시 얻었다. 적어도 오른손을 똑바로 쳐다보는 동안에는 말이다(시선을 거두면 다시 제멋대로 움직이기 시작했다). 퇴원 후 리오는 날뛰지 않도록 오른쪽 팔목에 무거운 추를 다는 등 제멋대로 구는 손을 통제하기 위한 다른 여러 전략을 시도했다. 다행히도 퇴원하고 반년이 지나자 오른손의 일탈 행위는 사라졌고 그는 통제권을 회복했다.[1]

외계인 손이 불러온 재앙

리오의 오른손이 보인 불안한 자율성을 보통 **외계인손증후군** alien hand syndrome이라 부른다. '보통'이라고 말한 이유는, 이 병증이 처음 확인된 이후 백여 년 동안 아나킥 핸드anarchic hand(그 무엇의 지배도 받지 않는 무법 상태의 손이라는 뜻—옮긴이), 외계손징후le signe de la main étrangère, 심지어 닥터스트레인지러브증후군Dr. Strangelove syndrome⁎ 등 여러 이름으로 불려 왔기 때문이다.

외계인손증후군은 희귀하지만, 1908년 첫 증례가 기록된 이래

⁎ '스트레인지러브 박사'는 스탠리 큐브릭(Stanley Kubrick) 감독의 영화 〈닥터 스트레인지러브(Dr. Strangelove or: How I Learned to Stop Worrying and Love the Bomb)〉의 주인공이다. 스트레인지러브는 제멋대로 행동하는 손에 검은 장갑을 끼고 다니며, 극 내내 익살스러운 방식으로 손을 통제하려 애쓴다.

수백 건의 사례가 보고되었다. 이 증후군은 손이 독립성을 갖고 행동한다(모든 사례에 해당하는 건 아니나, 대개는 손이고 어떤 경우에는 다리에도 발생한다)는 공통적 특징이 있다. 때로 외계인 손은 반대쪽 손의 동작을 단순히 모방하기도 하지만, 특히 고약하게 구는 경우에는 아무 까닭도 없이 행동에 훼방을 놓는다. 예컨대 무언가를 집어 들려고 하면 외계인 손이 그 물건을 손에서 다시 떼어 놓거나, 셔츠 단추를 잠그고 있으면 다시 풀어 버리는 식이다.

리오의 사례에서 본 것처럼 더 난폭한 경향을 보이는 외계인 손도 있다. 한 여성은 자는 동안 자기 손이 자신의 목을 조르기 않게 하기 위해 잘 때 한쪽 팔을 묶어야 했다.[2] 어떤 외계인 손은 타인을 때리며 그들의 행동을 지연시키거나, 심지어 대놓고 마구 폭행하기도 한다. 보통 이런 유형의 행동은 환자의 간담을 서늘하게 한다. 자기 손이 저지르는 행위를 용납하지 못할뿐더러 자신의 바람과는 너무도 모순되는 행위를 저지르는 손이 나의 몸에 속하지 않는다는 느낌을 받는다. 그렇게 외계外界, 즉 몸 밖의 것이라는 설명을 정당화한다.

해당 증후군의 신경과학적 원리는 설명하기 어렵다. 여러 이유가 있지만, 이 증후군으로 이어질 가능성이 있는 기능 장애가 다양하기 때문인 점도 있다. 외계인손증후군은 주로 리오가 뇌졸중으로 겪은 단기적 손상이든, 뇌의 상태를 악화시키는 알츠하이머병이나 여타 질환에서 보이는 진행성 손상이든, 뇌 손상을 겪은 뒤 발생한다. 환자가 손상을 입은 뇌의 영역은 사례마다 차이가 있으나, 많은 환자가 특히 한 신경 섬유 다발에 손상을 입는다. 바로 '뇌량'이다.

4장에서도 다룬 바 있듯이, 뇌량은 양 반구를 연결하는 커다란 뉴런 묶음이다. 뇌량을 구성하는 2억 개의 뉴런들은 뇌에서 가장 거대한 뉴런 경로를 형성하며 이 경로는 왼쪽과 오른쪽 뇌가 소통하는 데 필수적인 수단이다. 양 반구가 하는 일이 구분된다는 점을 생각하면 뇌량의 역할은 매우 중요하다. 한쪽 반구로 감각 정보를 수용할 때 혹은 신체의 한쪽으로 움직임을 시작할 때 반대쪽 대뇌 반구가 행위의 주체가 되는 반구에서 무슨 일을 하고 있는지 아는 것이 중요하기 때문이다. [109쪽 뇌 구조도 4 참고]

예를 들어 오른쪽 시야에서 들어오는 정보가 좌뇌에 도달하면 이 정보는 두 반구가 협동해 주변 환경에 대응해야 할 경우를 대비하여 뇌 전체에 공유된다. 또한, 좌뇌에서 오른손을 움직이라는 신호를 보내면 우뇌에도 동시에 이 지시가 전달된다. 그러면 간섭 없이 행위가 진행될 수 있게 우뇌는 한발 물러서 있어야겠다는 걸 알게 된다.

뇌량이 손상되면 반구 간 소통에 지장이 발생한다. 대부분의 경우 뇌는 반구 사이에 중요 메시지를 전달할 수 있는 대체 경로를 이용해 상황에 적응한다. 그러나 외계인손증후군의 경우, 소통이 중단됨으로써 양 반구가 다소 독립적으로 행동하게 되어 동작에 대한 계획을 조정하지 못하게 된다. 이러한 화합의 부재는 특히 비주력 손(오른손잡이의 경우 왼손)에 문제가 된다. 이 손이 주로 외계인손증후군의 영향을 받는 쪽이다.* 신경과학자들은 이것이 주력 손을 통제하는 반구에 중요한 운동 계획 영역이 있기 때문이라고 믿는다. 이 운동 계획 영역에서 정보를 얻지 못하면 비주력 손은 주력 손과 적절히 행동을 맞추지 못한다. 그래서 환자는 서로 다른 사람이 양팔을 조종하는 꼭두각시처럼 되어 버리는 것이다. 조직적이지도 않고 심지어 황당해 보이는 방식으로 움직이면서 말이다.

그러나 이 메커니즘만으로는 외계인손증후군의 모든 증상을 설명할 수 없다. 가령 외계인 손이 공격적인 행동을 하는 이유를 설명하지 못한다. 공격적인 행동에는 반대쪽 팔과 조화를 이루지 못하는 문제 이상의 이유가 있는 것으로 보인다. 이 증후군에 관한 어떠한 가설도(꽤 여러 가지가 있지만) 모든 사례를 설명하지 못한다. 그리고 이 사실은 외계인손증후군에 여러 신경학적 메커니즘이 작용할지도 모른다는 생각을 뒷받침한다. 이 장애를 가장 잘 설명해 주는 메커니즘은 환자에 따라 다를 수도 있다.

외계인손증후군은 두 대뇌 반구가 서로 '이야기'하는 것의 중요성과 뇌량이 그 소통을 위한 주요 통로라는 점을 잘 보여 주는 예시다. 또 한편으론 뇌의 서로 다른 영역 사이의 중요한 연결이 깨지면서 발생하는 수많은 결과 중 하나일 뿐이다. 다른 결과들도 이와 마찬가지로 특이한데, 역시 건강한 신경 소통이 얼마나 중요한지 잘 보여 준다.

---

* 리오는 (외계인손증후군치고는) 다소 이례적인 경우였다. 주력 손인 오른손이 영향을 받았기 때문이다.

숟가락으로 이 닦기, 칫솔로 밥 먹기

갑자기 몸의 왼쪽 전체가 움직이지 않던 그때 로널드는 슈퍼마켓에 있었다. 쇼핑 카트에 몸을 기대 어떻게든 똑바로 서려고 노력했지만, 그의 상태는 잘 숨겨지지 않았다. 직원이 다가와 괜찮은지 물었고 로널드는 자신이 말도 할 수 없는 상태라는 사실을 깨달았다. 직원에게 "네, 괜찮아요"라고 말하고 싶었지만 머리에서만 맴돌 뿐 소리가 되어 입 밖으로 나오지 않았다.

슈퍼마켓 직원은 구급차를 불렀고 병원 의사들은 로널드에게 뇌졸중이 왔다고 진단했다. 목숨에는 지장이 없었지만, 회복 초기에 그는 몇 가지 상당한 장애와 마주해야 했다. 우선 말하는 것과 말을 이해하는 것이 무척 힘들었다. 기저귀를 찰 때부터 기대왔던 기초 능력의 손실이라는 이 문제 하나만으로도 그에겐 심리적으로 굉장히 충격적이었다. 다행히도 한 달쯤 지나자 언어를 이해하는 능력은 돌아오기 시작했지만, 여전히 말하는 건 힘들었다.

8장에서도 언급했지만, 이러한 유형의 언어 장애를 실어증이라고 한다. 뇌졸중으로 인해 흔히 발생하는 후유증이며 뇌졸중 생존자의 약 3분의 1이 겪는다.[3] 그러나 로널드의 문제는 훨씬 드문 사례였다. 알아서 음식을 먹을 수 있을 만큼 회복되자 그의 식사가 병실 침대로 전달되었다. 칠면조 고기 한 조각과 으깬 감자, 작은 그릇에 든 치킨 누들 수프가 있었다. 그는 배가 고팠지만 식사를 하는 대신 당황스러운 행동을 보이기 시작했다. 식사가 담긴 쟁반을 멀뚱멀뚱 쳐다만 보고 있던 것이다.

로널드가 보고 있던 건 식기였다. 그는 포크, 숟가락, 칼이 무엇인지는 알았지만 어떻게 사용하는지 도무지 알 수가 없었다. 어쨌든 시도는 해 보기로 했다. 먼저 수프부터 마시고 싶었던 로널드는 '대체 이 중 어떤 도구가 수프를 먹는 데 쓰이는 걸까?' 주저하다가 칼을 들어 수프 국물을 튀기기 시작했다. 그는 곧 이것이 입에 수프를 집어넣는 데 효과가 없는 행동이라는 것을 깨달았다. 스스로 먹으려는 몇 번의 시도와 실패 끝에 로널드는 결국 간호사를 불러 도움을 청했다.

문제는 식기에만 국한되지 않았다. 이내 로널드가 일반적으로 쓰이는 모든 도구와 물체의 사용법을 잊었다는 점이 드러났다. 손톱깎이나 드라이버를 보여 주자 로널드는 그것이 무엇인지는 알았지만 사용하지도, 심지어 사용법을 설명하지도 못했다.

입원한 한 달 동안 의사들은 로널드의 반응을 보기 위해 가끔 그에게 적절치 않은 도구로 특정 작업을 요청했다. 식사 시에 칫솔을 함께 주자 로널드는 칫솔을 숟가락처럼 사용했다. 이를 닦을 때는 칫솔 대신 숟가락을 주었고(어느 시점이 되면 약간은 가학적이지 않나 싶다) 로널드는 숟가락에 치약을 묻혀 이를 문지르기 시작했다. 그것이 부적합한 대체재라는 걸 모르는 채로 말이다.[4]

시험 삼아 한 의사가 로널드에게 머그잔, 물, 숟가락, 인스턴트 커피 조금, 플러그를 꽂지 않은 전자레인지를 주었다. 로널드는 무엇을 해야 하는지 바로 알아챘다. "커피를 만들어야 하는군요." 하지만 그는 커피를 어떻게 만드는지 전혀 감도 잡지 못한 것이 분명했다. 마치 외국어로 쓰인 이해할 수 없는 설명서를 보고 있는 것처럼 앞에 있는 사물들을 바라볼 뿐이었다. 그리고 전자레인지의 플러그를 집어 들더니 빈 커피잔 안에 넣고는 대롱대롱 매달린 플러그로 젓듯이 빙글빙글 돌렸다. 이내 잘못됐다는 걸 깨닫고 멈췄지만, 그는 올바른 방법이 무엇인지 몰랐다.

드디어 인스턴트 커피 통의 뚜껑을 열었다. 로널드는 (정작 여기에 필요한 숟가락의 용도는 무시한 채) 잔에 커피를 털어 넣고 수북이 쌓인 커피를 숟가락으로 젓기 시작했다. 컵에 물은 없었다. 로널드는 의사의 눈치를 봤다. 무언가 잘못된 게 분명했다. 하지만 어디가 잘못됐는지 도저히 알 수가 없었다. 그에게 이 방법은 그럴싸해 보였기 때문이다.[5]

행동을 잃다

로널드가 앓은 질환은 **실행증**apraxia이었다. 그리스어에서 유래했으며 '행위가 없다'는 뜻이다. 실행증 환자는 학습된 행위를 실행하지 못한다. 운동이나 감각 기능에 직접적으로 발생한 문제가 원인일 경우 실행증으로 진단하지 않는다. 즉, 로널드는 여전히 신체를 움직여 인스턴트 커피를 만들 수 있었다. 어떻게 해야 하는지 방법을 모를 뿐이었다.

실행증에는 여러 유형이 있다. 로널드를 괴롭게 만든 건 흔치 않은 사례로 **개념실행증**conceptual apraxia이라 부른다. 이는 환자가 도구 등의 사물을 활용해 임무를 완수하는 방법에 대한 개념적 이해를 가지고 고심하기 때문에 붙여진 이름이다. 환자는 대개 도구의 용도가 무엇이며 어떻게 사용해야 하는지에 관한 가장 기본적인 내용조차 떠올리지 못한다. 이 때문에 종류가 무엇이 되었든 도구가 필요한 일을 수행하는 데 애를 먹는다. 물론 일상에서 가장 단순한 기능을 수행하는 데에도 심각한 문제가 될 수 있다.

이보다는 흔한 유형으로 관념운동실행증ideomotor apraxia이 있다. 해당 환자는 기초적인 운동 장애가 없음에도 학습한 동작을 수행하지 못한다. 어떤 동작을 해야 하는지 이해는 하지만 동작을 만들지 못한다. 예컨대 남이 시킨 손동작을 잘 만들지 못하는 것이다. 손을 흔들며 인사하라고 시키면 어떤 동작을 취해야 하는지는 알지만 손이 이를 따르지 않아 그저 위아래로 휘젓는 이상한 모양새가 된다.

도구 사용도 어려워하지만 동작과 관련한 다른 문제도 보인다. 그러나 개념실행증 환자와 달리 자신이 취하고자 하는 동작을 이해는 한다. 개념실행증 환자는 아예 여기에서부터 막힌다.

흥미롭게도 많은 실행증 환자는 자발적으로는 동작을 취한다. 그러나 해 달라고 '요청받는' 동작은 잘 취하지 못한다. 다시 말해, 관념운동실행증 환자는 손을 흔들며 친구에게 인사를 할 수는 있지만, 그렇게 해 달라는 요청을 받으면 혼란스러워하며 아직 어떻게 하는지 배운 적이 없다는 듯 이상한 동작을 취한다. 자발적 행위와 비자발적 행위를 수행하는 능력에서 나타나는 이러한 기묘한 차이의 원인은 아직 명확히 밝혀지지 않았다.

실행증의 종류를 나열하다 보면 목록은 꽤 길어진다. 각 실행증에는 고유의 문제가 있다. 일부 실행증은 신체의 특정 부위에 집중한다. 눈꺼풀실행증lid apraxia은 눈을 뜨는 데 필요한 근육은 정상적으로 기능하나 눈을 잘 뜨지 못하는 어려움을 동반한다. 이 외에도 옷을 입거나(착의실행증dressing apraxia) 말을 하는(말실행증apraxia of speech) 등 특정 활동에서 문제가 발생하는 실행증도 있다.

따로 또 같이

실행증의 신경과학적 원리는 유형에 따라 다르다. 일반적으로는 수용하는 감각 정보, 원하는 행동에 관한 개념적 이해, 운동 계획 등 여러 가지를 통합하는 뇌의 네트워크에 문제가 생겨서 발생하는 것으로 본다. 이 네트워크들은 뇌의 여러 구역을 포함하는데, 각 구역은 특정한 기능적 동작을 일으키는 데 필수적이다.

예를 들어, 두정피질에 있는 영역들은 드라이버를 사용하거나 단추를 다는 등 복잡하거나 능숙한 동작 수행에 필수로 여겨진다. 작업을 완수하기 위해 두정피질은 뇌에서 시각을 담당하는 여러 영역에서 정보를 얻고 이 시각 피드백을 활용해 알맞은 방식으로 동작이 일어나게끔 한다. 따라서 두정피질이 손상을 입으면 손재주가 필요한 동작에 막대한 영향이 있을 수 있다.[6] 두정피질은 특히 도구 사용에 관한 개념 정보를 저장하는 데 관여하는 곳으로, 목적 달성을 위해 사물을 이용하는 데 특히 중요한 역할을 하는 뇌 영역으로 간주된다.[7]

어떤 복잡한 동작이든 성공적으로 수행하려면 두정피질은 반드시 전두엽에 있는 '운동피질'과 소통해야 한다. 운동피질은 대개 동작을 시작하는 역할을 담당하고 다시 계획부터 동작의 수행까지 다양한 측면에 관여하는 여러 부분으로 나누어진다. [65쪽 뇌 구조도 2 참고]

운동피질과 두정피질 사이의 연결은 감각과 운동 정보를 통합하여 도구나 기타 사물을 활용해 목적을 이루는 데 필요한 동작을 수행하도록 하는 기초 네트워크를 생성한다. 하지만 이쯤 되면 이러한 기능들에 관여하는 네트워크 전체에 뇌의 다른 구역이 포함된다고 해도 놀랍지 않을 것이다. 예를 들어, 도구 사용과 같은 행위를 하려면 목표를 수립하고, 목표 달성을 위한 최적의 방식을 선택하고, 섬세한 동작을 위해 미세 조정을 하는 등 각 역할을 담당하는 영역들도 활성화되어야 한다. 따라서 해당 영역들이 손상되면 복잡한 행위를 수행하는 능력이 심각하게 저하될 수 있다. 이 영역들을 연결하는 경로에 손상이 생겨도 비슷한 피해가 발생할 수 있다. 그렇기에 각 영역만큼이나 영역을 연결하는 경로 역시 중요하다.

현대 신경과학은 뇌 속에 구축된 안정적인 연결의 필요성을 중요하게 인식한다. 뇌가 건강하게 기능할 때와 장애를 보일 때 모두 뇌 네트워크가 중요한 역할을 한다는 점을 강조하고 뇌의 작동 방식을 설명하기 위해 각각의 뇌 영역에만 초점을 맞추던 시각이 바뀌는 것을 지원한다. 더불어, 뇌의 영역 간 소통의 중요성에 대한 인식이 확대되면서 여러 영역을 연결하는 경로의 차단으로만 설명이 가능해 보이는 이례적 증상을 나타내는 장애에 관해 더 이해할 수 있게 되었다.

중지가 어디 있다고요?

소피아에게 뇌졸중이 발생한 건 그녀가 52세였을 때다. 그 후유증으로 신체의 우측이 마비되고 말을 하지 못하게 되었지만, 이 증상들은 몇 주가 지나자 사라졌다. 소피아는 이에 안도하며 생명을 위협할 정도의 경험이었지만 후유증도 없이 잘 이겨낸 자신이 참 운이 좋았다고 생각했다. 그런데 1년 정도 지나자 그녀에게 새로운, 그리고 대단히 이상한 여러 증상이 나타났다.

시작은 메스꺼움을 동반하는 두통이었다. 편두통을 앓았던 적은 없지만, 소피아는 이 증상이 편두통이라고 믿었다. 그리고 발이 굉장히 불안정하게 느껴졌는데, 걸음걸이도 불안정해서 살짝 취한 사람 같아 보였다. 시야에도 문제가 생겼다. 특히 오른쪽에 있는 사물이 잘 보이지 않았다. 기억력도 상당히 감퇴했고, 어리둥절하게도 쓰기 능력을 잃었다.

새롭게 나타난 증상들 때문에 소피아는 다시 병원을 찾았다. 또 뇌졸중이 온 게 분명하다고 생각했다. 그렇지 않고서야 이 걱정스러운 증상들을 어떻게 설명할 수 있겠는가? 다행히도 뇌졸중의 징후는 발견되지 않았다. 대신 의사들은 (아마 뇌동맥이 두꺼워지고 좁아지는 질환 때문에) 뇌에 혈액 공급이 부족해져 증상이 나타났을 수도 있겠다고 추측했다.

의사들은 소피아의 쓰기 능력을 더 면밀히 검사했다. 그녀는 쓰는 데 필요한 움직임은 만들 수 있었다. 그러나 그 결과는 판독이 어려운 휘갈긴 글씨였다. 뒤죽박죽 섞인 글자들은 일렬로 연결되지도 않았다. 위아래, 사방으로 기울어졌다. 소피아는 이미 쓰여 있는 글을 그대로 따라 쓰는 건 그래도 잘했다. 하지만 각각의 단어를 베끼기만 할 뿐이었다. 문단 수준에서 보면 전부 비뚤어져 있었고 쓰면서도 실수투성이였다.

검사를 하면서 의사들은 소피아에게서 다른 이상 증상도 발견했다. 숫자를 이해하는 능력도 잃었던 것이다. 그녀는 간단한 계산도 이해하지 못했다. 완쾌를 감사해하던 사람이 단 몇 주 만에 어릴 때부터 인지적 생활을 유지해 오며 신뢰하던 두 능력, 쓰고 계산하는 능력을 갑자기 잃고 말았다.

여기서 끝이 아니었다. 소피아는 자기 손가락을 인식하고 구별하지 못하는 특이한 증상을 보였다. 왼손으로 오른손 중지를 만져보라는 말에 그녀는 혼란스러워하며 다소 당황하는 듯 보였다. 왼손 검지를 만진 소피아는 난감한 얼굴로 의사를 올려다봤다.

의사 제 요청을 이해하나요?

소피아 네.

의사 어떤 부탁이었는지 말해 보실래요?

소피아 왼손으로 오른손 중지를 만지라고요. 그런데 저는 중지가 어디에 있는지 모르겠어요.

의사 저한테 중지를 설명해 보시겠어요?

소피아 네, 중지는…… 보통 다른 손가락들보다 더 길고요, 그리고…… 가운데에 있어요.

의사 그런데 오른손에서 중지를 고르지는 못하겠고요?

소피아는 다시 자신의 손을 바라봤고 약지와 중지 사이의 움푹 팬 곳을 가리켰다. 심지어 왼손에서 말이다.

신기해 보이겠지만 소피아가 보인 손가락을 인식하지 못하는 장애는 (드물지만) 인정받은 병증으로 **손가락실인증**finger agnosia이라 불린다. 10장에서 이야기한 실인증을 떠올려 보자. 환자가 앓는 장애의 특성에 따라 인식하지 못하는 대상의 종류는 얼굴부터 생물, 동작까지 다양했다. 실인증의 발생 원인은 감각 장애가 아니다. 즉, 손가락 실인증 환자는 손가락을 '볼' 수는 있지만 그것을 인식하지 못한다. 일부 환자는 자기 손가락을 두고 "나뉘어져 있지 않은 덩어리"라고 묘사하며 그중 하나를 고르는 건 거의 불가능에 가깝다고 말한다.[8]

손가락 식별 검사에서 보인 소피아의 문제는 다른 문제가 추가되며 더 복잡해졌다. 좌우를 이해하지 못하게 된 것이다. 손가락과 달리 귀나 눈 등 나머지 신체 부분은 인식했다. 그러나 신체의 어느 한쪽에 있는 부위를 짚어 보라고 하면 맞출 확률은 동전 던지기 확률보다 나을 게 없었다.

소피아는 쓰기 불능, 계산 불능, 손가락실인증, 좌우 구분 불가라는 특이한 네 가지 증상이 발현된 매우 독특한 사례다. 이 사례는 1920년대 오스트리아 출신의 신경학자 요제프 거스트만Josef Gerstmann이 치료한 실제 환자의 사례를 바탕으로 한다. 거스트만은 자신의 환자가 보이는 증상들이 특이하다는 점을 깨닫고 이 환자의 증례 보고를 발표했다.[9] 10년 후, 이 증상들을 모아 **거스트만증후군**Gerstmann syndrome이라 부르게 되었다.

거스트만은 이 증후군이 두정엽의 손상 때문에 발생했을 수도 있다고 가정했다.[10] 두정엽이 신체에 대한 지각에 관여한다(손가락실인증은 이 부분에 문제가 생긴 것으로 보인다)는 이해를 바탕으로 이 가설을 세운 것이다. 그러나 후대 신경과학자들은 거스트만의 가설에 의문을 던졌고 거스트만증후군에서 문제가 되는 모든 기능을 설명할 수 있는 영역이 두정엽에 있는 것 같지 않다고 지적했다.

더 최근의 연구들은 거스트만증후군이 뇌의 다양한 영역을 가로지르는 여러 연결에 발생한 손상으로 야기되었을 가능성을 제안한다. 그중 대다수가 두정엽에 있기는 하나, 거스트만증후군은 특정 영역에 손상이 생겼다기보다는 서로 다른 기능을 수행하는 여러 영역 사이를 지나는 경로에 장애가 생긴 결과인 것으로 보인다.[11]

⨯ ✦ ⨯

우리는 여전히 거스트만증후군을 조금씩 더 이해해 가고 있다. 이번 장에서 다룬 여러 사례와 마찬가지로, 이 증후군 역시 뇌 속 수많은 연결의 중요성을 잘 보여 준다. 정보를 전달하는 소통 경로가 제대로 작동하지 않으면 뇌의 각 구역은 고립되고 뇌의 다른 영역들과 소통하지 못하는 구역은 기본적으로 제 기능을 하지 못한다. 신경 소통에 관한 이와 같은 인식은 신경과학 분야에 대한 이해도가 진화했음을 의미하며 나아가 인간의 기이한 신경 장애를 설명하는 데 도움이 될 수도 있다.

12장

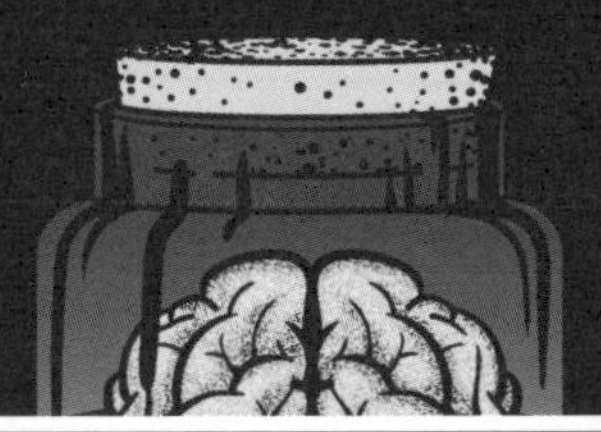

매일 밤 찾아오는 반가운 유령

현실

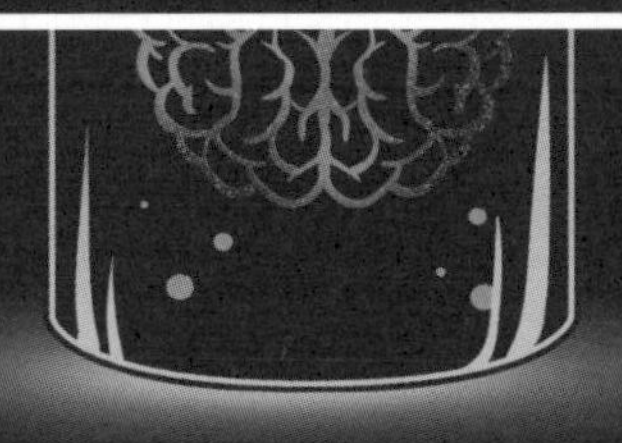

67세의 올리비아는 주방에서 차를 타고 있었다. 지금껏 살아오며 탔던 수천 잔의 차와는 비교도 되지 않을 정도로 기억에 남는 한 잔이 될 줄은 모른 채. 티백의 포장을 뜯는데 손에 이상한 감각이 느껴지기 시작했다. 손이 급격히 커지고 있는 듯했다. 몇 초 만에 손이 원래보다 다섯 배는 커진 듯한 감각을 느꼈다. 거인의 손이 된 듯했고 상대적으로 아주 조그마한 티백 포장을 뜯는 일은 거의 불가능해졌다.

올리비아의 손은 마치 만화에 나오는 것처럼 크게 '느껴졌지만', 보기에는 그냥 평범해 보였다. 따라서 일종의 지각 왜곡을 겪고 있다고 안심하며 그녀는 마음을 가라앉히려 했다. 그리고 이 이상한 감각은 결국 사라질 것이라고 중얼거렸다. 그렇게 몇 분이 지났다. 올리비아가 맞았다. 손의 감각은 정상으로 돌아왔다.

그런데 바로 다음 날, 이번에는 몸의 비율이 뒤틀리는 듯한 감각을 경험했다. 안락의자에서 일어나려던 차에 마치 몸 전체가 부풀어 오르는 풍선처럼 늘어나는 듯한 감각을 느꼈다. 천장에 부딪힐 것 같은 본능적인 두려움에 어깨를 구부리고 머리와 몸을 숙였다. 올리비아는 쭈그려 앉은 채 욕실로 향했다. 어제와 마찬가지로, 지금도 그저 머릿속에서 벌어지는 일이라는 걸 확인하고 싶었다.

욕실을 향해 비틀대며 걸어가면서 올리비아는 새로운, 심지어 더 혼란스러운 느낌을 받았다. 몸이 위로 붕 뜨고 있다는 뚜렷한 감각을 느낀 것이다. 욕실 거울에 비친 몸의 크기가 정상이라는 것을 확인하고서 안심은 했지만, 여전히 자신의 거대한 몸이 작은 욕실에 꽉 들어찬 느낌이었다. 게다가 땅에서 뜨지 않게 세면대를 꽉 잡아야 할 것만 같았다. 이번에도 이상한 감각들은 몇 분 후 사라졌다.

그다음 주에도 올리비아는 유사한 경험을 몇 차례나 겪었다. 어떤 때는 손이 커졌고 또 어떤 때는 줄어들었다. 몸이 비정상적으로 커지는 감각을 느낀 후에는 곧바로 미니어처처럼 작아진 듯한 뚜렷한 감각을 세 번 더 겪었다.

올리비아는 병원을 찾았다. 의사는 그녀의 눈을 검사하고 종양이나 뇌졸중 같은 심각한 문제가 있는지 확인하기 위해 뇌도 스캔했다. 그 외 몇 가지 다른 검사도 실시한 결과, 모두 정상이었다. 한편 그녀는 최근 항우울제인 설트랄린sertraline(졸로푸트zoloft라는 이름으로 더 잘 알려져 있다)을 복용하기 시작했는데, 10년 전에 같은 약을 복용했을 때 유사한 감각을 겪은 적이 있다고 털어놓았다. 일주일 후, 이상한 감각을 동반한 증상은 더 이상 나타나지 않았고 담당의는 이것이 아주 드문 항우울제 부작용이었을 것이라고 추정했다.[1]

이상한 나라의 앨리스

올리비아가 겪은 병증을 **앨리스증후군**Alice in Wonderland syndrome, AIWS이라고 부른다. 이런 이름이 붙게 된 까닭은 루이스 캐럴이 쓴 동화책《이상한 나라의 앨리스》나 이 책을 바탕으로 제작된 영화를 얼핏이라도 접한 적이 있는 사람이라면 쉽게 추측할 수 있을 것이다. 책에서 앨리스는 (경솔하게도) 토끼 굴 끝에 있는 신비한 세상에서 발견한 정체 모를 무언가를 먹고 마신 뒤 몇 번이고 크기가 늘었다 줄어든다. (흥미롭게도 일각에서는 저자인 캐럴이 만성 편두통으로 인해 유사 앨리스증후군을 겪었을 것이라는 의견을 내기도 했다.)

앨리스와 마찬가지로 앨리스증후군 환자는 자신의 신체와 주변의 사물들을 실제 크기보다 더 크거나 작게 지각한다. 이는 흔히 보고되는 증상 중 하나이며 사례마다 발현되는 증상이 다를 수 있다. 지금까지 기록된 증상은 60가지에 가까운데, 3차원의 입체적 사물을 2차원이나 평면으로 지각하는 증상, 모든 사물에서 색을 보는 증상, 마치 곤충의 눈으로 보듯 수많은 시야로 세상을 보는 증상, 시간이 빨라지거나 느려진 것처럼 느끼는 증상, 몸이 두 개로 분리된 듯한 감각을 경험하는 증상 등이 있다. 앨리스증후군의 증상이 발현되면 꽤 당황스러울 수 있다. 과장이 아니다.

이러한 증상들은 대부분 환각으로 여겨지지는 않고 '감각 왜곡'이라고 칭한다. 환각은 생성되는 기반이 없다. 환각을 유발하는 자극이 없으며 순전히 뇌에서 벌어지는 일이다. 반면 감각 왜곡의 경우,

주변에 있는 어떤 것에 대한 우리의 지각이 현실과 일치하지 않는 식으로 바뀌는 것이다. 그러나 시각 및 청각 환각을 경험하는 앨리스증후군 환자의 사례도 없는 건 아니다.

앨리스증후군은 드문 질환이기 때문에 유병률을 추정하기도 어렵다. 아직 이 증후군을 정의할 명확한 진단 기준이 없기 때문인 것도 있다. 그러나 놀랍게도, 앨리스증후군은 편두통이라는 비교적 흔한 질환을 겪는 사람들 사이에서도 쉽게 찾을 수 있다. 편두통 환자의 앨리스증후군 유병률은 15퍼센트에 달하는 것으로 알려져 있다.[2] 앨리스증후군과 편두통 사이의 연관성을 설명할 수 있는 원인은 명확하지 않으나, 해당 증후군과 관련 있는 질환의 목록은 간질, 일부 감염병(엡스타인-바 바이러스Epstein-Barr virus 등), 뇌졸중 등 아주 길다.

보통 시각과 체성감각(몸과 관련한 감각), 혹은 둘 중 하나의 정보 처리에 관여하는 뇌 영역이 앨리스증후군의 신경과학적 원리와 관련이 있다. 앨리스증후군 환자를 대상으로 한 신경 촬영 연구를 살펴보면, 증상들은 측두엽, 두정엽, 후두엽이 만나는 측두-두정-후두temporal-parietal-occipital, TPO 연접부라는 영역의 비정상적 활동과 관련이 있다. 이 영역은 후두엽의 시각 정보와 두정엽의 체성감각 정보를 통합해 우리 자신과 외부 세계에 관한 내부 모델을 생성하는 데 대단히 중요한 역할을 한다. 기본적으로 2장에서 다뤘던 신체 도식의 확장인 셈이다. 자기에 대한 가상의 표상을 외부 환경에 대한 가상의 표상에 통합하여 주변과 상호 작용하는 우리의 능력을 가능케 하는 것이다. [65쪽 뇌 구조도 1 참고]

TPO 연접부는 뇌의 '연합 영역'으로도 알려져 있다. 신경과학자들은 대뇌피질을 감각 영역, 운동 영역, 연합 영역, 크게 세 영역으로 구분하곤 한다. 감각 영역은 촉각, 후각, 미각 등 감각을 통해 정보를 수용하고 처리하는 영역이다. 일차 시각피질과 일차 체감각 피질 등 앞서 다룬 영역들이 여기에 해당한다.

운동 영역은 당연히 운동과 관련이 있다. 11장에서 다룬 운동피질이 여기에 포함된다. 뇌의 운동 영역은 몸으로 보내는 움직임 관련 신호를 생성하는 것은 물론, 달성하려는 목표를 기반으로 움직임을 계획하고 행동을 선택한다.

연합 영역은 감각과 운동 정보를 결합해 세상을 이해하고 세상과 상호 작용하는 데 활용한다. 감각 영역이나 운동 영역에 손상이 생기면 감각이나 자발적 움직임을 만드는 능력에 문제가 생기리라는 점은 쉽게 예상된다. 반면, 연합 영역이 손상을 입을 경우 발생하는 문제는 더 복잡하고 상대적으로 예측이 더 어렵다. 실인증과 편측공간무시 등 앞서 대표적인 사례 몇 가지를 살펴본 바 있다.

앨리스증후군의 일부 증상은 신체의 내·외부에서 오는 감각 정보를 통합하는 TPO 연접부의 연합 영역에 문제가 발생한 탓일 가능성도 있다. 예컨대, 크기나 거리 면에서 우리 자신과 주변 사물 사이의 상대적인 관계를 이해하는 데 관여하는 TPO 연접부 부분이 손상되면 우리 몸이나 주변 물체가 너무 크거나 작아 보이는 증상을 일으킬 수 있다.[3]

앨리스증후군이 동반하는 증상이 다양하다는 점을 고려하면 증후군을 유발하는 뇌 속 원인은 각 사례에 따라 달라질 가능성이 크다(서로 다른 증상을 보이는 사례에는 아마 다른 뇌 메커니즘이 작용할 것이다). 일부 이런 복잡성 때문에 앨리스증후군의 신경생물학적 원리에 관해서는 여전히 많은 질문이 남아 있다. 어쨌든 앨리스증후군은 우리 뇌가 담당하는 복잡한 감각 정보 처리에 문제가 발생하면 익숙했던 일상이 어떻게 동화책에나 어울릴 법한 판타지로 바뀌는지 아주 잘 보여 준다.

일상이 판타지가 되다

앞서 이야기한 바와 같이 앨리스증후군은 감각 왜곡이며 수용하는 감각 정보 일부를 뇌가 잘못 해석하거나 통합하지 못할 때 발생한다. 그러나 상황만 적절하다면 뇌는 아주 능숙하게 기반이 없는 감각적 경험, 즉 환각을 만들어 낸다. 주변 환경을 충실히 반영해 재구성하는 뇌의 특성을 생각하면 다소 놀라운 능력이다. 사실 우리 뇌는 현실과 구별하지 못할 정도로 실제적인 환각을 만들어 낼 수 있지만, 뇌가 손상을 입거나 강력한 환각제를 사용하지 않으면 실제로 실행하는 경우는 드물다.

환각의 힘은 특히 감각 현상이 없음에도 발생할 때 더 놀랍다. 가령 볼 수 없는 사람에게 환시가 나타나는 것처럼 말이다. 이것이 바로 **샤를보네증후군**Charles Bonnet Syndrome, CBS 환자에게 나타나는 증상이다. 1장에 나왔던 샤를 보네를 기억하는가? 코타르증후군이라 불리게 된 최초의 병증을 기록한 과학자였다. 코타르증후군 증상을 기록하기 수십 년 전에, 보네는 백내장으로 눈이 먼 그의 할아버지가 겪는 환각 증상을 기록으로 남겼다. 그로부터 약 200년이 지난 1967년, 과학자들이 보네의 기록을 발견했고 새로이 발견한 증상의 최초 기록으로 인정하며 그의 이름을 붙였다.

샤를보네증후군 환자는 시각 장애가 있음에도 생생한, 때로는 과하게 생생한 환시를 경험한다. 보통 환각은 구체화되어 나타나는 기하학 도형이나 비문증(눈앞에 날파리, 검은 점 등이 떠다니는 것처럼 느껴지는 증상—옮긴이) 등에서 볼 수 있는, 작은 점과 같은 단순한 형태를 취한다. 그러나 샤를보네증후군에서 나타나는 환각은 더 구체적이다.

19세기에 활동한 내과 의사 트루먼 아벨은 1845년 《보스턴 내과 및 외과 저널》에 보낸 편지에서 샤를보네증후군 환각을 굉장히 구체적으로 서술했다.[4] 트루먼은 59세였던 1838년부터 오른쪽 눈의 시력을 잃기 시작했다. 4년 만에 시력 손실은 더 악화됐고 반대쪽 눈까지 완전히 눈이 멀었다. 그리고 곧 놀랄만한 환시를 경험했다.

1843년 가을, 트루먼은 벽난로 옆에 앉아 있었다. 주변을 흘깃 쳐다보는데, 팔을 뻗으면 닿을 거리에 앉아 있는 여성이 한 명 보였다. 여성의 팔에는 갓난아기가 잠들어 있었다. 몇 분이 지나자 여성은 사라졌고 얼마 지나지 않아 다시 의자 옆에 서서 자신을 올려다보는 어린아이가 보였다. 트루먼은 이것이 환각이라는 걸 알았지만, 너무 현실적이어서 아이를 만지려 손을 뻗었다. 그곳에 아무도 없다는 사실만 확인했을 뿐이지만.

이후 1년 동안 트루먼의 환각은 더 정교해졌다. 1844년 초에는 여러 사람과 다양한 동물이 등장할 정도로 구체화되었다. 3주를 연달아 그가 가는 곳이면 어디든 늘 회색빛 말이 옆에 서 있었고, 밤이 되면 수많은 사람이 그의 방에 모였고, 이들은 침대맡으로 다가와 트루먼의 얼굴을 내려다보았다. 무례할 정도로 빤히 그를 쳐다봤지만 결코 말은 하지 않았다.

가끔은 집의 벽이 사라져서 햇살이 비추는 탁 트인 들판이 보이기도 했다. 한밤중에도 말이다. 한번은 저녁 10시쯤이 되자 그의 집을 쑥대밭으로 만들어 버릴 듯한 소 떼가 보였다. 처음에는 자신도 깔아뭉개고 지나갈 것 같은 두려움에 휩싸였지만, 곧 이것은 실제가 아니라는 사실을 떠올렸고 소 떼는 이내 그를 지나쳐 사라졌다.

한밤중에 깬 트루먼의 눈에 침대 끄트머리부터 시작해 길게 줄지어 서 있는 수백 명의 남성과 여성, 아이들이 보인 적도 있었다. 자세한 부분까지는 알 수 없었지만, 모두 무언가에 집중하고 있는 듯했고 말을 하는 사람도 있어 보였다. 15~20분쯤 지나자 사람들은 흩어져 밤의 어둠 속으로 사라졌다.

잠에서 깬 어느 날은 집의 모든 벽이 사라져 있었고 광활한 평야에 군인들이 아주 먼 곳까지 두 줄로 쭉 늘어서 있는 모습이 보였다. 끝도 없이 서 있는 듯한 군인들은 몇 시간이고 트루먼을 지나쳐 행군했다. 행진은 다음 날 저녁까지 이어졌고 마침내 서쪽 지평선 너머로 모두 사라졌다. 일주일 후에는 (이번에도 침대에서) 셀 수 없을 정도로 많은 남성을 봤는데, 전부 말을 타고 있었고 약 800미터 정도 되는 폭으로 대형을 이루어 움직이고 있었다. 말을 탄 남성들은 몇 시간이나 그의 옆을 줄줄이 지나갔다.

샤를보네증후군에서 나타나는 환각은 트루먼의 사례보다는 훨씬 더 평범한 편이지만, 트루먼의 경험 역시 그리 특이한 사례는 아니다. 환자들은 사람, 동물, 사물 등 다양한 대상을 본다고 하는데, 가끔은 의외의 조합을 보기도 한다("사람들의 머리 위를 기어가고 있는 여러 마리의 뱀"[5]). 환각의 내용이 얼마나 기상천외하든 샤를보네증후군 환자는 일반적으로 환각 때문에 힘들어하지는 않는다. 지금 보이는 것은 실제가 아니라는 사실을 인지하고 모두 지나갈 때까지 침착하게 기다린다.

이 환자들의 공통점은 어느 정도의 시력 상실을 경험했다는 점이다. 완전히 눈이 먼 사람들도 많다. 그런데도 상상할 수 있는 한 가장 이상한 환각을 '본다'. 대다수의 샤를보네증후군 환자가 (시력 상실 전) 눈으로 본 그 어떤 것보다 생생하고 강렬한 환각을 본다고 표현한다. 어떻게 이런 일이 가능할까?

암흑 속 펼쳐진 세상

샤를보네증후군에 관한 설명을 시도하는 가설은 여러 가지가 있지만, 가장 유명한 가설은 '항상성homeostasis'이라는 개념에 주목한다. 고등학교 생물 시간에 배운 기억이 날는지. 개인적으로 항상성은 생물 시간에 배운 내용 중 (수학 공식처럼 외웠던 '미토콘드리아는 세포의 발전소' 같이) 내 머리에 잘 자리 잡은 몇 안 되는 개념 중 하나다. 생물학에서 항상성은 생물학적 시스템이 어느 정도의 안정성 또는 평형 상태를 유지하려는 성향을 말한다.

샤를보네증후군에서 항상성이 중요한 역할을 한다고 추측하는 까닭은, 뇌가 바깥세상에 관한 중요한 정보를 얻기 위해 주로 도움을 받던 시각 정보가 더 이상 유입되지 않을 경우, 기대하던 수준의 시각 정보를 되찾기 위한 방법을 찾으려는 것으로 보이기 때문이다. 노트북으로 영상을 보던 중 갑자기 소리가 들리지 않으면 어떻게 하는가? 먼저 시스템의 메인 음량을 올려 본다. 그래도 변화가 없으면 전체 음량 제어 설정으로 들어가 각 항목을 미세하게 조정해 볼 것이다. '하나씩 만지다 보면 문제가 해결되겠지'라고 생각하면서 말이다.

우리 뇌도 마찬가지로 서로 다른 메커니즘의 다이얼을 올리거나 내리면서 시각적 자극이 다시 돌아오는지 확인한다. 일부 조정 과정에서 시각계 세포가 더 쉽게 흥분하는 식으로 바뀌기도 하는데, 마치 뇌가 시각계의 민감도를 높여 시각 활동을 촉진하는 것과 같다.

그러나 이 변화 때문에 시각계는 과도하게 예민해진다. 시각계의 뉴런은 언제든 점화할 수 있는 과도한 자극 상태에 들어서기 때문에 외부의 시각적 자극이 없어도 자발적으로 점화할 가능성이 높아진다. 자발적 신경 활동은 원래대로라면 시각 자극이 있어야 활성화되는 뉴런이 자극 없이도 활성화되게 만들 수 있다. 뉴런은 존재하지 않는 시각 자극이 들어왔다는 신호를 나머지 뇌에 잘못 전달하고 그 결과로 환각이 발생한다.

뇌의 고조된 민감성과 자발적 신호 전송, 환각으로 이어지는 감각 박탈 현상은 샤를보네증후군에서만 나타나는 것이 아니다. 사실 일반적인 감각 입력을 차단하면 확실히 환각을 유도할 수 있다. 가령 어둠 속에 홀로 있거나 눈가리개를 한 재소자는 흔히 생생한 환각을 경험한다.[6] 더불어, 감각 자극을 최소화하게끔 설계되어 소리와 빛을 차단하는 탱크인 감각 차단 탱크sensory deprivation tank는 오랜 시간 환각을 이끌어 내는 (그리고 환각 체험에 관심이 많은 사람이 찾는) 방법으로 사용되어 왔다.[7]

연구자들도 감각 박탈을 활용해 환각을 일으켜 왔는데, 2004년의 한 연구에서는 13명으로 구성된 소규모 피험자들에게 5일간 24시간 내내 눈가리개를 씌우고 환시가 발생하는지 관찰했다. 13명 중 10명의 피험자가 환시를 봤다. 단순히 번쩍이는 불빛부터 샤를보네증후군 환자의 경험과 비슷한 정교한 이미지까지 복잡성의 정도는 다양했다. 한 피험자는 이렇게 말했다. "주름이 자글자글한 나이 든 할머니의 모습이 보였는데…… 할머니는 저를 보고 있었어요. 비행기 좌석에 앉아 있는 것처럼 보였고요……. 그다음에는 할머니 얼굴이 쥐와 비슷한 얼굴로 바뀌었는데, 얼굴이 작아졌다기보다는 쥐의 특징을 보이는 얼굴이었어요."[8]

눈을 가리고 며칠이 지나 환각을 경험한 피험자도 있는 반면, 몇 시간 만에 보기 시작한 피험자도 있었다. 이렇게 빠른 시간 내에 나타난다는 것은 감각 박탈이 환시로 이어지는 방식을 설명하는 또 다른 가설을 뒷받침한다. 이 가설에 따르면, 시각피질의 자발적 활동, 즉 외부 환경의 자극과 상관없이 뇌가 일으키는 활동은 일상적으로 발생하나 우리 눈을 통해 끊임없이 흘러 들어오는 시각 정보에 묻혀 버린다. 따라서 시각 정보가 더 이상 들어오지 않으면 뇌의 자발적 활동이 시각 신호로 이어지고, 그 결과 환각이 발생한다. 이 가설은 앞서 다룬 항상성 불균형 가설과 상호 배타적이지는 않다. 서로 다른 환각 경험에는 서로 다른, 동시에 다수의 메커니즘이 작용할 수도 있다.

다양한 환각에서 나타나는 한 가지 공통점은, 환각 중 발생하는 지각 유형에 관여하는 뇌 영역들의 활동과 환각이 연관되는 경향을 보인다는 것이다. 샤를보네증후군 환자의 뇌를 뇌 활동 측정 기기를 통해 보면, 환각 중 경험하는 것과 유사한 이미지를 볼 때 활성화되는 뇌 영역들이 밝게 빛난다.[9] 특히 얼굴에 관한 환각은 방추형 얼굴 영역의 활동과 관련이 있고 여러 색이 등장하는 환각은 색을 처리하는 뇌 영역과 관련이 있는 것으로 드러났다.

따라서 환시는 실제로 무언가를 볼 때 발생하는 것과 굉장히 유사한 뇌 활동과 연관된 경향을 보이나, 망막 활동이나 눈에서 뇌로 시각 정보를 전달하는 경로와는 관련이 없다. 환각의 신경 신호 전달은 모두 뇌에 집중돼 있다. 그러나 다른 측면에서 보면, 환시와 지각 사이에는 거의 차이가 없는 것처럼 보인다. 청각이나 촉각 등 다른 감각을 경험하는 환각도 마찬가지다.

샤를보네증후군 환각에 대한 흥미로운 점 한 가지는 환자의 환각에 사람이 등장하는 건 드문 일이 아니나, 그중에 익숙한 사람들은 거의 없다는 점이다. 이들의 환각은 몰개성화된 특성을 보이는 경향이 있으며 등장하는 사람들은 표정이나 몸짓 이상의 방식으로 환자와 소통하지는 않는다. 이러한 유형의 무심함은 다음에 소개할 지극히 개인적인 환각과 극명한 대조를 보인다. 이보다 더 개인적인 환각은 없을 것이다.

상실을 견디는 방법

사모트라시아가 캘리포니아에서 저소득층 환자를 위한 클리닉을 운영하는 정신과 의사 카를로스 슬러즈키 박사Dr. Carlos Sluzki와 상담하기 시작한 건 그녀가 70세 때였다.[10] 사모트라시아는 지난 두해 동안 다른 의사와 상담했지만 상태는 거의 그대로였다. 이전 주치의는 조현병을 진단했는데, 그녀의 증상들은 조현병 환자에게 처방하는 약에 반응하지 않았고 치료는 진전을 보이지 않았다. 사모트라시아는 새로운 의사(특히 두 가지 언어를 구사할 수 있으면서 다문화 배경을 지닌, 슬러즈키 박사 같은 의사)를 만나 나아질 수 있기를 바랐다.

첫 상담에서 슬러즈키 박사는 사모트라시아의 인생 이야기를 자세히 들었다. 그녀는 멕시코에서 태어나 어린 나이에 결혼했고 남편과 함께 미국에 불법으로 입국했다. 부부에게는 아들 둘과 딸 둘, 총 네 명의 자녀가 있었는데 남편의 알코올 중독과 폭력 때문에 이혼했다. 사모트라시아는 혼자 하루 종일 일하면서 네 자녀를 키우는 힘든 삶을 살았다.

일흔이 된 사모트라시아는 딸들과는 여전히 사이가 좋았다. 통화도 자주 했고 가끔은 자녀들의 집을 찾기도 했다. 하지만 두 아들은 수년 전에 죽었다. 한 명은 10대 때 갱단과 연루된 폭력 사건에 휘말려 살해당했고 나머지 한 명은 서른셋에 에이즈로 사망했다.

몇 차례의 상담 후, 슬러즈키 박사는 전 주치의가 왜 사모트라시아에게 조현병을 진단했는지 알 수 없었다. 조현병은 감정 표현 부족부터 망상과 환각에 이르기까지 다양한 증상들이 뒤따르기 마련인데, 사모트라시아는 조현병을 암시하는 어떤 증상도 보이지 않았다. 허나 이야기의 주제가 아들로 넘어가자 슬러즈키 박사는 그 이유를 어렴풋이 깨닫기 시작했다.

사모트라시아는 지난 수년 동안 죽은 아들들이 일주일에 서너 번은 자신의 집을 찾아왔다고 고백했다. 주로 그녀가 저녁 식사를 마친 쉬는 시간에 찾아왔다. 두 아들은 엄마를 찾아와 일상적인 대화를 나눴다. 이야기를 하고 농담도 던졌으며 자기들은 괜찮으니 걱정하지 말라며 엄마를 안심시켰다.

고인이 된 두 아들이 저녁에 찾아와 하는 일은 살아 있었다면 했을 행동과 거의 같았다. 약간 "빈둥대며 놀았고" 엄마를 보살피며 예의 있게 행동했다. 심지어 사모트라시아가 샤워를 하거나 옷을 갈아입을 때는 혼자 있을 수 있게 배려하는 등 매너도 갖췄다. 그녀가 집에 있을 때만 찾아왔고 조금 더 공개적인 환경에 있을 때는 나타나지 않았다. 게다가 두 아들은 정말 사실적으로 보였다. "제가 지금 선생님을 보고 있는 것처럼 아주 명확하게 아이들을 보고 들을 수가 있어요." 그녀는 박사에게 말했다.

사모트라시아는 두 아들의 방문이 초자연적 현상은 아닌 것 같다고 말했다. 오히려 자신이 상상해 낸 것이라고 이야기했다. 그렇지만 확신할 수는 없었다. 그녀는 두 아들에게 자세히 물어보면 오는 횟수가 줄어들지도 모른다는 두려움에 깊이 생각하지 않았다. 아이들의 방문을 중단시킬 수도 있는 위험은 감수하고 싶지 않았다. 아들들을 주기적으로 볼 수 있는 기회는 모든 자식과 관계를 유지할 수 있는 선물 같은 방식이라고 생각했다. 두 아들이 죽은 뒤 사모트라시아가 오랜 기간 염원해 온 것이었다.

슬러즈키 박사는 두 아들을 만나는 사모트라시아의 경험을 상실을 견디는 건강한 방식의 대처 기제로 보았다. 죽은 아들이 나타나는 환각만이 조현병 진단 기준에 부합하는 유일한 증상이었으므로(조현병을 정확히 진단하려면 다른 증상도 반드시 나타나야 한다) 박사는 사모트라시아에게 조현병이 없다고 판단해 사모트라시아의 환각을 기준으로 그녀를 치료했으나, 이를 멈추게 만들지는 않았다. 둘은 1년 넘게 상담을 이어 갔고 사모트라시아가 다른 지역으로 이사 간 뒤에도 두 아들은 꾸준히 그녀를 찾아왔다.

그리움이 만든 자리

사모트라시아의 경험을 해석하는 방식은 문화적 배경과 개인적 신념에 따라 다를 것이다. 물론 죽은 자의 영혼과 만났다는 주장은 다들 한 번쯤 들어 봤을 것이다. 유령에 관한 기록은 고대 메소포타미아 문명에서도 발견된다. 지금도 유령은 전 세계 대부분의 문화에 흔히 등장한다. 미국인을 대상으로 한 2021년 설문조사에 따르면, 응답자의 20퍼센트는 유령과 조우한 적이 있다고 답했으며 41퍼센트는 유령이 존재한다고 응답했다.⌘[11]

지난 50여 년 동안 연구자들은 이러한 현상, 초자연적인 경험이 아니라 슬픔에서 유발된 지각 장애인 **사별환각**bereavement hallucinations에 더 많은 관심을 갖게 되었다. 환각이라는 단어에는 병이라는 뉘앙스가 내포되어 있어 이 맥락에서 '환각'을 사용하는 건 다소 논란이 되지만, 많은 정신 건강 전문가는 사별환각 경험이 애도 과정에 도움이 될 수 있다고 인정한다. 또한, 사별환각을 경험했다는 많은 이가 고인과 실제 상호 작용을 했다고 믿는데, 이는 환각이라는 용어의 사용과 모순되는 부분이다.

사별환각에서의 만남은 경험한 이에게는 지극히 개인적이고 큰 의미를 지니기에 과학적인 관점으로 설명하려 하면서 그 중요성을 일축하거나 축소하고 싶지는 않다. 그리고 과학자들은 초자연적 존재의 개입을 가정하는 가설을 세우지 않는다. 검증이 어렵거나 불가능하기 때문이다. 그러므로 고인이 된 사랑하는 사람과의 만남을 설

⌘ 참고로, 표본의 11퍼센트는 악마를 만난 적이 있으며 또 다른 11퍼센트는 그 외 초자연적 존재와 마주친 적이 있다고 답했다. 4퍼센트는 늑대 인간을, 3퍼센트는 뱀파이어를 만난 적이 있다고 답했다. 그러나 표본의 오차 범위가 4퍼센트이므로 마지막 두 결과는 다소 무의미하다.

명해야 한다면 사후 세계에서 온 사람처럼 이해하기 어렵고 검증할 수 없으며 재현도 할 수 없는 현상으로서 설명하기보다는 환각처럼 이미 알려져 있고 검증할 수 있으며 재현도 할 수 있는 메커니즘으로 설명하는 방식을 택할 것이다. 물론 영혼과 상호 작용할 수 있다는 설득력 있는 증거가 나오면 과학자들도 패러다임을 수정해야 할 것이다. 그러나 그때까지 과학은 인간의 일상적인 삶을 이해하는 데 있어 초자연적 존재를 위한 자리는 상정하지 않을 것이다. 따라서 여기에서는 '사별환각'이라는 용어를 사용하려 한다. 현재 과학계가 이러한 유형의 현상을 바라보는 시각을 함축적으로 보여 주기 때문이다.

연구에 따르면, 사별환각은 꽤 흔한 현상이다. 21건의 연구를 분석한 결과, 가족이나 친구를 잃은 사람의 절반 이상이 일종의 사별환각을 겪은 것으로 나타났다. 이들이 겪은 환각의 양상은 다양했다. 가장 흔한 유형은 고인이 근처에 있다고 느끼는 것으로, 40퍼센트 가까운 비중을 차지했다. 22퍼센트 이상은 고인과 대화를 나눴으며 20퍼센트 이상은 직접 보았다고 답했다. 고인의 목소리만 들리는 경우도 있었고 냄새를 맡거나 만졌다는 경우도 있었다.⌘[12]

여러 연구 결과, 사별환각은 남편 혹은 아내를 잃은 사람들에게서 더 흔히 발생하는 것으로 나타났다. 요양원 거주자를 대상으로 실

⌘ 해당 연구가 철회되었다는 점도 언급해 두어야겠지만, 그 이유는 방법론의 문제가 아니라 표절 때문이었다. 따라서 연구 결과는 여전히 유효해 보인다. 이 연구를 인용한 이유는 사별환각을 주제로 다룬 연구가 많지 않고, 이 주제를 가장 포괄적으로 다룬 최신 연구였기 때문이다.

시한 한 연구에서 미망인의 61퍼센트가 남편이 죽은 뒤 남편의 존재를 느낀 적이 있다고 답했다. 이 중 79퍼센트는 남편을 보았고 18퍼센트는 대화를 나눴다.[13] 연구자들은 미망인과 홀아비 집단에서 나타나는 사별환각의 높은 유병률은 이들이 고인과 오랜 기간 강한 애착 관계를 지녀왔기 때문이며 이 관계가 깨지자 큰 스트레스를 받아 뇌가 환각 경험을 생성하는 방식으로 반응할 가능성이 높아진다고 추측했다.

이와 더불어 신경과학자들은 사별환각을 보는 동안 뇌에서 벌어지는 일에도 관심을 갖고 있다. 사별환각의 발생 원리를 설명하려 시도하는 한 가설은 '예측 코딩predictive coding'이라는 뇌의 메커니즘과 연관 짓는다. 이 관점에 따르면, 뇌의 중요한 (질문에 따라 '가장' 중요한 기능으로 꼽을 수도 있는) 기능 중 하나는 과거의 정보와 현재 상황을 결합해 다음에 일어날 일을 예측하는 역할이다. 이 기능은 끊임없이 이루어지며 많은 신경과학자는 이것이 감각 지각의 기반이라고 생각한다.

지금 당신의 주변을 한 번 둘러보자. 쏟아지는 감각 정보로 둘러싸여 있을 것이다. 정말로, 정보의 홍수라고 할 수 있다. 11장에서도 이야기했듯이 망막에서 뇌로 보내는 정보의 양만 초당 약 1000만 비트에 달한다는 것으로 추정된다.[14] 이건 겨우 시각계에서만 일어나는 일일 뿐이다. 우리 뇌는 청각, 후각, 촉각, 미각 등 여러* 감각계에서

---

* '등 여러'라 함은 과학자들이 인간에게 전통적인 오감 외에도 다른 감각이 있다고 믿는다는 사실을 의미한다. 예컨대 고유 수용성 감각은 공간 속 우리 몸의 위

오는 비슷한 양의 신호를 처리할 준비가 되어 있어야 한다. 뇌는 무수한 미가공 감각 데이터를 처리하고 이해해야 하며 생명이 위협당할 수도 있는 상황에서 생존에 필요한 정보를 사용하려면 거의 즉각적으로 이 모든 걸 처리해야 한다(그렇게 하도록 진화했다).

효율적인 일 처리를 위해 뇌는 지니고 있는 정보를 바탕으로 추측한다. 예컨대 지금 옷걸이에 걸려 있는 외투를 바라보면 당신의 뇌는 그것이 '외투'라고 예측할 것이다. 하지만 이상한 냄새가 나고 오래되어 늘 어딘가 으스스한 고모네 집에 와 있다고 상상해 보자. 당신은 물을 한 잔 마시려고 한밤중에 일어났다. 은은한 달빛만 비치는 어둠 속에서 발뒤꿈치를 든 채 삐걱거리는 차디찬 나무 바닥을 조용히 걷다가 문득 거울을 들여다봤는데, 당신의 모습 뒤로 커다란 그림자 같은 형상이 어렴풋이 보인다. 순간 당신은 얼어붙는다. 심장은 미친 듯이 뛰기 시작하고 돌아가신 삼촌 유령이거나 퀴퀴한 냄새가 나는 이 오래된 집에 긴 시간 붙어 있던 지박령 같은 게 아닐까 하며 걱정 어린 마음으로 천천히 고개를 돌린다. 뒤를 돌아보자 눈에 들어오는 건…… 문에 걸려 있는 외투다.

두 사례에서 동일한 자극이 서로 다른 영향을 미친 까닭은 뇌가 있는 그대로 지각하는 것이 아니라 과거의 경험과 신체, 감정 상태에 관한 현재 정보를 기반으로 자극을 예측했기 때문이다. 고모네 집이

치를 지각하는 감각이며 평형감각(equilibrioception)은 균형에 관한 감각, 통각(nociception)은 통증에 관한 감각이다.

라는 장소에 높아진 경계심을 단서로 '여기엔 뭔가 위험한 게 있을 수도 있으니까 긴장을 늦추지 말자'라고 생각한 것이다. 그래서 정체불명의 자극을 두고 잠재적으로 위협적일 수도 있는 대상으로 예측한 것이다. 물론 정확하지 않다고 판단하면 뇌는 예측을 조정한다.

예측 코딩의 관점에 따르면, 우리가 겪는 감각 경험은 실제로 주변에서 벌어진 사건의 표현이 아니라, 경험에 의해 확인될 예측이 대부분이다. 즉, 우리 뇌는 실제 그곳에 존재하는 대상이 아니라 예측을 바탕으로 세상에 대한 지각을 이해한다. 뇌가 한 예측이 현실과 일치하지 않을 때만 이것을 조정하여 현실을 더 직접 경험하게끔 만든다.

이 관점에서 보면 '모든' 경험은 비록 뇌에 의해 통제되기는 하지만 환각이나 다름없다. 그러나 사별환각과 같은 실제 환각의 경우에는 오류를 조정하려는 경향을 뇌의 예측이 압도하는 것일 수도 있다. 현실보다 예측에 더 큰 무게를 두어 어떤 의미에서는 예측을 현실로 만들어 버리는 것이다.

✦ ✦ ✦

뇌는 왜 이런 오류를 만드는 걸까? 여러 요인이 있을 수 있지만, 사랑하는 이를 잃은 데서 오는 스트레스가 가장 큰 영향을 미칠 것이다. 압도적인 스트레스로 인해 뇌가 예측을 과대평가하는 오류를 더 쉽게 저지를 수 있다. 또한, 누군가의 존재를 오랜 시간 예상해 왔기 때문에 뇌가 그 사람을 더 잘 예측하게 되는 것일 수도 있다. 50년도 넘게 함께 산 부부라면, 미망인의 뇌가 남편이 죽은 뒤에도 남편이 집에 있을 것이라고 잘못 예측하는 것도 납득이 간다. 애초에 개인의 (문화적, 종교적, 정신적) 믿음 자체가 이미 죽은 사람이 여전히 이곳에 있다고 믿게 만드는 역할을 하는 것일 수도 있다(가령 죽은 자를 볼 수 있다는 사실에 회의적인 뇌일수록 그런 경험이 발생하리라 예측할 가능성이 낮을 것이다).

물론 이 모든 건 가설에 불과하다. 사별환각은 언제 발생할지 예측할 수 없는 경우가 많고 실험실에서 재현하기도 어렵기 때문에 연구하기 까다롭다. 그렇기에 사별환각을 경험하는 사람의 뇌에서 정확히 어떤 일이 벌어지는지 우리는 알지 못한다. 그렇다면 그 원리를 정확히 알기 전까지, 이들 중에서 사후 세계와 정말로 상호 작용을 한 사람이 없다고 누가 장담할 수 있겠는가?

마치며

정신의학은 전통적으로 양자택일식 접근법을 취해 왔다. 환자에게 장애가 있거나 없거나 둘 중 하나로만 정의해 왔다는 의미다. 판단은 명확한 진단 기준에 따라 내려진다. 그러나 어떤 유형의 행동이든 인간 성향의 범위 안에 속하며 한쪽 끝은 행동의 과잉을, 반대쪽은 행동의 결핍을 나타낸다는 생각에 동의하는 과학자가 점점 더 많아지고 있다.

물론 둘 중 어느 쪽이든 극단으로 치우치면 문제가 될 수 있으나, 중간 영역에 머무르는 사람 중에서도 비정상적인 경향은 있으며 우리도 가끔 이러한 경향을 보인다. 강박장애가 없는 사람도 강박적인 생각을 하고 강박적인 행동을 보이는 때가 있다. 강박장애가 있는 사람과 없는 사람의 차이는 정도와 빈도에 있으며 이것이 강박장애라는 삶의 커다란 걸림돌을 진단 가능한 장애로 만든다.

이 책에서 다루는 다른 여러 행동도 마찬가지다. 이상해 보이는 행동들도 있겠지만, 그것 역시 일반적인 인간 성향의 범위에서 극단을 보여 주는 것일 뿐 완전히 새로운 것은 아니다. 많은 사람이 오랜 시간을 함께 보내는 물건을 마치 인간처럼 대하거나(제대로 작동하지 않는 기기가 마치 당신을 고의로 괴롭힌다고 생각해서 화를 낸 적이 있지 않은가?), 자기 몸의 실제 모습을 잘못 이해하고 있거나, 상황에 따라 다른 사람처럼 행동하기도 한다. 앞서 본 바와 같이 이렇게 평범한 인간적 특성도 비정상적으로 증폭되면 병이 되어 일상이 압도당하고 고통스러워질 수 있다. 그렇지만 정상적인 행동이 병의 근원이 될 수도 있다는 사실을 알면 약간은 이상해 보일 수 있는 이러한 사례들을 조금이나마 이해할 수 있게 된다.

우리와 정반대 지점에 있는 사례들은 영원히 지닐 것이라 예상했던 능력을 잃은 사람들의 이야기다. 그래도 우리는 사라진 능력들을 잘 알고 있기 때문에 그들의 경험을 이해할 수 있다. 그러니까, 읽고 말하고 얼굴을 알아보는 능력에 문제가 생기면 어떤 일이 벌어질지 이해할 수 있는 까닭은 우리가 이 능력에 기대어 매일을 살아가고 있기 때문이다.

결국 내가 이 책에서 말하고 싶은 건, 여기 등장하는 인간의 다양한 행동들이 아무리 특이해 보여도 결국 나와 당신과 크게 다르지 않은 사람들이 겪은 일이라는 것이다. 사회적 정보에 관한 의존성과 같이 앞에서 다룬 몇몇 내용은 우리 모두에게서 어렵지 않게 찾을 수 있다. 어딘가 잘못되었을 때만 나타나는 행동들도 있지만, 이 역시 정상적인 인간 경험의 한 측면이 과도하게 확대되거나 축소되었다는 것을 의미할 뿐이다. 여러 번 말했지만, 누구도 급격한 신경학적 변화에서 자유로울 수 없다. 그렇기에, 이 책에서 보여 준 행동들은 기이한 예외가 아니라 인간 상태의 전 범위를 보여 주는 것이라고 생각하길 바란다. 특이해 보여도 이는 여전히 인간 행동 목록의 일부다.

당신의 뇌가 정상적으로 기능한다면, 축하한다. 이 순간을 소중히 여기기를 바란다. 뇌와 나머지 신체 기관이 영원히 멀쩡하지는 않을 테니 말이다. 인간의 뇌는 경이로운 유기적 기계이지만, 모든 기계가 그러하듯 언젠가는 고장 나기 마련이다. 그러니 할 수 있을 때 뇌의 모든 기능을 활용하라. 잊지 못할 추억을 만들고, 다양한 감정을 경험하고, 즐거움을 탐닉하고(절제하는 연습도 하고), 깊이 생각하고, 몸을 움직이자. 뇌가 허락하는 모든 일을 해 보자. 그냥 하지 말고 즐겁게 하자. 우리의 뇌를, 그리고 뇌가 우리에게 빌려주는 능력을 당연하게 여기지 말자.

어쩌면 우리는 다들 뇌 기능에 약간의 '이상'은 지니고 살고 있을지도 모른다. 대부분은 이상한 사고 패턴을 숨기는 데 전문가가 되어 있으며 무슨 일이 있어도 드러내지 않으려 한다.

하지만 뇌를 더 많이 연구할수록 '정상적인' 뇌라는 개념이 적어도 우리가 떠올리는 방식에서는 다소 비현실적이라는 사실을 깨닫게 된다. 인간은 모두 불완전하다. 그리고 모든 인간에게는 행복하고 온전한, 즐거운 삶을 못살게 구는 생각과 감각에 시달리는 때가 있다. 이러한 현실을 열린 마음으로 받아들이고 남들도 나와 같다는 사실을 인정하는 것만으로도 우리 사회 전체의 정신 건강을 개선하는 데 큰 도움이 되리라 믿는다.

감사의 말

책을 쓰기로 결심했을 때 그것이 얼마나 힘든 일인지 아무도 말해 주지 않았다. 물론 이번이 두 번째 책이기 때문에 나는 첫 번째 책에서 그 교훈을 얻었다. 그러나 이 책을 작업할 때 예상치 못한 어려움이 있었다. 나는 코로나19가 전 세계에서 유행하는 동안 펜실베이니아주립대학교에서 나의 본업을 수행하면서 책을 집필했고 어떤 때는 집에서 오랜 시간 가족으로부터 격리되어 글을 썼다. 가끔은 일로 인한 스트레스와 예측이 어려운 세계 정세로 심리적 안정감이 점차 저하되는 상황에서 인간 정신에 발생하는 장애에 주목한 책을 쓰고 있다는 아이러니가 씁쓸하게 느껴지기도 했다. 가족이 없었다면 이 프로젝트를 끝마칠 회복력을 어떻게 얻었을지 모르겠다. 가장 먼저 나의 가족에게 감사 인사를 전한다.

나의 아내 미셸Michelle에게 느끼는 고마움은 이 페이지에 다 담을 수 없다. 나의 별난 구석을 (재빨리 도망치는 대신) 이해해 주고 공감과 배려로 대해 줘서 고마워. 그리고 경솔하거나 시기상 부적절해 보일 때도 내가 무릅쓰고 도전하려는 모험을 계속 지지해 줘서 고마워. 지난 10년 동안 내가 이룬 대부분은 당신이 나와 함께해 줬기에 가능했어.

카이Ky와 피아Fia. 지난 몇 년 동안 나를 혼란스럽게 만든 장본인들이지만, 많은 시간 나를 북돋아 준 존재 역시 두 사람이었다. 이 책을 쓰는 동안 함께 격리될 사람을 고르라면 둘을 택했을 것이다. 언젠가는 이 책을 집어 들고 "우리 아빠가 쓴 책이야!"라고 자랑스럽게 말하는 날이 오길 고대하면서 나는 너희가 멋진 인간으로 자라나는 모습을 매일 지켜보고 있단다.

늘 나를 지지해 주는 우리 멋진 부모님께도 감사드린다. 내 인생에서 무엇을 하고 싶은지 고민하는 동안 두 분의 도움과 인내가 없었다면 신경과학을 주제로 한 책을 쓰는 일은 그저 공상에 그쳤을 것이다.

나의 아이디어에 공감해 주는 사람이 있을지 확신할 수 없을 때 그것을 믿어 준 에이전트 린다 코너Linda Konner에게도 감사를 표한다. 내 곁을 지킨 것이 언젠가 도움이 되는 결정이었길.

나의 아이디어를 또 한 번 출간할 수 있도록 도와준 니콜라스 브릴리Nicholas Brealey 출판팀에도 감사드린다. 이 책의 잠재력을 알아봐 준 조너선 쉬플리Jonathan Shipley와 편집팀의 능력자 브렛 할블라이브Brett Halbleib에게도 감사한다. 두 권의 책을 출판하는 과정에서 전문성과 직업 정신, 그리고 세부 내용에 대한 주의력으로 등대와 같은 역할을 해 준 미셸 수리아넬로Michelle Surianello에게도 감사의 인사를 전한다.

시간을 내어 내가 쓴 원고를 정독하고 피드백과 조언, 지지를 아끼지 않은 모든 분께 진심을 다해 감사함을 전하고 싶다. 책의 초고를 읽고 귀중하고 통찰력 있는 의견을 제안한 톰 굴드Tom Gould, 원고를 읽고 의견을 공유해 준 빌 레이Bill Ray, 케이트 앤더슨Kate Anderson, 크리스틴 브라이트Kristen Breit, 에린 키르슈만Erin Kirschmann, 앨리슨 크라이슬러Alison Kreisler, 에이미 스테이딩Amy Stading, 앨리슨 윌크Allison Wilck에게도 감사하다고 말하고 싶다. 두 번째임에도 불구하고 여전히 이들이 보여 준 관대함에 놀라움과 깊은 감탄을 느낀다.

마지막으로, 이 책에 등장한 모든 분께 감사드린다. 앞서 소개한 이야기 중 상당수는 엄청난 고통과 괴로움을 수반하는 사례들이다. 대부분은 환자에게 직접 들은 것이 아니라 다른 자료에 나온 이야기의 세부 사항을 각색한 것이지만, 어쨌든 이 이야기들을 다시 들려줄 수 있다는 것에 감사할 따름이다. 여기 소개된 분들이 이 감사의 글을 읽을 가능성이 낮다는 건 알지만, 이들이 섬세하고, 정확하고, 가치 있다고 느낄 수 있는 방식으로 내가 이들의 삶을 묘사했기를 바란다.

주

들어가며

1 G. M. Lavergne, *A Sniper in the Tower: The Charles Whitman Murders*, University of Texas Press, 1997, 82.

1장

1 J.L. Saver, "Time is brain-quantified", *Stroke* 37, no. 1, 2006. 01., 263-66.

2 H. Forstl and B. Beats, "Charles Bonnet's description of Cotard's delusion and reduplicative paramnesia in an elderly patient(1788)", *British Journal of Psychiatry* 160, no. 3, 1992. 03., 416-18.

3 S. Dieguez, "Cotard Syndrome", *Frontiers of Neurology and Neuroscience* 42, 2018, 23-34.

4 Ibid.

5 A.W. Young and K.M. Leafhead, "Betwixt life and death: case studies of Cotard delusion", in *Method and Madness: Case Studies in Neuropsychiatry*, ed. P.W. Halligan and J.C. Marshall, East Sussex, England: Taylor & Francis, 1996., 147-71.

6 H. Debruyne, M. Portzky, F. Van den Eynde, and K. Audenaert, "Co-

tard's syndrome: a review", *Current Psychiatry Reports*, 11(3), 2009. 6., 197-202.

7 A.W. Young and K.M. Leafhead, "Betwixt life and death: case studies of Cotard delusion", 147-71.

8 P. Johansson, L. Hall, S. Sikström, and A. Olsson, "Failure to detect mismatches between intention and outcome in a simple decision task", *Science* 310(5745), 2005. 10., 116-19.

9 E. C. Hunter, M. Sierra, and A. S. Alex, "The epidemiology of depersonalisation and derealisation. A systematic review", *Social Psychiatry and Psychiatric Epidemiology*, 39(1), 2004. 01., 9-18.

10 M. P. Alexander, D. T. Stuss, and D. F. Benson, "Capgras syndrome: a reduplicative phenomenon", *Neurology*, 29(3), 1979. 03., 334-39.

11 C. Pandis, N. Agrawal, and N. Poole, "Capgras' delusion: a systematic review of 255 published cases", *Psychopathology*, 52(3), 2019. 07., 161-73.

12 V. S. Ramachandran, "Consciousness and body image: lessons from phantom limbs, Capgras syndrome and pain asymbolia", *Philosophical Transactions of the Royal Society of London B: Biological Sciences*, 353(1377), 1998. 11., 1851-59.

13 W. Hirstein and V. S. Ramachandran, "Capgras syndrome: a novel probe for understanding the neural representation of the identity and familiarity of persons", *Proceedings of the Royal Society of London B: Biological Sciences*, 264(1380), 1997. 03., 437-44.

14 H. D. Ellis, "The role of the right hemisphere in the Capgras delusion", *Psychopathology*, 27(3-5), 1994., 177-85.

15 K. W. de Pauw, T. K. Szulecka, and T. L. Poltock, "Frégoli syndrome after cerebral infarction", *The Journal of Nervous and Mental Disease*, 175(7), 1987. 07., 433-38.

16 R. J. Berson, "Capgras' syndrome", *American Journal of Psychiatry*, 140(8), 1983. 08., 969-78.

17 J. L. Mulcare, S. E. Nicolson, V. S. Bisen, and S. O. Sostre, "The mirror sign: a reflection of cognitive decline?", *Psychosomatics*, 53(2), 2012. 03~04., 188-92.

18 A. Villarejo, V. P. Martin, T. Moreno-Ramos, A. Camacho-Salas, J. Porta-Etessam, and F. Bermejo-Pareja, "Mirrored-self misidentification in a patient without dementia: evidence for right hemispheric and bifrontal damage", *Neurocase*, 17(3), 2011. 06., 276-84.

19 M. F. Shanks and A. Venneri, "The emergence of delusional companions in Alzheimer's disease: an unusual misidentification syndrome", *Cognitive Neuropsychiatry*, 7(4), 2002. 11., 317-28.

2장

1 P. E. Keck, H. G. Pope, J. I. Hudson, S. L. McElroy, and A. R. Kulick, "Lycanthropy: alive and well in the twentieth century", *Psychological Medicine*, 18(1), 1988. 02., 113-20.

2 J. D. Blom, "When doctors cry wolf: a systematic review of the literature on clinical lycanthropy", *History of Psychiatry*, 25(1), 2014. 03., 87-102.

3 Ibid.

4 R. B. Khalil, P. Dahdah, S. Richa, and D. A. Kahn, "Lycanthropy as a culture-bound syndrome: a case report and review of the literature", *Journalof Psychiatric Practice*, 18(1), 2012. 01., 51-4.

5 A. G. Nejad and K. Toofani, "Co-existence of lycanthropy and Cotard's syndrome in a single case", *Acta Psychiatrica Scandinavica*, 111(3), 2005. 03., 250-52.

6 K. Rao, B. N. Gangadhar, and N. Janakiramiah, "Lycanthropy in depression: two case reports", *Psychopathology*, 32(4), 1999. 07., 169-72.

7 Ibid.

8 M. Benezech, J. De Witte, J. J. Etcheparre, and M. Bourgeois, "A lyc-

anthropic murderer", *American Journal of Psychiatry*, 146(7), 1989. 07., 942.

9 H. Flor, L. Nikolajsen, and T. S. Jensen, "Phantom limb pain: a case of maladaptive CNS plasticity?", *Nature Reviews Neuroscience*, 7(11), 2006. 11., 873-81.

10 S. R. Weeks, V. C. Anderson-Barnes, and J. W. Tsao, "Phantom limb pain: theories and therapies", *Neurologist*, 16(5) 2010. 09., 277-86.

11 V. S. Ramachandran and W. Hirstein, "The perception of phantom limbs. The D. O. Hebb lecture", *Brain*, 121(9), 1998. 09., 1603-30.

12 M. T. Padovani, M .R. Martins, A. Venâncio, and J. E. Forni, "Anxiety, depression and quality of life in individuals with phantom limb pain", *Acta Ortopédica Brasileira*, 23(2), 2015. 03~04., 107-10.

13 P. W. Halligan, J. C. Marshall, and D. T. Wade, "Unilateral somatoparaphrenia after right hemisphere stroke: a case description", *Cortex*, 31(1), 1995. 03., 173-82.

14 T. E. Feinberg, A. Venneri, A. M. Simone, Y. Fan, and G. Northoff, "The neuroanatomy of asomatognosia and somatoparaphrenia", *Journal of Neurology, Neurosurgery and Psychiatry*, 81(3), 2010. 03., 276-81.

15 H. O. Karnath and C. Rorden, "The anatomy of spatial neglect", *Neuropsychologia*, 50(6), 2012. 05., 1010-17.

16 Ibid.

17 P. M. Jenkinson, N. M. Edelstyn, J. L. Drakeford, C. Roffe, and S. J. Ellis, "The role of reality monitoring in anosognosia for hemiplegia", *Behavioural Neurology*, 23(4), 2010., 241-43.

18 J. Money, R. Jobaris, and G. Furth, "Apotemnophilia: Two cases of self-demand amputation as paraphilia", *The Journal of Sex Research*, 13(2), 1977. 05., 115-25.

19 P. D. McGeoch, D. Brang, T. Song, R. R. Lee, M. Huang, and V. S. Ramachandran, "Xenomelia: a new right parietal lobe syndrome",

Journal of Neurology, Neurosurgery, and Psychiatry, 82(12), 2011. 12., 1314-19.

20 C. Dyer, "Surgeon amputated healthy legs", *BMJ*, 320(7231), 2000. 02., 332.

21 E. D. Sorene, C. Heras-Palou, and F. D. Burke, "Self-amputation of a healthy hand: a case of body integrity identity disorder", *The Journal of Hand Surgery: British & European Volume*, 31(6), 2006. 12., 593-95.

22 B. D. Berger, J. A. Lehrmann, G. Larson, L. Alverno, and C. I. Tsao, "Nonpsychotic, nonparaphilic self-amputation and the internet", *Comprehensive Psychiatry*, 46(5), 2005. 09~10., 380-83.

3장

1 I. Yurdaisik, "Role of radiology in pica syndrome: a case report", *Eurasian Journal of Critical Care*, 3(1), 2021., 33-5.

2 B. E. Johnson and R. L. Stephens, "Geomelophagia. An unusual pica in iron-deficiency anemia", *American Journal of Medicine*, 73(6), 1982. 12., 931-32.

3 E. O. Bernardo, R. I. Matos, T. Dawood, and S. L. Whiteway, "Maternal cautopyreiophagia as a rare cause of neonatal hemolysis: a case report", *Pediatrics*, 135(3), 2015. 03., e726-29.

4 C. M. Meier and R. Furtwaengler, "Trichophagia: Rapunzel syndrome in a 7-year-old girl", *The Journal of Pediatrics*, 166(2), 2015. 02., 497.

5 E. P. Lacey, "Broadening the perspective of pica: literature review", *Public Health Reports*, 105(1), 1990. 01~02., 29-35.

6 A. K. C. Leung and K. L. Hon, "Pica: a common condition that is commonly missed: an update review", *Current Pediatrics Reviews*, 15(3), 2019., 164-69.

7 E. J. Fawcett, J. M. Fawcett, and D. Mazmanian, "A meta-analysis

of the worldwide prevalence of pica during pregnancy and the postpartum period", *International Journal of Gynecology & Obstetrics*, 133(3), 2016. 06., 277-83.

8 D. E. Danford and A. M. Huber, "Pica among mentally retarded adults", *American Journal of Mental Deficiency*, 87(2), 1982., 141-46.

9 C. Borgna-Pignatti and S. Zanella, "Pica as a manifestation of iron deficiency", *Expert Review of Hematology*, 9(11), 2016. 11., 1075-80.

10 D. E. Vermeer and D. A. Frate, "Geophagia in rural Mississippi: environmental and cultural contexts and nutritional implications", *The American Journal of Clinical Nutrition*, 32(10), 1979. 10., 2129-35.

11 R. K. Grigsby, B. A. Thyer, R. J. Waller, and G. A. Johnston Jr., "Chalk eating in middle Georgia: a culture-bound syndrome of pica?", *Southern Medical Journal*, 92(2), 1999. 02., 190-92.

12 *Eat White Dirt*, Directed by A. Forrester, Wilson Center for Humanities and Arts, 2015. adamforrester.com/eat-white-dirt.

13 S. Hergüner, I. Ozyildirim, and C. Tanidir, "Is Pica an eating disorder or an obsessive-compulsive spectrum disorder?", *Progress in Neuro-Psychopharmacology and Biological Psychiatry*, 32(8), 2008. 12., 2010-11.

14 "Obsessive-Compulsive Disorder", National Institute of Mental Health, 2022. 05. 25., https://www.nimh.nih.gov/health/statistics/obsessive-compulsive-disorder-ocd.

15 S. Rachman, "Fear of contamination", *Behaviour Research and Therapy*, 42(11). 2004. 11., 1227-55.

16 C. N. Burkhart and C. G. Burkhart, "Assessment of frequency, transmission, and genitourinary complications of enterobiasis(pinworms", *International Journal of Dermatology*, 44(10), 2005. 10., 837-40.

17 M. L. Nguyen, M. A. Shapiro MA, and S. J. Welch, "A case of severe

adolescent obsessive-compulsive disorder treated with inpatient hospitalization, risperidone and sertraline", *Journal of Behavioral Addictions*, 1(2), 2012. 06., 78-82.

18 T. McBride, S. E. Arnold, and R. C. Gur, "A comparative volumetric analysis of the prefrontal cortex in human and baboon MRI", *Brain, Behavior and Evolution*, 54(3), 1999. 09., 159-66.

19 R. O. Frost, D. F. Tolin, G. Steketee, K. E. Fitch, and A. Selbo-Bruns, "Excessive acquisition in hoarding", *Journal of Anxiety Disorders*, 23(5), 2009. 06., 632-39.

20 K. Mack, "Alone and buried by possessions", *Chicago Tribune*, 2010. 08. 10., https://www.chicagotribune.com/news/ct-xpm-2010-08-10-ct-met-hoarders-0811-20100810-story.html.

21 "People v. Suzanna Savedra Youngblood", Animal Legal & Historical Center, 2022. 05. 30., https://www.animallaw.info/case/people-v-youngblood.

22 "Kyrstal R. Allen, Appellant, v. Municipality of Anchorage, Appellee", Animal Legal & Historical Center, accessed 2022. 05. 30., https://www.animallaw.info/case/allen-v-municipality-anchorage.

23 T. E. Morrisseey, "*Hoarders*: Man Lives with Thousands of Uncaged Pet Rats", *Jezebel*, 2011. 01. 11., https://jezebel.com/hoarders-man-lives-with -thousands-of-uncaged-pet-rats-5730682.

24 D. F. Tolin and A. Villavicencio, "Inattention, but not OCD, predicts the core features of hoarding disorder", *Behaviour Research and Therapy*, 49(2), 2011. 02., 120-25.

25 J. R. Grisham, R. O. Frost, G. Steketee, H. J. Kim, and S. Hood, "Age of onset of compulsive hoarding", *Journal of Anxiety Disorders*, 20(5), 2006., 675-86.

26 C. M. Hough, T. L. Luks, K. Lai, O. Vigil, S. Guillory, A. Nongpiur, S. M. Fekri, et al., "Comparison of brain activation patterns during executive function tasks in hoarding disorder and non-hoarding OCD",

Psychiatry Research: Neuroimaging, 255, 2016. 09., 50-9.

27 E. Volle, R. Beato, R. Levy, and B. Dubois, “Forced collectionism after orbitofrontal damage”, *Neurology*, 58(3), 2002. 02., 488-90.

4장

1 F. Peek, *The Real Rain Man: Kim Peek*, Utah: Harkness Publishing Consultants, 1996., 7

2 D. A. Treffert and D.D. Christensen, “Inside the Mind of a Savant”, *Scientific American*, 293(6), 2005. 12., 108-13.

3 F. Peek, *The Real Rain Man: Kim Peek*, 9.

4 A. W. Snyder, E. Mulcahy, J. L. Taylor, D. J. Mitchell, P. Sachdev, and S. C. Gandevia, “Savant-like skills exposed in normal people by suppressing the left fronto-temporal lobe”, *Journal of Integrative Neuroscience*, 2(2), 2003. 12. 149-58.

5 Ibid.

6 A. Snyder, H. Bahramali, T. Hawker, and D. J. Mitchell, “Savant-like numerosity skills revealed in normal people by magnetic pulses”, *Perception*, 35(6), 2006., 837-45.

7 J. Gallate, R. Chi, S. Ellwood, and A. Snyder, “Reducing false memories by magnetic pulse stimulation”, *Neuroscience Letters*, 449(3), 2009. 01., 151-54.

8 T. Rehagen, “Uncharted Waters”, *Southwest Magazine*, 2016. 10., 56-77.

9 D. A. Treffert and D. L. Rebedew, “The savant syndrome registry: a preliminary report”, *WMJ*, 114(4), 2015. 08., 158-62.

10 S. Keating, “The Violent Attack that Turned a Man into a Maths Genius”, *BBC*, 2020. 07. 08., https://www.bbc.com/future/article/20190411-the-violent -attack-that-turned-a-man-into-a-maths-genius.

11 D. A. Treffert, "The sudden savant: a new form of extraordinary abilities", *WMJ*, 120(1), 2021. 04., 69-73.

12 D. A. Treffert, "Brain Gain: A Person Can Instantly Blossom into a Savant–and No One Knows Why", *Scientific American*, 2018. 07. 25., https://blogs .scientificamerican.com/observations/brain-gain-a-person-can-instantly -blossom-into-a-savant-and-no-one-knows-why/.

13 Ibid.

5장

1 J. Simner, J. E. A. Hughes, and N. Sagiv, "Objectum sexuality: a sexual orientation linked with autism and synaesthesia", *Scientific Reports*, 9(1), 2019. 12., 19874.

2 Horizon, "Derek Tastes of Earwax", *Daily Motion*, 48:54, 2004. 09. 30., https://www.dailymotion.com/video/x1olkn1.

3 J. Simner, J. E. A. Hughes, and N. Sagiv, "Objectum sexuality", 19874.

4 C. Scorolli, S. Ghirlanda, M. Enquist, S. Zattoni, and E.A. Jannini, "Relative prevalence of different fetishes", *International Journal of Impotence Research*,19(4), 2007. 07~08., 432-37.

5 S. Freud, "Fetishism", trans. J. Strachey, *The Complete Psychological Works of Sigmund Freud*, London: Hogarth and the Institute of Psychoanalysis, 1976., 147-57.

6 J. J. Plaud and J.R. Martini, "The respondent conditioning of male sexual arousal", *Behavior Modification*, 23(2), 1999. 02., 254-68.

7 V. S. Ramachandran, "Phantom limbs, neglect syndromes, repressed memories, and Freudian psychology", *International Review of Neurobiology* 37, 1994., 291-333.

8 W. Mitchell, M. A. Falconer, and D. Hill, "Epilepsy with fetishism relieved by temporal lobectomy", *Lancet*, 267(6839), 1954. 09., 626-30.

9 Ibid.

10 R. Dwaraja and J. Money, "Transcultural sexology: formicophilia, a newly named paraphilia in a young Buddhist male", *Journal of Sex & Marital Therapy*, 12(2), 1986., 139-45.

11 L. Shaffer and J. Penn, "A Comprehensive Paraphilia Classification System", in *Sex Crimes and Paraphilia*, ed. E.W. Hickey, Upper Saddle River & New Jersey: Pearson/Prentice Hall, 2006., 69-93.

12 S. S. Boureghda, W. Retz, F. Philipp-Wiegmann, and M. Rösler, "A case report of necrophilia-a psychopathological view", *Journal of Forensic and Legal Medicine*, 18(6), 2011. 08., 280-84.

13 E. Ehrlich, M. A. Rothschild, F. Pluisch, and V. Schneider, "An extreme case of necrophilia", *Legal Medicine (Tokyo)*, 2(4), 2000. 12., 224-26.

14 C. C. Joyal and J. Carpentier, "The prevalence of paraphilic interests and behaviors in the general population: a provincial survey", *The Journal of Sex Research*, 54(2), 2017. 02., 161-71.

15 J. Drescher, "Out of DSM: Depathologizing Homosexuality", *Behavioral Sciences (Basel)*, 5(4). 2015. 12., 565-75.

16 F. J. Jiménez-Jiménez, Y. Sayed, M. A. García-Soldevilla, and B. Barcenilla, "Possible zoophilia associated with dopaminergic therapy in Parkinson disease", *Annals of Pharmacotherapy*, 36(7-8), 2002. 07~08., 1178-79.

17 A. H. Evans and A. J. Lees, "Dopamine dysregulation syndrome in Parkinson's disease", *Current Opinion in Neurology*, 17(4), 2004. 08., 393-98.

18 J. M. Burns and R. H. Swerdlow, "Right orbitofrontal tumor with pedophilia symptom and constructional apraxia sign", *Archives of Neurology*, 60(3), 2003. 03., 437-40.

6장

1 Baer R., *Switching Time: A Doctor's Harrowing Story of Treating a Woman with 17 Personalities*, New York: Three Rivers Press, 2007., 91.

2 O. van der Hart, R. Lierens, and J. Goodwin, "Jeanne Fery: a sixteenth-century case of dissociative identity disorder", *Journal of Psychohistory*, 24(1), 1996., 18-35.

3 H. Faure, J. Kersten, D. Koopman, and O. van der Hart, "The 19th century DID case of Louis Vivet: new findings and re-evaluation", *Dissociation*, 10(2), 1997., 104-13.

4 Reuters, "Tapes Raise New Doubts About 'Sybil' Personalities", *The New York Times*, 1998. 08. 19., https://www.nytimes.com/1998/08/19/us/tapes-raise-new-doubts-about-sybil-personalities.html.

5 R. W. Rieber, "Hypnosis, false memory and multiple personality: a trinity of affinity", *History of Psychiatry*, 10(37), 1999. 03., 3-11.

6 D. Nathan, *Sybil Exposed: The Extraordinary Story Behind the Famous Multiple Personality Case*, New York: Free Press, 2011.

7 E. M. Vissia, M. E. Giesen, S. Chalavi, E. R. Nijenhuis, N. Draijer, B. L. Brand, and A. A. Reinders, "Is it trauma- or fantasy-based? Comparing dissociative identity disorder, post-traumatic stress disorder, simulators, and controls", *Acta Psychiatrica Scandinavica*, 134(2), 2016. 08., 111-28.

8 M. J. Dorahy, B. L. Brand, V. Sar, C. Krüger, P. Stavropoulos, A. Martínez- Taboas, R. Lewis-Fernández, and W. Middleton, "Dissociative identity disorder: an empirical overview", *Australian & New Zealand Journal of Psychiatry*, 48(5), 2014. 05., 402-17.

9 H. Strasburger and B. Waldvogel, "Sight and blindness in the same person: gating in the visual system", *Psych Journal*, 4(4), 2015. 12., 178-85.

10 A. A. Reinders, E. R. Nijenhuis, A. M. Paans, J. Korf, A. T. Willemsen, and J. A. den Boer, "One brain, two selves)", *Neuroimage*, 20(4), 2003. 12., 2119-25.

11 C. J. Dalenberg, B. L. Brand, D. H. Gleaves, M. J. Dorahy, R. J. Loewenstein, E. Cardeña, P. A. Frewen, et al., "Evaluation of the evidence for the trauma and fantasy models of dissociation", *Psychological Bulletin*, 138(3), 2012. 05., 550-88.

12 A. A. Nicholson, M. Densmore, P. A. Frewen, J. Théberge, R. W. Neufeld, M. C. McKinnon, and R. A. Lanius, "The dissociative subtype of posttraumatic stress disorder: Unique resting-state functional connectivity of basolateral and centromedial amygdala complexes", *Neuropsychopharmacology*, 40(10), 2015. 09., 2317-26.

13 C. W. Berman, "Out of His Body: A Case of Depersonalization Disorder", *HuffPost*, 2011. 09. 11., https://www.huffpost.com/entry/depersonali zation-disorder_b_953909.

14 T. A. Clouden, "Dissociative amnesia and dissociative fugue in a 20-year-old woman with schizoaffective disorder and post-traumatic stress disorder" *Cureus*, 12(5), 2020. 05., e8289.

15 P. Sharma, M. Guirguis, J. Nelson, and T. McMahon, "A case of dissociative amnesia with dissociative fugue treatment with psychotherapy", *Primary Care Companion for CNS Disorders*, 17(3), 2015. 05.

16 N. Medford, M. Sierra, D. Baker, and A. S. David, "Understanding and treating depersonalisation disorder", *Advances in Psychiatric Treatment*, 11(2), 2005., 92-100.

17 A. Staniloiu and H. J. Markowitsch, "Dissociative amnesia", *Lancet Psychiatry*, 1(3), 2014. 08., 226-41.

18 D. Sakarya, C. Gunes, E. Ozturk, and V. Sar, "'Vampirism' in a case of dissociative identity disorder and post-traumatic stress disorder", *Psychotherapy and Psychosomatics*, 81(5), 2012., 322-3.

7장

1 C. K. Meador, "Hex death: voodoo magic or persuasion?", *Southern Medical Journal*, 85(3), 1992. 03., 244-47.

2 "Cancer Stat Facts: Esophageal Cancer", Surveillance, Epidemiology, and End Result (SEER) Program, National Cancer Institute, accessed 2022. 05월 30., https://seer.cancer.gov/statfacts/html/esoph.html.

3 J. K. Boitnott, "Clinicopathologic conference. Case presentation", *The Johns Hopkins Medical Journal*, 120(3), 1967., 186-99.

4 Ibid.

5 W. B. Cannon, "Voodoo death", *Psychosomatic Medicine*, 19(3), 1957. 05~06., 182-90.

6 A. J. de Craen, T. J. Kaptchuk, J. G. Tijssen, and J. Kleijnen, "Placebos and placebo effects in medicine: historical overview", *Journal of the Royal Society of Medicine*, 92(10), 1999. 10., 511-15.

7 F. Benedetti, "Beecher as Clinical Investigator: Pain and the Placebo Effect", *Perspectives in Biology and Medicine*, 59(1), 2016., 37-45.

8 H. K. Beecher, "The powerful placebo", *Journal of the American Medical Association*, 159(17), 1955. 12., 1602-6.

9 J. D. Levine, N. C. Gordon, and H. L. Fields, "The mechanism of placebo analgesia", *Lancet*, 2(8091), 1978. 09., 654-57.

10 R. de la Fuente-Fernández, T. J. Ruth, V. Sossi, M. Schulzer, D. B. Calne, and A. J. Stoessl, "Expectation and dopamine release: mechanism of the placebo effect in Parkinson's disease", *Science*, 293(5532), 2001. 08., 1164-66.

11 A. J. Crum, W. R. Corbin, K. D. Brownell, and P. Salovey, "Mind over milkshakes: mindsets, not just nutrients, determine ghrelin response", *Health Psychology Journal*, 30(4), 2011. 07., 424-29.

12 M. U. Goebel, A. E. Trebst, J. Steiner, Y. F. Xie, M. S. Exton, S. Frede, A. E. Can- bay, et al., "Behavioral conditioning of immunosuppression is possible in humans", *The FASEB Journal*, 16(14), 2002.

12., 1869-73.

13 W. S. Agras, M. Horne, and C. B. Taylor, "Expectation and the blood-pressure-lowering effects of relaxation", *Psychosomatic Medicine*, 44(4), 1982. 09., 389-95.

14 K. Meissner, "Effects of placebo interventions on gastric motility and general autonomic activity", *Journal of Psychosomatic Research*, 66(5), 2009. 05., 391-98

15 C. Butler and A. Steptoe, "Placebo responses: an experimental study of psychophysiological processes in asthmatic volunteers", *British Journal of Clinical Psychology*, 25(3), 1986. 09., 173-83.

16 C. J. Beedie, E. M. Stuart, D. A. Coleman, and A. J. Foad, "Placebo effects of caffeine on cycling performance", *Medicine & Science in Sports & Exercise*, 38(12), 2006. 12., 2159-64.

17 M. Darragh, B. Yow, A. Kieser, R. J. Booth, R. R. Kydd, and N. S. Consedine, "A take-home placebo treatment can reduce stress, anxiety and symptoms of depression in a non-patient population", *Australian & New Zealand Journal of Psychiatry*, 50(9), 2016. 09., 858-65.

18 E. Rogev and G. Pillar, "Placebo for a single night improves sleep in patients with objective insomnia", *The Israel Medical Association Journal*, 15(8), 2013. 08., 434-38.

19 S. J. Lookatch, H. C. Fivecoat, and T. M. Moore, "Neuropsychological Effects of Placebo Stimulants in College Students", *Journal of Psychoactive Drugs*, 49(5), 2017. 11~12., 398-407.

20 V. Hoffmann, M. Lanz, J. Mackert, T. Müller, M. Tschöp, and K. Meissner, "Effects of placebo interventions on subjective and objective markers of appetite: a randomized controlled trial", *Frontiers in Psychiatry*, 18(9), 2018. 12., 706.

21 I. Kirsch, B. J. Deacon, T. B. Huedo-Medina, A. Scoboria, T. J. Moore, and B. T. Johnson, "Initial severity and antidepressant benefits: a meta-analysis of data submitted to the Food and Drug Administration",

PLoS Medicine, 5(2), 2008. 02., e45.

22 C. G. Goetz, J. Wuu, M. P. McDermott, C. H. Adler, S. Fahn, C. R. Freed, R. A. Hauser, et al. "Placebo response in Parkinson's disease: comparisons among 11 trials covering medical and surgical interventions", *Movement Disorders*, 23(5), 2008. 04., 690-99.

23 S. Rheims, M. Cucherat, A. Arzimanoglou, and P. Ryvlin, "Greater response to placebo in children than in adults: a systematic review and meta-analysis in drug-resistant partial epilepsy", *PLoS Medicine*, 5(8), 2008. 08., e166.

24 J. B. Moseley, K. O'Malley, N. J. Petersen, T. J. Menke, B. A. Brody, D. H. Kuykendall, J. C. Hollingsworth, et al., "A controlled trial of arthroscopic surgery for osteoarthritis of the knee", *New England Journal of Medicine*, 347(2), 2002. 07., 81-88.

25 R. Sihvonen, M. Paavola, A. Malmivaara, A. Itälä, A. Joukainen, H. Nurmi, J. Kalske, et al.; Finnish Degenerative Meniscal Lesion Study (FIDELITY) Group, "Arthroscopic partial meniscectomy versus sham surgery for a degenerative meniscal tear", *New England Journal of Medicine*, 369(26), 2013. 12., 2515-24.

26 W. Häuser, E. Hansen, and P. Enck, "Nocebo phenomena in medicine: their relevance in everyday clinical practice", *Deutsches Ärzteblatt International*, 109(26), 2012. 06., 459-65.

27 N. Mondaini, P. Gontero, G. Giubilei, G. Lombardi, T. Cai, A. Gavazzi, and R. Bartoletti, "Finasteride 5 mg and sexual side effects: how many of these are related to a nocebo phenomenon?", *The Journal of Sexual Medicine*, 4(6), 2007. 11., 1708-12.

28 G. Makris, N. Papageorgiou, D. Panagopoulos, and K. G. Brubakk, "A diagnostic challenge in an unresponsive refugee child improving with neurosurgery-a case report", *Oxford Medical Case Reports*, 2021(5), 2021. 05., 161-64.

29 T. J. Snijders, F. E. de Leeuw, U. M. Klumpers, L. J. Kappelle, and

J. van Gijn, "Prevalence and predictors of unexplained neurological symptoms in an academic neurology outpatient clinic-an observational study", *Journal of Neurology*, 251(1), 2004. 01., 66-71.

30 J. Stone, A. Carson, R. Duncan, R. Roberts, C. Warlow, C. Hibberd, R. Cole- man, et al., "Who is referred to neurology clinics?-the diagnoses made in 3781 new patients", *Clinical Neurology and Neurosurgery*, 112(9), 2010. 11., 747-51.

31 V. Voon, C. Gallea, N. Hattori, M. Bruno, V. Ekanayake, and M. Hallett, "The involuntary nature of conversion disorder", *Neurology*, 74(3), 2010. 01., 223-38.

32 D. L. Drane, N. Fani, M. Hallett, S. S. Khalsa, D. L. Perez, and N. A. Roberts, "A framework for understanding the pathophysiology of functional neurological disorder", *CNS Spectrums*, 2020. 09., 1-7.

8장

1 B. Sharma, R. Handa, S. Prakash, K. Nagpal, I. Bhana, P. K. Gupta, S. Kumar, et al., "Posterior cerebral artery stroke presenting as alexia without agraphia", *The American Journal of Emergency Medicine*, 32(12), 2014. 12., 1553.e3-4.

2 B. D. McCandliss, L. Cohen, and S. Dehaene, "The visual word form area: expertise for reading in the fusiform gyrus", *Trends in Cognitive Sciences*, 7(7), 2003. 07., 293-99.

3 B. Okuda, K. Kawabata, H. Tachibana, M. Sugita, and H. Tanaka, "Postencephalitic pure anomic aphasia: 2-year follow-up", *Journal of the Neurological Sciences*, 15(187(1-2)), 2001. 06., 99-102.

4 "Massive Proportion of World's Population are Living with Herpes Infection", *World Health Organization*, 2020. 05. 01., https://www.who.int/news/item/01-05-2020-massive-proportion-world-population-living-with-herpes-infection.

5 H. Damasio, "Neuroanatomical Correlates of the Aphasias", in *Acquired Aphasia*, ed. M. Sarno, New York: Academic Press, 1998., 43-68.

6 R. D. Freeman, S. H. Zinner, K. R. Müller-Vahl, D. K. Fast, L. J. Burd, Y. Kano, A. Rothenberger, et al., "Coprophenomena in Tourette syndrome", *Developmental Medicine and Child Neurology*, 51(3), 2009. 03., 218-27.

7 A. Yamadori, E. Mori, M. Tabuchi, Y. Kudo, and Y. Mitani, "Hypergraphia: a right hemisphere syndrome", *Journal of Neurology, Neurosurgery and Psychiatry*, 49(10), 1986. 10., 1160-64.

8 S. Finger, "Paul Broca (1824-1880)", *Journal of Neurology*, 251(6), 2004. 06., 769-70.

9 E. D. Ross, "The aprosodias. Functional-anatomic organization of the affective components of language in the right hemisphere", *Archives of Neurology*, 38(9), 1981. 09., 561-69.

10 A. K. Lindell, "In your right mind: right hemisphere contributions to language processing and production", *Neuropsychology Review*, 16(3), 2006. 09., 131-48.

11 J. Greenhalgh, "A Curious Case of Foreign Accent Syndrome", *NPR*, 2011. 06. 01., https://www.npr.org/sections/health-shots/2011/06/01/136824428/a -curious-case-of-foreign-accent-syndrome.

12 S. Keulen, J. Verhoeven, E. De Witte, L. De Page, R. Bastiaanse, and P. Mariën, "Foreign accent syndrome as a psychogenic disorder: a review", *Frontiers in Human Neuroscience* 10, 2016. 04., 168.

13 P. Mariën, S. Keulen, and J. Verhoeven, "Neurological aspects of foreign accent syndrome in stroke patients", *Journal of Communication Disorders*, 77, 2019. 01~02., 94-113.

14 Y. Higashiyama, T. Hamada, A. Saito, K. Morihara, M. Okamoto, K. Kimura, H. Joki, et al., "Neural mechanisms of foreign accent

syndrome: lesion and network analysis", *Neuroimage: Clinical*, 31, 2021., 102760.

15 L. McWhirter, N. Miller, C. Campbell, I. Hoeritzauer, A. Lawton, A. Carson, and J. Stone, "Understanding foreign accent syndrome", *Journal of Neurology, Neurosurgery and Psychiatry*, 90(11), 2019. 11., 1265-69.

9장

1 K. Dewhurst and J. Todd, "The psychosis of a association; folie à deux", *The Journal of Nervous and Mental Disease*, 124(5), 1956. 11., 451-59.

2 P. Wehmeier, N. Barth, and H. Remschmidt, "Induced delusional disorder. a review of the concept and an unusual case of folie à famille", *Psychopathology*, 36(1), 2003. 01~02., 37-45.

3 E. Daniel and T. N. Srinivasan, "Folie à famille: delusional parasitosis affecting all the members of a family", *Indian Journal of Dermatology, Venereology and Leprology*, 70(50), 2004. 09~10., 296-67.

4 E. Asp, K. Manzel, B. Koestner, C. A. Cole, N. L. Denburg, and D. Tranel, "A neuropsychological test of belief and doubt: damage to ventromedial prefrontal cortex increases credulity for misleading advertising", *Frontiers in Neuroscience*, 6, 2012. 07., 100.

5 M. P. Jensen, G. A. Jamieson, A. Lutz, G. Mazzoni, W. J. McGeown, E. L. Sant- arcangelo, A. Demertzi, et al., "New directions in hypnosis research: strategies for advancing the cognitive and clinical neuroscience of hypnosis", *Neuroscience of Consciousness*, 3(1), 2017., 1-14.

6 E. Facco, C. Bacci, and G. Zanette, "Hypnosis as sole anesthesia for oral surgery: the egg of Columbus", *Journal of the American Dental Association*, 152(9), 2021. 09., 756-62.

7 D. Bruno, "Hypnotherapy Isn't Magic, But it Helps Some Patients

Cope with Surgery and Recovery", *The Washington Post*, 2019. 11. 09., https://www.washingtonpost.com/health/hypnotherapy-as-an-alternative-to-anesthesia-some-patients—and-doctors--say-yes/2019/11/08/046bc1d2-e53f-11e9-b403-f738899982d2_story.html.

8 Z. Dienes and S. Hutton, "Understanding hypnosis metacognitively: rTMS applied to left DLPFC increases hypnotic suggestibility", *Cortex*, 49(2), 2013. 02., 386-92.

9 Ibid.

10 M. Kilduff and P. Tracey, "Inside Peoples Temple", *New West Magazine*, 1977. 08. 01., https://jonestown.sdsu.edu/?page_id=14025.

11 E. Asp, K. Ramchandran, and D. Tranel, "Authoritarianism, religious fundamentalism, and the human prefrontal cortex", 신*Neuropsychology*, 26(4), 2012. 07., 414-21.

12 K. E. Croft, M. C. Duff, C. K. Kovach, S. W. Anderson, R. Adolphs, and D. Tranel, "Detestable or marvelous? Neuroanatomical correlates of character judgments", *Neuropsychologia*, 48(6), 2010. 05., 1789-801.

13 J. M. Curtis and M. J. Curtis, "Factors related to susceptibility and recruitment by cults", *Psychological Reports*, 73(2), 1993. 10., 451-60.

14 L. L. Dawson, "Who joins new religious movements and why: twenty years of research and what have we learned?", *Studies in Religion/Sciences Religieuses*, 25(2), 1996., 141-61.

15 S. E. Asch, "Studies of independence and conformity: I. A minority of one against a unanimous majority", *Psychological Monographs: General and Applied*, 70(9), 1956., 1-70.

16 "Benin Alert over 'Penis Theft' Panic" *BBC News*, 2001. 11. 27., World, http://news.bbc.co.uk/2/hi/africa/1678996.stm.

17 V. A. Dzokoto and G. Adams, "Understanding genital-shrinking epidemics in West Africa: koro, juju, or mass psychogenic illness?",

Culture, Medicine, and Psychiatry, 29(1), 2005. 03., 53-78.

18 W. S . Tseng, K. M. Mo, J. Hsu, L. S. Li, L. W. Ou, G. Q. Chen, and D. W. Jiang, "A sociocultural study of koro epidemics in Guangdong, China", *American Journal of Psychiatry*, 145(12), 1988. 12., 1538-43.

19 J. M. Roberts, "Belief in the Evil Eye in World Perspective", in *Evil Eye*, ed. C. Maloney, New York: Columbia University Press, 1976., 223-77.

20 D. B. Mumford, "The 'Dhat syndrome': a culturally determined symptom of depression?", *Acta Psychiatrica Scandinavica*, 94(3), 1996. 09., 163-67.

21 S. Grover, A. Avasthi, S. Gupta, A. Dan, R. Neogi, P. B. Behere, B. Lakdawala, et al., "Phenomenology and beliefs of patients with Dhat syndrome: A nationwide multicentric study", *International Journal of Social Psychiatry*, 62(1), 2016. 02., 57-66.

22 G. N. Dangerfield, "The symptoms, pathology, causes, and treatment of spermatorrhoea", *The Lancet*, 41(1055), 1843., 210-16.

23 P. K. Keel and K. L. Klump, "Are eating disorders culture-bound syndromes? Implications for conceptualizing their etiology", *Psychological Bulletin*, 129(5), 2003. 09., 747-69.

10장

1 R. Greenwood, A. Bhalla, A. Gordon, and J. Roberts, "Behaviour disturbances during recovery from herpes simplex encephalitis", *Journal of Neurology, Neurosurgery, and Psychiatry*, 46(9), 1983. 09., 809-17.

2 E. K. Warrington and T. Shallice, "Category specific semantic impairments", *Brain*, 107(3), 1984. 09., 829-54.

3 E. C. Shuttleworth Jr., V. Syring, and N. Allen, "Further observations on the nature of prosopagnosia", *Brain and Cognition*, 1(3), 1982.

07., 307-22.

4 J. Zihl, D. von Cramon, and N. Mai, "Selective disturbance of movement vision after bilateral brain damage", *Brain*, 106(2), 1983. 06., 313-40.

5 K. Koch, J. McLean, R. Segev, M. A. Freed, M. J. Berry II, V. Balasubramanian, and P. Sterling, "How much the eye tells the brain", *Current Biology*, 16(14), 2006. 07., 1428-34.

6 I. Gauthier, P. Skudlarski, J. C. Gore, and A. W. Anderson, "Expertise for cars and birds recruits brain areas involved in face recognition", *Nature Neuroscience*, 3(2), 2000. 02., 191-97.

7 G. M. Davidson, "A syndrome of time-agnosia", *Journal of Nervous and Mental Disease*, 94, 1941., 336-43.

8 S. Thorudottir, H. M. Sigurdardottir, G. E. Rice, S. J. Kerry, R. J. Robotham, A. P. Leff, and R. Starrfelt, "The architect who lost the ability to imagine: the cerebral basis of visual imagery", *Brain Sciences*, 10(2), 2020. 01., 59.

9 F. Galton, "Statistics of mental imagery", *Mind*, 19(1), 1880. 07., 301-318.

10 W. F. Brewer and M. Schommer-Aikins, "Scientists are not deficient in mental imagery: Galton revised", *Review of General Psychology*, 10(2) 2006., 130-46.

11 A. Z. Zeman, S. Della Sala, L. A. Torrens, V. E. Gountouna, D. J. McGonigle, and R. H. Logie, "Loss of imagery phenomenology with intact visuo-spatial task performance: a case of 'blind imagination,'", *Neuropsychologia*, 48(1), 2010. 01., 145-55.

12 A. Zeman, M. Dewar, and S. Della Sala, "Lives without imagery–Congenital aphantasia", *Cortex*, 73, 2015. 12., 378-80.

13 B. Faw, "Conflicting intuitions may be based on differing abilities evidence from mental imaging research", *Journal of Consciousness Studies*, 16(2), 2009., 45-68.

14 G. Ganis, W. L. Thompson, and S. M. Kosslyn, "Brain areas underlying visual mental imagery and visual perception: an fMRI study", *Brain Research: Cognitive Brain Research*, 20(2), 2004. 07., 226-41.
15 A. Z. Zeman, S. Della Sala, L. A. Torrens, V. W. Gountouna, D. J. McGonigle, and R. H. Logie, "Loss of imagery phenomenology", 145-55.
16 E. C. Shuttleworth Jr, V. Syring, and N. Allen, "Further observations on the nature of prosopagnosia", *Brain and Cognition*, 1(3), 1982. 07., 307-22.

11장

1 M. Murdoch, J. Hill, and M. Barber, "Strangled by Dr Strangelove? Anarchic hand following a posterior cerebral artery territory ischemic stroke", *Age and Ageing*, 50(1), 2021. 01., 263-64.
2 L. A. Scepkowski and A. Cronin-Golomb, "The alien hand: cases, categori- zations, and anatomical correlates", *Behavioral and Cognitive Neuroscience Reviews*, 2(4), 2003. 12., 261-77.
3 M. Ali, K. VandenBerg, L. J. Williams, L. R. Williams, M. Abo, F. Becker, A. Bowen, et al., "Predictors of poststroke aphasia recovery: a sytematic review-informed individual participant data meta-analysis", *Stroke*, 52(5), 2021. 05., 1778-87.
4 C. Ochipa, L. J. Rothi, and K. M. Heilman, "Ideational apraxia: a deficit in tool selection and use", *Annals of Neurology*, 25(2), 1989. 02., 190-93.
5 K. Poeck, "Ideational apraxia", *Journal of Neurology*, 230(1), 1983., 1-5.
6 A. Dressing, C. P. Kaller, M. Martin, K. Nitschke, D. Kuemmerer, L. A. Beume, C. S. M. Schmidt, et al., "Anatomical correlates of recovery in apraxia: a longitudinal lesion-mapping study in stroke patients", *Cortex*, 142, 2021. 09., 104-21.

7 R. G. Gross and M. Grossman, "Update on apraxia", *Current Neurology and Neuroscience Reports*, 8(6), 2008., 490-96.

8 M. Kinsbourne and E. K. Warrington, "A study of finger agnosia", *Brain*, 85, 1962. 03., 47-66.

9 E. Rusconi and R. Cubelli, "The making of a syndrome: the English translation of Gerstmann's first report", *Cortex*, 117, 2019. 08., 277-83.

10 J. Gerstmann, "Syndrome of finger agnosia, disorientation for right and left, agraphia and acalculia", *Archives of Neurology & Psychiatry*, 44(2), 1940., 398-408.

11 E. Rusconi, P. Pinel, E. Eger, D. LeBihan, B. Thirion, S. Dehaene, and A. Kleinschmidt, "A disconnection account of Gerstmann syndrome: functional neuroanatomy evidence", *Annals of Neurology*, 66(5), 2009. 11., 654-62.

12장

1 M. Vilela, D. Fernandes, T. Salazar Sr., C. Maio, and A. Duarte, "When Alice took sertraline: a case of sertraline-induced Alice in Wonderland syndrome", *Cureus*, 12(8), 2020. 08., e10140.

2 J. D. Blom, "Alice in Wonderland syndrome: a systematic review", *Neurology Clinical Practice*, 6(3), 2016. 06., 259-70.

3 G. Mastria, V. Mancini, A. Viganò, and V. Di Piero, "Alice in Wonderland syndrome: a clinical and pathophysiological review", *Biomed Research International*, 2016. 12., 1-10.

4 T. W. Abell, "Remarkable case of illusive vision", *Boston Medical and Surgical Journal*, 33, 1845., 409-13.

5 M. E. McNamara, R. C. Heros, and F. Boller, "Visual hallucinations in blindness: the Charles Bonnet syndrome", *International Journal of Neuroscience*, 17(1), 1982. 07., 13-15.

6 R. K. Siegel, "Hostage hallucinations. Visual imagery induced by iso-

lation and life-threatening stress", *The Journal of Nervous and Mental Disease*, 172(5), 1984. 05., 264-72.

7 O. J. Mason and F. Brady, "The psychotomimetic effects of short-term sensory deprivation", *The Journal of Nervous and Mental Disease*, 197(10), 2009. 10., 783-85.

8 L. B. Merabet, D. Maguire, A. Warde, K. Alterescu, R. Stickgold, and A. Pascual-Leone, "Visual hallucinations during prolonged blindfolding in sighted subjects", *Journal of Neuro-Ophthalmology*, 24(2), 2004. 06., 109-13.

9 D. H. Ffytche, R. J. Howard, M. J. Brammer, A. David, P. Woodruff, and S. Williams, "The anatomy of conscious vision: an fMRI study of visual hallucinations", *Nature Neuroscience*, 1(8), 1998. 12., 738-42.

10 C. E. Sluzki, "Saudades at the edge of the self and the merits of 'portable families'", *Transcultural Psychiatry*, 45(3), 2008. 09., 379-90.

11 "Two in Five Americans Say Ghosts Exist-and One in Five Say They've Encountered One", *YouGovAmerica*, 2021. 10. 21., https://today.yougov.com/topics/entertainment/articles-reports/2021/10/21/americans-say-ghosts-exist-seen-a-ghost.

12 K. S. Kamp and H. Due, "How many bereaved people hallucinate about their loved one? A systematic review and meta-analysis of bereavement hallucinations", *Journal of Affective Disorders*, 243, 2019. 01., 463-76.

13 P. R. Olson, J. A. Suddeth, P. J. Peterson, and C. Egelhoff, "Hallucinations of widowhood", *Journal of the American Geriatrics Society*, 33(8), 1985., 543-47.

14 K. Koch, J. McLean, R. Segev, M. A. Freed, M. J. Berry II, V. Balasubramanian, and P. Sterling, "How much the eye tells the brain", *Current Biology*, 16(14), 2006. 07., 1428-34.